KB137689

역사에 질문하는 뼈 한 조각

인류의 시초가 남긴 흔적을 뒤쫓는 고인류학

WIE WIR MENSCHEN WURDEN

BY MADELAINE BÖHME / RÜDIGER BRAUN / FLORIAN BREIER © 2019
BY WILHELM HEYNE VERLAG, A DIVISION OF VERLAGSGRUPPE RANDOM HOUSE GMBH

KOREAN TRANSLATION © 2021 BY GEULHANGARI
ALL RIGHTS RESERVED.

THE KOREAN LANGUAGE EDITION PUBLISHED BY ARRANGEMENT WITH VERLAGSGRUPPE RANDOM HOUSE GMBH, GERMANY THROUGH MOMO AGENCY, SEOUL.

이 책의 한국어판 저작권은 모모 에이전시를 통해 VERLAGSGRUPPE RANDOM HOUSE GMBH 사와의 독점계약으로 '글항아리'에 있습니다. 저작권법에 의해 한국 내에서 보호를 받는 저작물이므로 무단전재와 무단복제를 금합니다.

Madelaine Böhme Rüdiger Braun Florian Breier

역사에 질문하는 뼈 한 조각

인류의 시초가 남긴 흔적을 뒤쫓는 고인류학

WIE WIR MENSCHEN WURDEN

마들렌 뵈메, 뤼디거 브라운, 플로리안 브라이어 지음 _ 나유신 옮김

글항아리 사이언스

일러두기

·원서에서 이탤릭체로 강조한 것은 고딕체로 표시했다.

·본문 아래 각주는 옮긴이의 부연 설명이다.

서문

『인간은 동물의 왕국에서 어떻게 떨쳐 일어났는가?』.[1] 내가 열두 살 때 부모님은 이런 제목의 청소년용 도서를 선물해주셨다. 이 책은 나를 마술처럼 끌어당겼고 호기심을 부채질했다. 나는 이 주제에서 헤어나지 못했고 오늘날까지도 그러고 있다. 이 주제는 내 속에 마찰을 일으켰고 내 무의식에 오랜 시간 영향을 끼치며 많은 물음을 던졌다. 인간이 어떻게 그 자신의 일부이기도 한 세계를 넘어설 수 있다는 걸까? 인간의 지나친 자기중심적인 태도 아닌가? 호모 사피엔스, 즉 이성적 능력을 가진 인간은 오히려 이 행성에 재앙이 아닌가? 우리 인간을 동물 세계와 구분해주는 것은 무엇인가? 우리의 고유한 특성은 무엇인가? 무엇이 우리의 역동적 문명 발달을 가능하게 했는가? 진화에서 어떤 요소들이 인간 출현의 방향을 결정했는가? 그리고 이 요소들은 오늘날 우리에게 어떤 의미를 갖는가? 여기서 사실은 무엇이고, 추측에 그치는 것은 무엇인가?

학자의 길을 걷는 데 처음부터 나를 따라다녔던 것은 이러한 물음들이다. 이 물음들은 내게 학문이란 항상 전제 조건에 대해 비판적 질문을 던져야 한다는 것을 가르쳐주었다. 그런 이유로 나에게는 진원류*로부터 인류가 발전해 나온 시초가 아프리카에 국한된다는 기존 이론은 돌에 새겨놓은 금과옥조가 될 수 없었다.

이 이론에 대해 처음 회의가 일어난 것은 2009년 여름이고 지난 10년 동안의 새로운 발굴과 조사들을 통해 이 의구심은 더 커져갔다.

인류 진화에 관한 학문은 현재 다른 어떤 연구 분야보다 더 활발하게 발전하고 있다. 주목을 끄는 새로운 발견이나 기존 지식에 의문을 제기하는 연구 결과가 발표되지 않은 채 지나가는 달이 별로 없을 정도다. 인류의 출현이라는 결과를 가져오게 했던 지질학적, 생물학적, 문화적 과정들을 연구하기 위해 점점 더 많은 혁신적인 자연과학의 연구 방법이 이용되고 있다. 그 결과 몇 년 전까지만 해도 일반적으로 받아들여졌던 많은 학설이 현재 시험대에 오르고 있다. 특히 요즘이야말로 인류 진화를 연구하는 것은 더없이 흥미진진하다. 고인류학자들이 수십 년간 자기 집처럼 느꼈던 많은 학문 체계가 무너지고 있기 때문이다. 따라서 나는 주로 이 분야의 동료들만 보게 될 전문서가 아닌 많은 대중을 대상으로 하는 교양서로 새로운 지식을 소개하고 싶다는 특별한 희망을 갖게 되었다. 지난 수십 년간 직접 경험했던 나의 연구활동을 재미있게 설명하

* 원숭이하목에 속하는 영장류의 총칭.

고 싶었기 때문이다.

이 책을 집필하는 프로젝트를 시작했을 때는 이 책에서 보고되는 연구 결과 일부가 아직 존재하지 않았다. 따라서 집필 기간에 여러 번 새로운 사실들을 포함시켜야 했는데 이는 쉽지 않은 일이었다. 그중에서도 특히 나와 우리 연구 팀이 알고이 지방의 카우프보이렌 근처에서 한 삽 한 삽 발굴해낸, 지금까지 발견된 적 없는 대형 유인원의 유물은 모두를 흥분시켰고 인간 발달의 진화 과정에 대한 획기적인 인식을 갖도록 해주었다. 현재 이 유물이 갖는 중요성이 완전히 해명된 것은 아니다. 하지만 이 유적이 독일에서 이루어진 가장 중요한 고인류학적 발견 중 하나라는 것만큼은 분명하다.

나는 두 명의 과학 전문 기자 뤼디거 브라운, 플로리안 브라이어와 함께 전력을 다해 일했고 덕분에 비교적 짧은 시간 안에 이 방대하고 어려운 집필 프로젝트를 현실화시킬 수 있었다.

이 책 『역사에 질문하는 뼈 한 조각』(이 책의 원제는 '우리는 어떻게 인간이 되었나'이다)은 독자들로 하여금 인류 기원의 흔적을 추리하듯 찾아 나서도록 한다. 이 책이 지식 전달과 함께 목표로 하는 또 한 가지는 언젠가 시간이 흐르고 나서야 완전히 이해할 수 있을 진화, 기후, 환경의 상호 관계 대한 호기심을 불러일으키는 것이다. 이 책은 우리 인간들의 자기 이해를 돕는 새로운 인식을 제공한다. 그에 더해 나는 이 책을 이해하기 쉽고 재미있게 서술하고자 했다. 현재 가장 오래된 유인원인 그래코피테쿠스*Graecopithecus*의 발견,

사라짐, 재발견에 대한 이야기는 추리소설을 방불케 한다. 나는 오늘날 유인원의 흔적을 그렇게 끈질기게 추적했던 것을 대단히 기쁘게 생각한다. 그러지 않았다면 '엘 그래코El Graeco'는 역사의 먼지 속에 가라앉아버렸을 것이기 때문이다.

그사이 그래코피테쿠스와 알고이에서 발견된 대형 유인원은 신문의 머리기사를 장식했다. 이 책에서 우리는 어떻게 이 유물이 발견되었고 이 유물들을 학문적으로 어떻게 분류할 수 있는지에 대해 설명하며 또 이 유물이 록 음악의 전설 우도 린덴베르크와 무슨 관련이 있는지에 대해서도 밝힐 것이다. 나아가 우리는 고인류학의 영광스러운 순간들과 여기에 드리워졌던 어두운 그림자를 조명한 뒤 현재의 연구 상황을 정리해볼 것이다.

여기서 기술되는 인류 발달의 역사는 대부분 대형 유인원의 진화를 다룬다. 이 역사는 2000만 년이 넘는 시간을 거슬러 올라가고 그 속에서 대형 유인원의 진화로부터 시작해 원인原人의 발달, 그리고 현재 인류에 이르기까지 아프리카, 아시아, 유럽의 우리 조상들에 대한 다양한 그림을 펼쳐낸다. 특히 초점을 두는 곳은 인류 진화의 가장 중요한 동력인 기후와 환경의 변화다. 여기서 중요한 역할을 하는 것은 유럽의 사바나 기후와 아프리카의 사막, 그리고 지중해의 사막화와 빙하 시대다.

이 책은 인류가 형성되는 데는 어떤 발달 과정들이 결정적이고 필수적이었는가 하는 물음을 탐구한다. 이 책은 대형 유인원이 힘든 환경에 적응하는 과정부터 시작한다. 그다음 직립보행이 이루어지는 과정을 조명하고 원시 인류의 진화는 왜 아프리카에서만 일어날 수 있었던 게 아닌가를 설명한 뒤 현재의 우리 인간 종족이 다른 인간 종들과 지구를 공유했던 세상을 기술한다. 이렇게 해서 무엇이 우리 인간을 인간으로 만드는지, 우리의 특성과 특징, 즉 우리의 뇌, 손, 발, 신진대사, 언어, 방랑벽, 불에서 느끼는 환희 등이 진화의 맥락에서 어떻게 설명 가능한지 드러날 것이다. 인간은 수백만 년의 진화를 통해 현재의 모습이 되었다. 이 과정을 탐구하는 것은 앞으로도 객관적 학문의 과제로 남을 것이다. 왜냐하면 동물의 세계를 넘어섰지만 일부는 여전히 동물의 세계에 속해 있는 우리는 동시에 통찰력이라는 재능과 자신을 반성적으로 탐구하는 능력을 지닌 존재이기도 하기 때문이다.

차례

서문 _005

1부

'엘 그래코' 그리고 침팬지와 인간의 분리

1장 인간의 기원에 관한 물음: 단서 추적의 시작 _015

2장 그리스에서의 모험: 피케르미에서 발견된 최초의 화석 원숭이 _021

3장 여왕의 정원에서: 브루노 폰 프라이베르크의 발견 _029

4장 잊힌 보물을 찾아서: 뉘른베르크 나치 전당대회 광장의 카타콤베로 _035

5장 자력계와 마이크로 CT: 첨단 테크닉 연구실의 원시 시대 뼈 _041

2부

원숭이들의 진짜 행성

6장 좌초와 행운의 순간들: 우리 최초의 조상을 찾는 과정에 대한 짧은 역사 _055

7장 아프리카의 시초: 대형 유인원 진화의 첫 번째 황금시대 _076

8장 유럽의 발달: 떡갈나무 숲의 대형 유인원 _088

9장 알고이의 원숭이: '우도'와 침팬지의 조상 _101

3부

인류의 요람: 아프리카 아니면 유럽?

10장 최초의 원조 조상:
아직 원숭이 아니면 이미 선행인간? _125

11장 크레타의 화석 발자국:
태곳적 두 발로 걷던 존재의 수수께끼 흔적들 _136

12장 모래 속의 두개골과 '비밀의' 넓적다리:
의심스러운 사헬란트로푸스 사례 _149

13장 선행인류에서 원인으로: 흔들리는 아프리카 유래설 _163

4부

진화의 동력, 기후변화

14장 뼈만 중요한 것이 아니다:
진화를 이해하기 위한 열쇠, 환경의 재구성 _187

15장 시간의 먼지 속에 가라앉다:
'엘 그래코' 시기의 지형과 식생 _199

16장 커다란 장벽: 거대한 사막이 넘을 수 없는 장애가 되다 _219

17장 염호가 분포되어 있었던 회백색의 사막:
말라버린 지중해 _227

5부

인간을 인간 되게 하는 것

18장 자유로운 손: 창의력을 위해 넓혀진 가능성_241
19장 돌아다니고 싶은 욕구: 미지의 세계에 대한 호기심_255
20장 털 없는 장거리 달리기 선수: 달리는 인간_281
21장 불, 정신, 작은 치아: 영양 섭취가 뇌 발달에 끼친 영향_292
22장 사람들을 연결시켜주는 목소리: 경계 신호에서 문화로_303

6부

살아남은 하나

23장 혼란스러운 잡다함: 계통수의 문제_321
24장 수수께끼 유령: 데니소바 동굴에서 발견된 사람_331
25장 그들 중 한 명만 남았다: 이성적인 능력을 가진 인간_341

감사의 말_350
주註_352
찾아보기_378

1부

‘엘 그래코’
그리고 침팬지와 인간의 분리

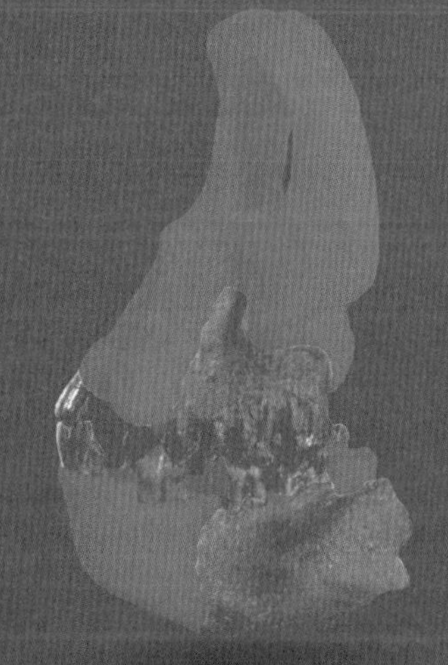

1장

인간의 기원에 관한 물음: 단서 추적의 시작

2009년은 나의 학문적 모험이 시작된 해다. 돌이켜보면 그것은 마치 한 편의 탐정소설 같았다. 나에게는 막 교수라는 직함이 달리려던 참이었다. 이 직함이 위화감을 주긴 하지만 그 자리는 내 연구의 중심 주제, 즉 육지 고古기후학(대략 육지에서의 과거 시대 기후를 뜻함)에 맞는 것이었다. 튀빙겐대학은 젱켄베르크 자연과학협회와 함께 '인간 진화'라는 주제로 협동 연구를 진행하려던 참이었고 내 교수직은 이 프로젝트와 결부되어 있었다. 이렇게 공사다망한 와중에 갑자기 소피아 자연사 박물관의 니콜라이 스파소프 관장에게서 전화가 왔다. 나와 그는 오랜 기간 연구 동료로 지내왔었다.

1988년 학생 시절에 나는 니콜라이와 함께 불가리아에서 진행되었던 발굴 조사에 참여할 기회가 있었다. 우리는 그곳에서 빙하기 이전 척추동물의 유적지를 조사했다. 그것은 정말 잊을 수 없는 경험이었다. 삶의 잔해를 직접 만지면서 과거 세계의 한 조각을 이해하는 것은 정말 특별했다. 발굴물 하나하나를 만지며 나는 가라앉은 세계를 더 입체적이고 더 생생하게 떠올릴 수 있었다. 니콜라이 덕분에 나는 바로 그 세계에 빠져들 수 있었다. 그는 내가 아는 최고의 포유류 전문가 중 한 명이고 현존하거나 오래전에 멸종한 동물의 해부학적 특수성에 관해서는 걸어다니는 사전이다. 그는 나에게 무엇을 보고 방금 발굴한 뼈가 마카이로두스의 상박부 뼈라는 걸 알 수 있는지, 또 수많은 사슴 뼈를 어떤 특징들에 근거해 최소 세 개의 다른 종으로 분류할 수 있는지와 같은 것을 가르쳐주었다. 그는 스물한 살짜리 지질학과 여학생이 해부학에 대해 갖는 끈질긴 관심을 의아하게 여겼을 것이다. 왜냐하면 나는 원래 지질학 상태를 공부하기 위해 그 발굴 작업에 참여했던 것이기 때문이다. 그는 모든 질문에 인내심을 갖고 대답해주었고 나는 이를 마음껏 이용했다. 당시 나의 진짜 목표는 과거에 살았던 유기체들을 그들이 살았던 환경 속에서 연구하는 것이었기 때문이다.

불가리아에서 얻은 영감

그 후 20년이 흐른 지금 니콜라이는 전화에 대고 완전히 들뜬 목소리로 10년 전부터 불가리아에서 찾고 있던 것을 드디어 발견했다고 이야기하고 있었다. 그것은 대형 유인원의 화석 잔해로, 연구자들은 이 동물 패밀리를 호미니드라고 부른다. 이 과에 속하면서 오늘날 존재하는 속은 고릴라, 오랑우탄, 침팬지, 그리고 인간이 있다. 니콜라이는 상악골의 어금니를 발굴했는데 이것은 전형적인 호미니드의 특징을 보이고 있었다. 그리고 이 유물은 700만 년보다 더 이전 시기에 속하는 것으로 추정된다고 했다! 나는 깜짝 놀랐다. 다른 많은 연구자에 따르면 그 시기 유럽에서 대형 유인원은 오래전에 멸종했기 때문이다. 그것이 수십 년 동안 학계에 통용되는 이론이었고 스페인과 그리스에서 이뤄진 연구의 최신 결과들 또한 이를 뒷받침해주는 듯 보였다. 하지만 니콜라이의 발견은 이와는 완전히 반대되는 것이잖아, 나는 그의 이야기를 들으며 그렇게 생각했다. 더욱이 그 유물이 발굴된 곳은 아무도 거기에서 그것이 나오리라고 상상하지 못했던 불가리아 중부 치르판 지방의 아즈마카 근처가 아닌가. 연구자들 사이에서 멸종된 포유류의 보고로 알려진 곳은 원래 불가리아 서남부였다.

사실 니콜라이가 그 근처에서 호미니드의 잔해를 발견한 일은 로토에 당첨될 확률만큼이나 가능성이 희박한 것이었다. 하지만 나는 그의 능력을 알고 있었다. 나는 조금의 망설임도 없이 그해 가을 발굴 조사단에 합류하는 것에 동의했다. 우리 조사는 특히 지질과 유적지의 나이를 알아내는 것을 목표로 하고 있었다. 우리는 내 조교 네 명과 프랑스의 소규모 팀, 불가리아 연구자들과 함께 열흘 동안 아즈마카의 모래 구덩이에서 열심히 조사 작업을 벌였다. 우리는 지질 지도를 만들고 퇴적물과 그것들의 지층 간 연관관계를 조사했으며 지자기장地磁氣場*의 변화에 대한 데이터를 얻

* 지구 내부로부터 태양풍 접촉 지점까지 뻗어 있는 자기장.

기 위해 지표면에서 구멍을 뚫어 암석의 심心을 시추했다. 이 작업은 발견된 상악골 어금니의 연대를 계산하는 데 도움이 될 것이었다. 우리는 다른 화석들도 발견했는데 그중에는 코끼리 한 마리의 거의 완전한 형태의 해골도 있었다. 발굴 작업에 참가하고 있던 장비목과 동물* 전문가인 게오르기 마르코프는 즉시 최초의 [순종]코끼릿과의 하나인 아난쿠스속*Anancus*에 속하는 이 개체를 알아보았다. 동일한 지질학적 지층에서 나온 호미니드의 어금니와 아난쿠스 해골, 이런 조합은 그때까지 아프리카에 있는 유적지에서만 발견되었고 연구자들은 이 유적지를 약 650만 년 전으로 추정했었다. 아즈마카에서 나온 다른 포유류 종들도 불가리아 유적지가 특별하다는 것을 보여주고 있었다. 조사단의 분위기는 열광적으로 변해갔고 한층 더 진지해졌다. 그리고 우리는 마침내 니콜라이 스파소프의 연대 추정에 동의하게 되었다.

불가리아 북부 트라키아 평원의 기온은 9월에도 섭씨 35도까지 올라간다. 그렇기에 기온이 내려가 시원해진 저녁은 하루 중 가장 쾌적한 시간이다. 우리는 이 시간에 발칸 지방의 원조 요리를 먹을 수 있는 야외 식당에서 정기 모임을 가졌다. 양꼬치 요리와 양머리 찌개, 전통 쇼프스카 샐러드와 향토 특산 과일 브랜디인 라키아가 차려졌다. 이곳에서 우리는 하루의 긴장을 풀며 이야기꽃을 피

---

* 포유류의 한 분류로, 자유로이 움직이는 긴 코를 가지고 있는 것이 특징이다. 코끼리가 대표적이다.

웠다. 그러던 어느 쾌적한 저녁에 나는 니콜라이에게 1949년 브루노 폰 프라이베르크[2]가 저술한 자료에 대해서 이야기했다. 브루노 폰 프라이베르크는 독일의 지질학자로 1944년 아테네에 위치한 피르고스에서 대형 유인원의 하악골을 발견했는데 이 하악골의 특징이 상당히 특수해서 분류하기가 거의 불가능했다. 프라이베르크에 의하면 이 하악골의 나이는 그 근처의 고생물학 유적지인 피케르미에서 나온 저 유명한 화석들의 나이보다 조금 더 후대에 속한다. 여러 명의 연구자는 후자의 시기를 850만 년에서 799만 년 전으로 추정했었다. 당시 학계는 프라이베르크의 가정을 그냥 우스갯소리로 여겼는데 그의 주장은 대형 유인원이 이미 그보다 훨씬 더 전에 유럽에서 사라졌다는 통상적 학설을 완전히 거스르는 것이었기 때문이다. 기존 학계의 견해에 따르면 그렇기 때문에 유럽에서는 수백만 년 후에도 더 진화된 호미니드가 존재할 가능성은 없다는 것이다. 하지만 실제로 프라이베르크가 발견한 하악골의 나이를 확인한 사람은 아무도 없었다.

니콜라이와 나는 불가리아의 어금니와 그리스의 하악골이 어쩌면 동일한 시기에서 나온 것일지도 모른다는 생각이 불현듯 들었다. 이게 정말로 약 700만 년 전 유럽 대형 유인원의 어금니인 것일까? 그것이 진짜 가능한 이야기일까? 만일 그게 사실이라면 이는 초기 인류 진화 역사의 알려진 적 없는 완전히 새로운 장을 열게 되는 것이다. 내게 뭔가 느낌이 왔다. 엄청난 사건이 일어날 것 같은 느낌이!

튀빙겐대학에서 시작한 내 연구에 이 문제보다 더 잘 맞아떨어지는 게 무엇이 있을 수 있겠는가? 이 연구에서는 그 하악골을 재감정하는 것과 아즈마카, 피르고스, 피케르미 유적지의 연대를 정확하게 추정하는 것이 관건이었다. 문제는 다만 그 하악골의 잔해와 피르고스에서 나온 다른 화석들의 잔해가 어디 있는지 알지 못한다는 것이었다. 그리고 소문에 의하면 피르고스 유적지 위로 다른 건물이 지어져서 더 이상 접근이 불가능하다고 했다. 하지만 화석 없이는 그리고 이와 관련된 암석에 관한 정보 없이는 꼭 필요한 연구를 더 진척시키기란 불가능했다. 그렇다고 쉽게 물러서지는 않았다. 어딘가에 그 하악골이 존재하고 있기를 바랐다. 그 화석은 제2차 세계대전의 소용돌이 속에서도 살아남지 않았던가. 이것이 나를 19세기 고생물학의 초창기로, 유럽 정치의 뿌리로, 제2차 세계대전 동안 아테네에서 발생했던 사건들 속으로, 그리고 거의 기억 속에서 사라진 금고로 이끌게 되는 추리소설 같은 단서 찾기의 시작이었다.

2장

그리스에서의 모험:
피케르미에서 발견된 최초의 화석 원숭이

때는 1838년 초였다. 군인 한 명이 뮌헨에 있는 국립 동물학 연구소에 찾아와 저명한 동물학자인 요한 안드레아스 바그너에게 그리스에서 발굴된 화석을 팔겠다고 제안했다. 그 화석 안에는 번쩍거리는 결정들이 박혀 있었는데 그 군인은 이것이 값나가는 다이아몬드라고 생각하고 있었다. 그 결정들은 흔한 방해석에 불과했지만 바그너는 이 남자가 사실은 정말 보물을 발견했다는 것을 즉시 알아차렸다. 그 군인이 갖고 온 평범한 상자 안에는 갖가지 뼛조각과 말 이빨들 사이로 방해석보다 훨씬 더 귀중한 것, 화석화된 진원류의 상악골이 들어 있었던 것이다!

바그너는 당시 지구 역사의 과거 시기들을 부르는 명칭으로 하자면 '원시 세계'로 잘 알려진 학자다. 그는 많은 화석을 연구했지만 연구의 한 공백이 그와 그의 동료를 고민에 빠뜨렸다. 이들은 유럽과 아시아의 많은 지역에서 사자, 하이에나, 코끼리, 코뿔소의 화석화된 잔해를 발견했고 이로부터 이 동물들이 한때 훨씬 더 넓은 지역에 분포해 있었을 것이 틀림없다는 사실을 밝혀냈다. 하지만 지금까지 원숭이의 화석은 발견된 적이 없었다. 아프리카에서는 이 모든 동물 종류가 예전부터 살던 서식지에서 계속 발견되는 데 반해 유럽과 아시아의 화석 유적지들에서는 어떻게 원숭이 화석만 발견되지 않는단 말인가? 하지만 이제 바그너는 그리스에서 발견된 화석으로 인해 연구의 틈새를 메워줄 중요한 '원시세계'의 퍼즐 조각을 손에 넣었다. 그는 면밀한 조사 끝에 1839년 이 화석을 일종의 긴꼬리원숭이과인 메소피테쿠스 펜텔리쿠스 *Mesopithecus pentelicus*라고 발표했다. 바그너는 이 원숭이가 날씬원숭이족*Presbytini*과 긴팔원숭이과 사이의 연결 고리라고 생각했다.[3]

그런데 이 화석은 대체 어떻게 이 군인의 손에 들어왔을까? 이 화석이 속해 있던 지층은 그 화석이 뮌헨 국립 동물학 연구소에 도달하기까지의 과정만큼이나 여러 모험 같은 여정을 거쳤다. 1836년 영국의 역사학자 조지 핀레이는 아테네에서 동북쪽으로 20킬로미터 떨어진 곳에 위치한 펜텔리콘산 문턱에서 고대 유적지를 찾기 위해 헤매고 있었다. 그러던 중 그는 의문의 뼛조각들과 마주쳐 그중 몇 개를 모아 독일 출신의 친한 의사인 안톤 린데르마이어에게 보여줬다. 린데르마이어는 이것이 화석화된 포유류의 뼈라는 것을 즉시 알아차렸다.

핀레이와 린데르마이어는 고대 헬라스*에 열광하는 서양의

* 그리스의 옛 이름.

바이에른주 군인이 발견한 상악골. 바이에른 고생물학과 지질학 국립연구소(뮌헨) 소장.

피케르미에서 나온 거의 완전한 형태의 진원류의 안면 해골. 이 자료를 바탕으로 요한 안드레아스 바그너는 1839년 메소피테쿠스 펜텔리쿠스라는 종을 명명했다.

낭만주의자로서 자신들을 '고대 그리스인을 사랑하는 사람들 Philhellene'이라고 불렀다. 둘은 그리스에 대한 열정 때문에 그리스로 이주해 살고 있었다. 독일에서 이 정신적 조류는 요한 볼프강 폰 괴테, 프리드리히 실러, 알렉산더 폰 훔볼트라는 이름과 연결되어 있다. 이 조류의 추종자들은 19세기 초 오스만 제국의 지배에 저항해 일어났던 그리스의 독립 투쟁을 지지하고 있었다.

불법적인 그리스 기념물

1827년 민병대와 그리스인들은 오랜 내전 끝에 프랑스, 영국, 러시아 제국과 같은 강대국의 도움을 받아 마침내 오스만 제국을 물리치는 데 성공했다. 하지만 갓 태어난 공화국은 바람 잘 날이 없었다. 이에 이들 강대국은 1832년 그리스를 군주제로 전환시키기로 결의한다. 강대국들은 이 조건하에서만 빚에 시달리는 이 나라에 필요한 차관을 신속히 제공할 용의가 있었다. 이들은 그리스 국회에 유럽의 한 영주를 국왕으로 택할 것을 제안했다. 그리스 국회는 결국 바이에른의 왕 루트비히 1세의 차남, 열여섯 살 된 오토 폰 바이에른 왕자를 국왕으로 맞을 것을 결정한다. 하지만 이 결정은 그전에 이 자리를 희망했던 두 명의 후보자가 정중히 거절된 후에야 내려진 것이었다. 이는 사실 응급 조치에 가까운 것으로 오토 왕자

피케르미에서 발굴된 뼈로 이루어진 각력암**의 단면. 붉은 실트암*** 속에 뼈들이 어지럽게 뭉쳐 있다. 이 뼈들은 주로 말, 영양, 사슴의 것이다.

는 미성년자로서 아직 업무를 볼 능력이 되지 않았다.

그럼에도 1833년 2월 6일 오토 왕자는 그리스 최초의 국왕 신분으로 영국의 프리깃*** '마다가스카르'를 타고 당시 그리스의 수도였던 나플리오에 들어온다. 배에는 3582명의 바이에른 군인과 많

---

* 모난 입자가 굳어져 생성된 암석.

** 실트가 굳어져 생긴 암석.

*** 호위함을 말함.

은 수의 관료가 타고 있었는데 그중에는 군의관 안톤 린데르마이어도 있었다.

이렇게 한 명의 독일 의료인과 한 명의 영국 역사가의 궤적은 신생 국가 그리스에서 마주쳤고 둘은 화석 발굴에 뜻을 같이한다. 두 사람은 펜텔리콘산에서 탐사 투어를 이어갔고 그 결과 피케르미 유적지 근처 한 개울 바닥에 다량의 뼈가 존재한다는 것을 알아냈다.

핀레이와 린데르마이어는 발굴에 수반되는 굴착 작업을 위해 오토 왕과 함께 그리스로 온 바이에른 군인들 중 일부를 고용했고 그중 한 명이 이듬해에 일찌감치 '불법 기념품'을 챙겨서 뮌헨으로 귀향했던 것이다. 이렇게 가장 중요한 고생물학적 발견은 절도에서 시작되었다. 하지만 다르게 볼 수도 있다. 저 발굴 작업 보조원이 은밀히 자기 봉급에 보너스를 추가하려고 시도하지 않았더라면 피케르미 유적지[4]는 지금과 같은 세계적 명성을 얻지 못했을 것이라고.

핀레이와 린데르마이어가 발견한 화석들과 바그너가 쓴 이에 대한 글로 인해 펜텔리콘산은 뼈를 발굴하는 곳이 아니라 금광 채굴지가 된 듯했다. 모험가와 자연 연구가들은 피케르미의 개울 바닥을 파헤쳤고 학계와 박물관은 이 지역으로 탐사대를 파견했다. 이렇게 해서 우리는 오늘날 유럽의 대형 자연사 박물관들에서 메소피테쿠스 화석을 비롯해 기린, 영양, 코뿔소, 하이에나, 마카이로두스 화석의 멋진 표본들을 경이로운 눈으로 감상할 수 있게 된 것이다.

파리 국립 자연사 박물관에 있는 멸종된 포유류 해골 전시실. 이곳은 피케르미에서 발굴된 포유류 화석으로 이루어진 세계에서 가장 중요한 컬렉션을 보유하고 있다.

이 동물들은 모두 피케르미의 동물상을 구성하고 있는 것들이다. 이 생명 공동체는 오늘날 아프리카 사바나 동물 세계와 가장 유사한 것으로 유럽 땅에서의 원시 생태 시스템으로서는 그리스에서 발견된 것이 처음이다.[5]

연구자들에게 피케르미는 척추동물-고생물학을 독립적인 학문 분야로 출범시킨 계기로 기억된다. 포유류의 족보에 관한 이전의 많은 선구적 문헌들에 영향을 끼친 것은 1859년 다윈이 발표한 진화 이론만이 아니었다. 그리스 화석 발굴 자료들 또한 이 문헌들의 근간이 되었다.[6] 피케르미 동물상은 동물들 외에도 지형, 기후 또한 지속적인 변화를 겪었다는 사실을 가시적으로 잘 드러내준다. 하지만 가라앉은 이 사바나 세계에서 나온 진원류 종은 100년 동안 메소피테쿠스만이 유일했다.

3장

여왕의 정원에서:
브루노 폰 프라이베르크의 발견

제1차 세계대전이 발발하면서 아테네의 뼈로 만든 엘도라도에서의 발굴도 정지 상태에 들어갔다. 피케르미 유적지에는 정적이 감돌았다. 두 번째 우연한 사건이 그리스 화석 유물에 대한 관심에 새로운 불을 지피기 전까지는.

1941년 에를랑겐의 지질학 교수 브루노 폰 프라이베르크는 '전시' 군 지질학자로 군대에 배속되었다. 군 지질학자는 군인이 아니라 군대에 소속되어 있는 민간 관료였다. 이들의 임무 중 하나는 군대 시설에 알맞은 구축 부지를 찾아내고 나아가 부지의 암석이 건축 자재로 적당한지, 그곳에서 음용수는 어떻게 확보할 수 있는지, 지하에 귀중한 천연자원이 매장되어 있는지를 확인하는 것이었다.

1943년 폰 프라이베르크는 점령지인 그리스 아테네로 파견되었다. 그는 아테네시 북부에서 지질 상태를 기록하고 석탄 매장지를 조사하며 공군 기지를 위한 벙커 구축을 감독해야 했다. 폰 프라이

피르고스 바실리시스 아말리아스(아테네에 있는 아말리에 여왕의 탑).

베르크와 그의 부하들은 시간에 쫓기고 있었다. 독일 점령군이 처한 군사적 상황이 극도로 팽팽한 긴장감에 휩싸였기 때문이다. 저항군들은 점점 더 자주 공격을 가해왔고 사보타주를 일으켰다. 이에 더해 무장친위대가 민간인에게 가한 학살로 인해 저항은 점점 더 거세지고 있었다.

폰 프라이베르크와 그의 조수들은 탑과 이상한 전설을 보유한 한 장소에 주목했다. 이 장소는 피르고스 바실리시스 아말리아스, 즉 아말리에 여왕의 탑으로 알려진 곳이었다. 아말리에 마리 프리데리케 폰 올덴부르크 대공녀는 1836년 그리스의 오토 1세 왕과 결혼해 그리스의 첫 번째 여왕이 되었다. 그녀는 자연과 농사, 정원 가꾸기를 좋아했다. 그녀는 그리스에 현대적 농사 기술을 도입하기 위해 아테네 외곽에 헵탈로포스Heptalophos—일곱 개의 언덕이라는 뜻—라 불리는 250헥타르의 농장을 만들었다. 이 농장은 일곱 개의 언덕에 자리 잡고 있었다. 이 이름은 그냥 우연히 붙여진 것이 아니라 상징적 의미를 지니고 있었다. 아말리에를 비롯해 그리스를 사랑하는 사람들 중에는 콘스탄티노플이 언젠가 다시 모든 그리스인과 정교회 신도들의 수도가 되기를 꿈꾸는 이가 많았다. 그런데 콘스탄티노플은 역사 도시 로마처럼 일곱 개의 언덕에 세워져 있었고 헵탈로포스는 여기서 나온 이름이었다. 아말리에는 헵탈로포스에 탑이 달린 작은 궁전을 짓도록 했다. 폰 프라이베르크가 이 농장에 관심을 가질 수 있었던 것은 그 탑 때문이었다. 그는 가장 남쪽에 있는 언덕이 고사포 벙커를 만드는 데 이상적이라는 것을 발견했다.

전쟁의 혼란 속에서 발견되었다가 다시 잊힌

1944년 6월 벙커 공사가 시작됐다. 공사를 위해 흙을 퍼내던 와중에 놀라운 것이 발견되었다. 인부들이 붉은 실트암에서 화석을 건져낸 것이다. 폰 프라이베르크는 이 화석이 무엇인지 그 자리에서 알아볼 수 있었다. 그것은 진원류의 완전체 하악골이었다. 점점 더 많은 뼈의 잔해들이 나왔고 결국 폰 프라이베르크는 '피케르미 타입으로 분류되는 화석들의 중요 발굴지'를 발견했다는 확신을 갖게 되었다.

하지만 전쟁 상황은 면밀하고 전체적인 규모의 발굴을 진행할 수 없도록 가로막고 있었다. 그런 탓에 폰 프라이베르크는 발굴지와 그 외의 농장 지역의 지질학적 상황을 기록하는 것 말고는 할 수 있는 게 없었다. 그 외에 그는 관리자급인 기술자와 인부들에게 '흙을 팔 때 나오는 잔해들을 안전하게 보관해'달라고 부탁하고 가능한 한 퍼낸 흙에서 직접 뼈를 건져냈다. 그에게 이는 분명 쉬운 작업이 아니었을 텐데 그는 제1차 세계대전에서 오른팔을 잃었기 때문이다. 하지만 그에게 이것은 중요한 일이었다.

지질학자인 폰 프라이베르크는 그 자신도 대학 시절 고생물학을 공부한 적이 있지만 화석의 더 정확한 규명은 오직 자격을 갖춘 전문가만이 할 수 있다는 것을 알고 있었다. 그런 까닭에 그는 당시 독일에서 최고의 포유류 화석 전문가인 베를린의 빌헬름 오토 디트리히에게 그 화석을 보냈다. 디트리히는 편지로 그 화석들이 피케르미 동물상 타입에 속할 것이라는 폰 프라이베르크의 추측이 맞다고 확인해주었고 나아가 11종의 동물의 정체를 규명해주었다. 거기에는 2종의 기린, 5종의 영양과 가젤, 각기 한 종씩의 말, 코뿔소, 코끼리, 그리고 디트리히가 추정하기로는 긴꼬리원숭이, 즉 1838년 독일 군인이 그리스에 근무할 당시 발견했던 것과 같은 종인 메소피테쿠스 펜텔리쿠스가 들어 있었다. 디트리히는 인부들이 처음 발견했던 저 하악골을 메소피테쿠스 펜텔리쿠스로 분류했지만 나중에 이 판단은 여러 면에서 잘못된 것으로 밝혀진다.

1944년 9월 군대는 후퇴를 시작했고 폰 프라이베르크도 아테네를 떠났다. 여왕의 정원에서 나온 저 귀중한 유적들은 베를린 자연사 박물관의 디트리히에게 보내진 채였다. 1945년 2월 3일 자연사 박물관의 우측 동이 정통으로 폭격을 맞아 완전히 붕괴되었고 그곳에 보관되어 있던 화석들도 큰 피해를 입었다. 폰 프라이베르크는 전쟁에서 살아남아 나치 전력 조사를 무사히 통과하고 한 섬유 공장에서 잠시 수위로 일하다 마침내 에를랑겐대학으로 복귀했다. 1959년 그는 다시 지질학&고생물학 연구소의 정교수이자 연구소장으로 임명되었다. 그는 훗날 회고록에서 '뼈들은 종전 후 부서진 잔해로 (…) 에를랑겐으로 돌아왔다'고 썼다.[7] 거기에는 '마찬가지로 심하게 부서진' 진원류의 하악골도 포함돼 있었는데 좌측 치아 모두와 우측 치아 몇 개가 소실된 상태였다.

1949년 폰 프라이베르크는 피르고스 유적지에서 그가 조사한 지질학적 자료를 발표했는데 거기에는 디트리히가 확인해준 동물종의 목록도 포함되어 있었다. 하지만 폐허가 된 유럽에서 이 논문에 주의를 기울이는 사람은 없었고 발굴 자료들은 아무런 관심도 받지 못한 채 정적에 파묻혔다.

1969년 프랑크푸르트 고인류학자인 구스타프 하인리히 랄프 폰 쾨니히스발트가 에를랑겐의 폰 프라이베르크를 방문하면서 드디어 변화가 일어난다. 폰 쾨니히스발트는 당시 자기 연구 분야에서 가장 저명한 학자 중 한 명이었다. 그는 아시아에서 중요한 대형 유인원 화석과 원시 인류인 호모 에렉투스를 발견했다. 피르고스에서 발굴된 하악골을 봤을 때 그는 전쟁으로 인한 손상에도 불구하고 베를린의 동료 디트리히가 착오를 했었다는 사실을 간파했다. 치아의 두터운 법랑질과 마모 형태는 이 하악골의 주인이 지금까지 알려진 적 없는 멸종된 대형 유인원 종임을 말해주고 있었다. 폰 쾨니히스발트는 이 대형 유인원의 종을 유적지의 이름을 따서 그리고 발견자를 기리는 뜻에서 그래코피테쿠스 프레이베르기 *Graecopithecus freybergi*라고 명명했다. 이는 번역하자면 대략 ‘프라이베르크의 그리스 원숭이’라는 뜻이다. 하지만 학계의 반응은 미미했고 이 발굴물은 이번에는 그냥 잊히기만 한 것이 아니라 아예 사라져버렸다.

4장

잊힌 보물을 찾아서:
뉘른베르크 나치 전당대회 광장의 카타콤베로

불가리아에서 호미니드 어금니를 발견한 것은 커다란 학문적 성과가 맞지만 이는 퍼즐의 한 조각에 불과했다. 나는 이 발굴물과 그래코피테쿠스의 하악골이 어쩌면 동일한 종에 속할지도 모른다는 느낌을 떨쳐버릴 수가 없었다. 하지만 이를 확실히 증명하기 위해서는 이 화석들을 현대적인 방법으로 조사해야만 했다. 폰 쾨니히스발트가 이 하악골에 대한 감정 결과를 발표한 이래로 40년이 넘는 시간이 흘렀다. 그래코피테쿠스의 잔해는 어떻게 되었을까? 이것을 다시 발견할 기회가 있을까?

나는 폰 프라이베르크가 교수직을 은퇴할 때까지 근무했던 곳, 즉 에를랑겐대학에서 흔적 찾기 작업을 시작했다. 하지만 고생물학 연구소의 현역에 있거나 과거에 일했던 학자들 중 누구도 그래코피테쿠스나 피르고스 유적지에 대해 들어본 사람이 없었다. 폰 프라이베르크가 1962년까지 강의했던 지질학 연구소에서도 흔적 하나 발견되지 않았다. 그렇게 2년이 지난 2014년 11월 20일 드디어 나는 결정적 단서를 찾게 되었다. 나는 에를랑겐대학 지질학 박물관의 전임 책임자였던 지크베르트 쉬플러에게 연락을 취해보라는 이야기를 들었다. 쉬플러는 폰 프라이베르크와 개인적인 친분이 있었던 사람이지만 거의 20년 전에 은퇴한 상태였다. 하지만 이번엔 행운이 내 편이었다.

그는 전화로 폰 프라이베르크의 화석들을 포함해 박물관의 전시물들은 이미 수년 전 뉘른베르크 자연사 협회에 위임되었는데 그래코피테쿠스 하악골은 제외시켰다는 사실을 들려주었다. 폰 프라이베르크는 친히 쉬플러에게 그 하악골은 소장물 중 가장 귀중한 것이라고 알려주면서 잘 지켜달라고 당부했다. 이렇게 해서 쉬플러는 1980년대에 당시 지질학 교수 전담 여비서에게 그 화석을 건네주면서 금고에 보관해줄 것을 부탁했다.

나는 즉시 그곳으로 전화를 걸었고 그 하악골에 대해 물어봤다. 새 여비서도 금고에 보관되어 있는 '원숭이 이빨'을 잘 기억하고 있었다. 금고는 여전히 사무실의 원래 자리에 있었다. 그 후 비서는 나에게 이 화석의 사진을 보내주었는데 나는 내 눈을 믿을 수가 없었다. 아니 어떻게 이런 일이! 그 사진에는 말 턱뼈 화석만 있었던 것이다. 혹시 혼동한 걸까? 나는 다시 한번 문의를 했고 사진을 한 장 더 받을 수 있었다. 그리고 나는 비로소 안심할 수 있었다. 이렇게 해서 그래코피테쿠스 프레이베르기는 확실하게 다시 세상에 나타날 수 있었다.

2014년 12월 6일 나는 에를랑겐대학 지질학 연구소 비서실에 서

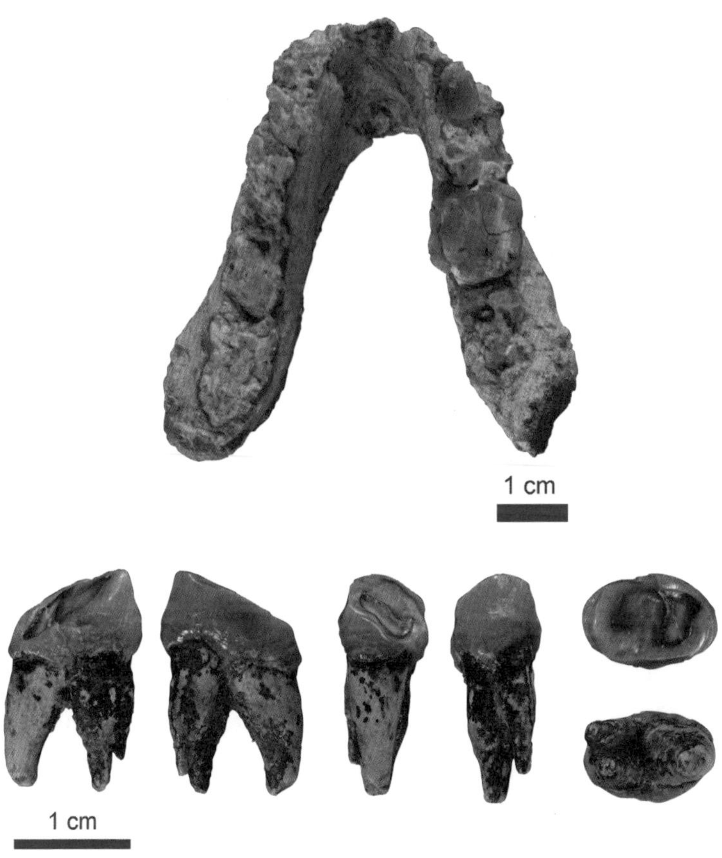

피르고스에 있는 아말리아 여왕의 탑에서 나온 그래코피테쿠스 프레이베르기의 하악골. 그 아래는 아즈마카에서 나온 어금니를 여러 각도에서 찍은 것.

서 구식 회색 금고가 열리는 광경을 지켜보았다. 거기에는 학계에서 잊힌 저 하악골이 1980년대 구식 플라스틱 용기에 담겨 있었다. 내가 그것을 찾아 나선 지 2년 만의 일이었다. 경외스러운 마음으로 나는 플라스틱 용기에서 화석을 꺼냈고 구석구석을 살펴보았다. 하악골은 내가 생각했던 것보다 작았다. 그것은 너무나 가냘퍼 부서질 듯 보였지만 이론적으로는 여전히 이용 가능한 상태였다. 그럼에도 폰 프라이베르크가 썼듯이 전쟁이 남긴 상처는 뚜렷했다. 하지만 나는 이것을 큰 문제라고 보지 않았다. 옛날 옛적의 뼛조각에서 정보를 뽑아내는 일은 내가 일상적으로 하는 작업이었기 때문이다. 나는 조사를 시작하고 싶어 안달이 났다.

축축한 카타콤베 지하실에 가라앉은 동물 세계의 잔해들

하지만 이 발견의 기쁨에 걱정이 없는 것은 아니었다. 나는 인류 발달사에 그래코피테쿠스의 자리를 마련하는 것은 피르고스에서 나온 다른 화석들을 조사할 수 있을 때라야 가능하리라는 것을 알고 있었기 때문이다. 독자적으로 고립되어 있는 화석들도 정확한 기술이 가능하고 유물의 상태에 따라 어느 정도 신빙성 있는 연대 추정이 가능하긴 하다. 하지만 고생물학에서는 그 이상으로 절대적 연대를 규정하고 함께 멸종한 다른 동물들의 화석들에 의거해 그 동물 세계의 일부였던 해당 화석의 지질 시대를 정하는 작업이 매우 중요하다.

폰 프라이베르크도 이것을 알고 있었기에 피르고스에서 가능한 한 많은 화석을 수집했던 것이다. 이에 나는 뉘른베르크의 자연사 협회와 연락을 취하기로 결심했다. 이 학문적 보물의 또 다른 부분들이 이들의 보호 아래 있다고 하니 말이다. 이 협회는 자원봉사자들로 이루어진 단체로서 이런 유로는 독일에서 가장 오래된 단체 중 하나다. 책임자들은 협회의 많은 소장품을 보관해야 했고 그중 일부는 당시 독일에서 가장 크면서 동시에 가장 기괴한 장소에 보관하는 거 말고는 다른 선택지가 없었다. 그곳은 바로 뉘른베르크에서 나치 전당대회가 열리던 곳에 있는 말굽 모양의 대회의장이었다.

2014년 12월 습하고 추운 어느 날 나는 나치당NSDAP이 웅장한 전당대회를 연출하기 위해 세운 대리석 외장의 호화 건축물 앞에서 협회의 자원봉사자 두 명을 만났다. 이 건물은 축구 경기장 약 18개 면적에 높이는 40미터에 달했다.

전당대회장의 지하실은 큰 홀을 연상시켰는데 차를 타고 다녀도 될 만큼 컸다. 벽은 벽돌을 쌓아 만든 구조였고 전체적으로 독특한 분위기가 감돌았다. 축축하고 차가운 환경의 그곳에는 고고학 발굴 자료 외에 다른 곳에서는 자리를 찾지 못한 기기나 다양한 형태의 가구들도 보관되어 있었다.

우리는 계속 카타콤베로 내려갔다. 수많은 아케이드를 지나고 여러 번 길을 돌아—혼자라면 되돌아오지 못했을 것 같다—나무로 만든 일련의 갈색 장에 다다랐다. 그 장에는 반듯하고 꼼꼼하게 표기가 되어 있었다. 우리는 바로 A01번이라고 적힌 장을 찾을 수 있었다. 협회의 자원봉사자 가운데 한 명이 그 장을 열었고 D 03-1번 서랍을 당겨서 열었다. 이럴 수가! 거기에는 폰 프라이베르크의 피르고스 수집물들이 두터운 먼지를 푹 뒤집어쓴 채 숨겨져 있었다. 누렇게 변하고 쥐들한테 파먹힌 쪽지에는 발견자의 손글씨가 적혀 있었다. '피케르미 지층 동물상, 피르고스 바실리시스, 아테네 북부. 폰 프라이크베르크 수집 1944.' 발굴물들 중간쯤에는 가위로 오린 군사지형도 조각과 로디나 상표—로디나는 불가리어로 '고향'이라는 뜻—의 담배 한 갑이 있었다. 그리고 그 속에는 이빨이 없는 가젤의 하악골이 솜 위에 놓여 있었다. 이 자료의 상태는 끔찍했다. 문드러지고 부서진 뼈가 퇴적물과 함께 딱딱하게 응고되어 있었다. 회색 먼지를 뒤집어쓴 몇 개의 더 큰 암석 조각에는 이렇다 할 화석의 흔적이 남아 있지 않았고 그냥 되는대로 모아놓은 것처럼 보였다. 전쟁과 전후 시기가 잘도 해치워놨네, 이제 난 죽었다!

5장

자력계*와 마이크로 CT: 첨단 테크닉 연구실의 원시 시대 뼈

2014년 말, 내가 에를랑겐대학을 찾아갔던 때는 엄밀히 말해 그래코피테쿠스 프라이베르기라는 이름에 대해서조차 의견이 분분했다. 미국의 연구자들은 1990년대에 동물 명명법 국제 심의회에 그 이름을 삭제해줄 것을 요청했다. 이 심의회는 종의 이름을 승인하고 단일화시키는 임무를 띠고 있다. 이 이름을 반대하는 이들은 무엇보다 그래코피테쿠스가 피케르미의 동물상과 나이가 같다는 가정에 회의를 품었다. 그들의 반대 이유는 그래코피테쿠스의 연대 추정의 근거가 될 화석들이 행방불명이라는 것과, 피르고스의 유적지는 재발굴이 불가능하며 따라서 전쟁에서 손상된 화석 하나만으로는 새로운 종의 증거가 될 수 없다는 것이었다.

이런 논리대로라면 나와 니콜라이 스파소프의 연구는 물 건너간 게 될 수도 있을 판이었다. 그런 상황에서 나는 이 유물들을 발

* MAGNETOMETER. 자기의 방향, 힘, 방향 등을 측정하는 기기.

견했던 것이다. 나는 말 그대로 퍼즐의 모든 조각을 손에 넣었고 이제 피르고스 발굴물들과 불가리아의 어금니 그리고 피케르미에서 나온 화석을 현대의 일반적인 방법으로 분석해 종합'하기만' 하면 되는 것이었다.

조사는 그래코피테쿠스의 이빨부터 시작됐다. 그래코피테쿠스는 그 긴 이름 때문에 우리 팀에서 금방 '엘 그래코', 즉 그리스인이라는 별칭을 얻었다. 고생물학자들이 이빨에 관심을 갖는 이유는 그것이 법랑, 즉 우리가 아는 한 가장 단단한 유기물질로 씌워져 있기 때문이다. 따라서 이빨은 수백만 년이 지나도록 침전물 속에서 잘 견뎌낼 수 있고 발굴 시 가장 보존이 잘된 유물일 경우가 드물지 않다. 그에 더해 이빨은 멸종된 동물들의 기원, 영양 섭취 그리고 외부 환경에 대해서도 폭넓은 단서를 제공한다.

특히 진원류 화석 이빨은 여러 유용한 정보를 담고 있다. 이 이빨은 대형 유인원과 다른 진원류들의 차이뿐만 아니라 대형 유인원과 인간의 직계 조상(44쪽 그림 참조)을 분명히 구분할 수 있게 해준다. 송곳니 뿌리를 보자면 멸종한 종이든 현재 생존하는 대형 유인원이든 간에 송곳니 뿌리는 길고 굵은데 특히 수컷에서 더욱 두드러진다. 이들의 송곳니는 서열 싸움에서 힘을 과시하기 위한 무기로 사용된다. 어금니들은 뿌리가 길고 이 뿌리는 각기 여러 개로 갈라져 있다. 보통은 서너 개씩이다. 또한 이 뿌리들은 벌어진 형태를 하고 있다. 이렇게 해서 이빨은 마치 뒤벨*처럼 턱에 단단히 고정될 수 있다. 이에 반해 인간으로 발전하는 계통에 있는 대형 유인원은 어금니 뿌리가 하나의 다발로 모아져 있고 뾰족한 끝부분이 안을 향해 있다. 또한 앞쪽 두 개의 어금니는 뿌리들이 한데 합쳐져 하나의 굵은 뿌리를 형성하고 있다. 우리 중 많은 사람이 못처럼 생긴 치근에 한 줄기 이상의 신경을 가지고 있는데 이것은 과거 어금니 뿌리가 합체된 흔적이다. 대형 유인원과 인간의 어금니 모양이 다른 이유는 씹을 때 각기 다른 조건이 요구되었기 때문이다. 서로 다른 영양 섭취 방식으로 인해 대형 유인원은 호미니니와 다른 이빨 형태를 발달시키게 되었다. 호미니니는 고인류학에서 우리 종을 포함해 시간적으로 인간과 침팬지의 공통 조상 이후에 살았던 우리의 멸종한 모든 조상을 포괄해서 부르는 개념이다.

폰 프라이베르크와 쾨니히스발트는 그래코피테쿠스의 하악골을 연구할 당시 자신들의 육안에 의지해야만 했다. 당시로서는 화석을 부수지 않고 안을 들여다보는 것은 상상도 못 할 일이었다. 오늘날은 컴퓨터토모그래피CT의 도움으로 밀리미터 단위로 촬영해 숨어 있던 것을 밝혀내는 작업이 가능해졌다. 이 방식은 의학에서 사용하는 방법과 동일한데, 살아 있는 생물이 아니라 멸종된 생물의 잔해를 검사한다는 점만 다를 뿐이다. 이에 더해 마이크로 CT를 사용하면 수천 장의 단면도를 합성해 숨겨진 구조의 수천 분의 1밀리미터까지 정확히 삼차원으로 재구성하는 것이 가능하다.

---

* 못을 박을 때 이음부의 강도를 높이기 위해 벽에 넣는 봉.

그런 까닭에 나와 우리 팀이 2015년 튀빙겐에서 해상도가 높은 이 기술을 가지고 그래코피테쿠스의 하악골을 촬영했을 때 느꼈던 것은 긴장감 그 이상이었다. 결과는 너무나 놀라웠다. 우리는 대형 유인원의 전형적인 치아 특징을 확인할 수 있기를 기대하고 있었다. 하지만 우리가 본 것은 그보다 훨씬 더 놀라운 것이었다. 그래코피테쿠스의 송곳니와 어금니는 뿌리 길이가 짧았던 것이다! 그리고 전방 어금니들에서는 심지어 치근이 50퍼센트 이상 합체되어 있었다. 합체되지 않고 남아 있는 뿌리 부분들도 모아진 상태였

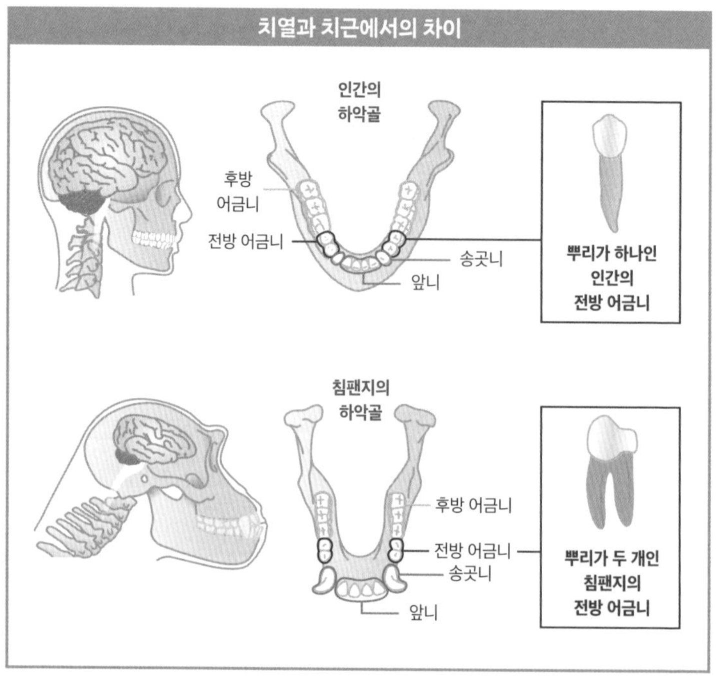

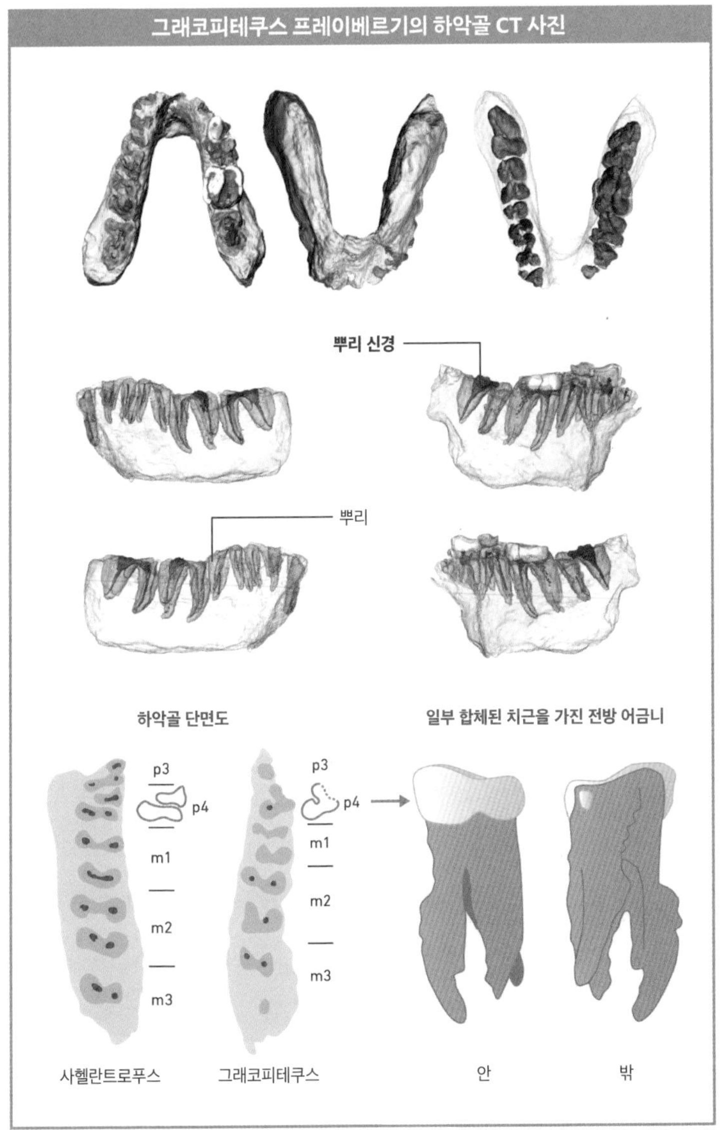
그래코피테쿠스 프레이베르기의 하악골 CT 사진
뿌리 신경
뿌리
하악골 단면도
일부 합체된 치근을 가진 전방 어금니
p3
p4
m1
m2
m3
p3
p4
m1
m2
m3
사헬란트로푸스
그래코피테쿠스
안
밖

다. 뿌리는 안쪽으로 구부러져 있었다.

신경 또한 현존하는 대형 유인원 및 화석 대형 유인원과 비교해 수가 적었다. 그리고 불가리아에서 발굴된 어금니도 이 모든 특징을 갖고 있었다.

믿기 힘들었지만 전체적으로 봤을 때 두 화석은 멸종된 대형 유인원보다는 아르디피테쿠스*Ardipithecus*와 오스트랄로피테쿠스속屬에서 나온 몇몇 아프리카 선행인류 종들을 훨씬 더 많이 닮아 있었다. 이 유명한 아프리카 발굴물들의 나이는 550만 년에서 200만 년인데 그렇다면 그래코피테쿠스는 정확히 어느 시기에 살았던 것일까?

화석 비중계로 연대 측정하기

화석의 나이를 계산하기 위해 현대 지질학자들은 여러 물리적 측정 방법을 사용하기도 한다. 그중 하나인 자기층서학은 지구 자기장을 정보원으로 활용한다. 암석의 자기 입자의 형태를 측정해보면 지구 자기장이 불규칙한 간격으로 뒤집힌다는 것을 알 수 있다. 이것이 의미하는 바는 자기의 북쪽이 지리적 북쪽과 일치하는 현재 상황과 반대로 자기의 북극이 지리적 남극으로 바뀔 수 있다는 것이다. 이러한 극의 전도 현상이 마지막으로 일어났던 것은 약 80만 년 전이었다. 그 전에 그와 같은 현상이 이미 여러 번 있었고 극의 전도가 일어났던 정확한 연대는 퇴적물의 기록으로 잘 알 수 있다.

자기화*를 측정하는 자력계를 이용하면 암석으로부터 선사시대 자기력에 대한 정보를 읽어낼 수 있다. 하지만 화석에서 이러한 정보를 추출하는 작업은 이보다 더 어렵다. 이 조사를 진행하는 사람은 유적지의 정확한 지리좌표계를 알고 있어야 하며 화석이 지하에 어떻게 묻혀 있었는지, 다시 말해 어디가 위고 어디가 아래였는지를 알고 있어야 한다. 이를 위해서는 표본 추출에 대한 철저한 기록이 필수다. 하지만 기록이 없다면? 아직 실망하기는 이르다. 화석이 퇴적될 때 중력이 어떻게 작용했는지를 보여주는 일종의 '화석 비중계'가 들어 있다면 이야기는 달라진다.

우리는 운이 좋았다. 바로 여기서 피르고스에서 나온 다른 발굴물들이 진가를 발휘했기 때문이다. 우리는 뉘른베르크에 보관되어 있던 30점이 넘는 뼈 중에서 기린의 발허리뼈에 속하는 부서진 큰 뼈 두 점을 발견했다. 속이 비어 있는 이 뼈들은 반이 퇴적물로 채워져 있었다. 그 퇴적물 위로는 방해석 결정이 형성되어 있었다. 앞서 바이에른 군인이 1838년 다이아몬드로 착각했던 피케르미의 발굴물도 이런 형태였다.

우리는 이 퇴적물 표면의 모습을 바탕으로 퇴적층 속에 기린 뼈가 어떤 위치로 있었는지를 정확히 재구성할 수 있었고 이 화석 비중계의 도움으로 피르고스 화석이 퇴적될 당시 지구 자기장의 양극성을 알아낼 수 있었다.

---

* 한 물질의 자기 상태를 나타내는 물리적 크기.

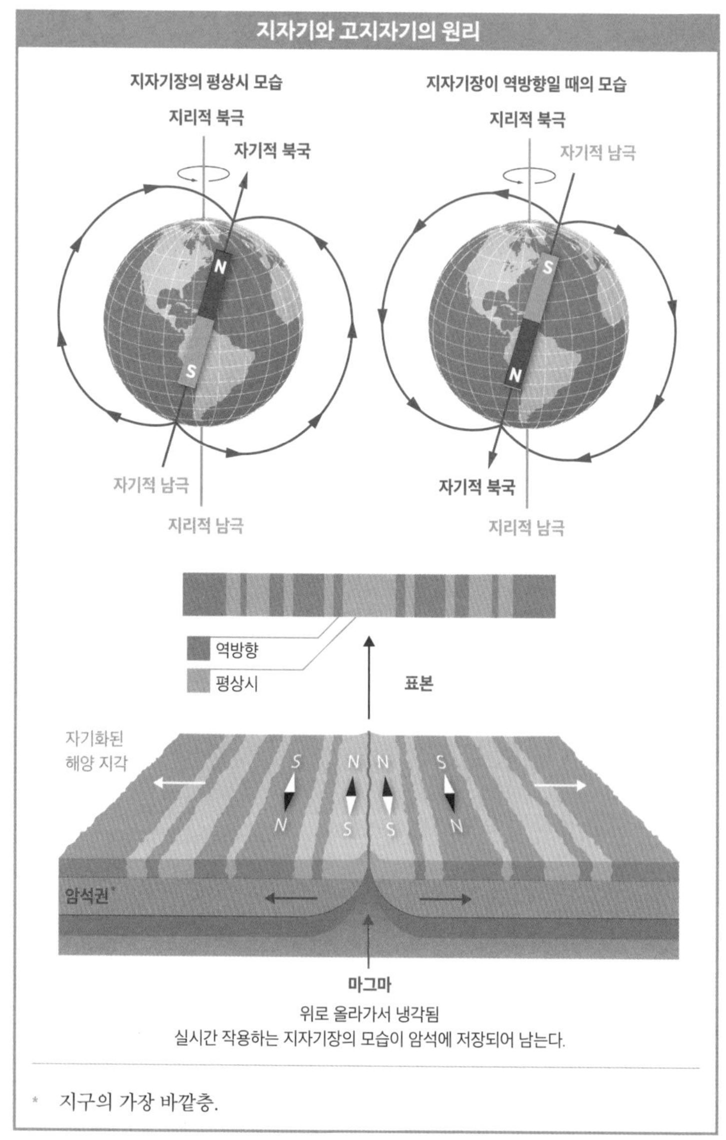
지자기와 고지자기의 원리
지자기장의 평상시 모습
지리적 북극
자기적 북극
N
S
자기적 남극
지리적 남극
지자기장이 역방향일 때의 모습
지리적 북극
자기적 남극
S
N
자기적 북극
지리적 남극
역방향
평상시
표본
자기화된
해양 지각
S
N
N
S
N
S
S
N
암석권*
마그마
위로 올라가서 냉각됨
실시간 작용하는 지자기장의 모습이 암석에 저장되어 남는다.

* 지구의 가장 바깥층.

우리는 피르고스, 피케르미, 아즈마카에서 얻은 고지자기古地磁氣 데이터에 시간적 연대를 부여했다. 피르고스의 그래코피테쿠스 화석과 다른 발굴물의 나이는 꽤 정확하게 계산될 수 있었는데, 717만 5000년으로 측정되었다.[8] 그리고 불가리아에서 나온 어금니는 이보다 약 8만 년 더 오래된 것으로 측정됐다. 유전적 데이터에 근거해서 볼 때 이 기간에 인간의 진화 계통은 원숭이의 발달 계통에서 분리되었을 확률이 매우 높다.[9] 피케르미에서 나온 화석은 절대 나이가 약 730만 년 전으로 조사되었다. 피케르미에서 나온 이 화석들은 정확히 말해 4만 년 동안 퇴적된 각기 다른 8개의 퇴적층에서 나온 발굴물이다.

디트리히와 폰 프라이베르크가 세웠던, '엘 그래코'가 피케르미 세계에 속한다는 가정은 사실에서 살짝 빗나갔다. 이에 비해 약간 더 후대에 속할 것이라는 구스타프 하인리히 랄프 폰 쾨니히스발트의 추측은 맞는 계산으로 확인되었다.

하지만 이 학자들은 발굴물이 갖는 진화사적 의미는 짐작하지 못했다. 우리가 진행한 이 새로운 연구는 그래코피테쿠스 프레이베르기가 아프리카의 가장 오래된 것으로 가정되는 선행인류보다 훨씬 더 오래되었다는 것을 증명했다. 이 책에서 우리는 선행인류라는 말로 편의상 호모속屬, 즉 인간 이전에 발달했던 인간과 비슷한 모든 피조물을 지칭한다. 그리고 원인이라는 용어로는 사람속의 멸종된 개체들을 지칭할 것이다.

'엘 그래코'가 그토록 찾고 있었던 인간의 가장 오래된 조상일

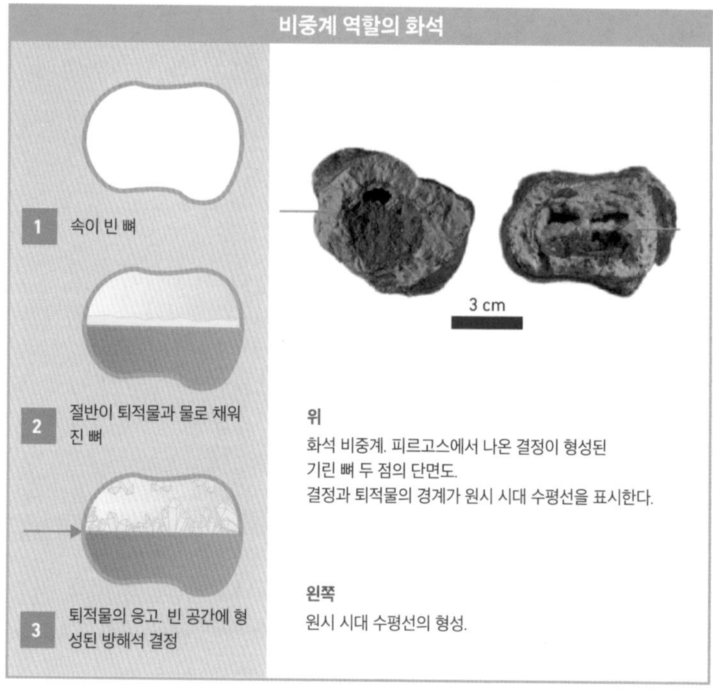

위
화석 비중계. 피르고스에서 나온 결정이 형성된 기린 뼈 두 점의 단면도. 결정과 퇴적물의 경계가 원시 시대 수평선을 표시한다.

왼쪽
원시 시대 수평선의 형성.

까? 엘 그래코가 다름 아닌 유럽에서 발견되었다는 사실은 이 발견을 더욱 논란거리로 만들면서 인류 진화에 대한 기존 상식, 특히 인간 진화의 최초는 아프리카에서만 일어났다는 저 가정에 의혹을 제기했다. 이제 다음으로 살펴봐야 할 것은 사고의 전환을 요구하는 것이 이 발굴물만은 아니라는 점이다. 이 점을 올바르게 판단할 수 있으려면 인류의 기원을 찾는 작업이 어떻게 시작되었고 지금까지 어떻게 발전되어왔는지를 살펴보는 것이 좋겠다.

동물의 왕국에 사는 우리와 가장 가까운 친척인 오랑우탄, 고릴라, 침팬지.

2부

원숭이들의 진짜 행성

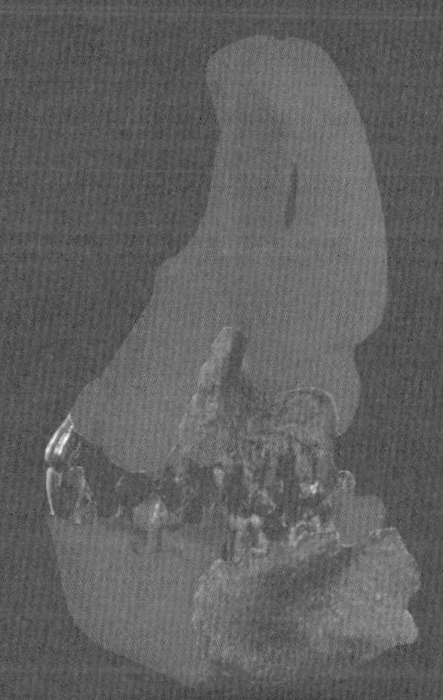

6장

좌초와 행운의 순간들: 우리 최초의 조상을 찾는 과정에 대한 짧은 역사

우리 최초의 조상에 관한 물음은 아마도 인류 자신만큼이나 오래되었을 것이다. 우리는 어디에서 왔는가? 우리 최초의 조상은 누구인가? 우리는 도대체 왜 진화했는가? 무엇이 우리를 현재의 우리와 같은 존재로 만들었고 만들고 있는가?

인간은 오랜 시간 이 물음에 대한 답을 주로 종교와 철학 속에서 찾아 헤맸다. 자연과학이 생기면서 서서히 이 근본적인 물음에 대한 다른 방식의 사고, 즉 자연사적 유물, 철저한 관찰, 폭넓은 측정자료, 날로 섬세해지는 분석 기술에 기초한 사고가 일반적인 것으로 받아들여졌다. 선사시대 인간과 그들의 조상에 관한, 비교적 신생 학문인 고인류학은 목표 지향적인 자기 반성적 연구일 뿐 아니라 우연히 발견한 유물들, 개인의 허영심, 빛을 발하는 인물들, 뻔뻔한 사기꾼의 학문이기도 하다. 고인류학자들은 고생물학자나 고고학자들처럼 손에 삽을 들고 사는 사람들이다. 밖에서 보면 종종 이들에겐 보물 또는 행운을 찾는 사람의 아우라가 느껴진다. 유물들 중에는 그것들이 세상의 빛을 보게 된 정황을 생각할 때 이따금 미소를 짓게 만드는 것이 있다. 또 하도 어처구니가 없어 돌이켜 생각하면 고개만 절레절레 흔들게 되는 에피소드들도 있다. 그럼에도 시간이 지나면 우리 자신의 진화 역사에 관한 훨씬 더 구체적인 그림이 빚어져 나왔다.

인간과 대형 유인원의 진화에 관한 이 흥미진진한 연구의 시작은 19세기 프랑스로 거슬러 올라간다. 여기서 잠깐 이 연구의 가장 중요한 역사적 지점들을 짚어보도록 하자. 1856년 프랑스의 고생물학자 에두아르 라르테[1]에게 의문의 내용물이 담긴 소포가 배달되었다. 그 안에는 프랑스 남부 생고뎅 근처의 진흙 채취장에서 나온 화석화된 하악골의 깨진 조각들과 위팔뼈가 들어 있었다. 보낸이는 퐁탕이라는 사람이었다. 퐁탕은 인부들을 통해 뼈를 전달하며 이에 대한 전문가의 의견을 듣고 싶다고 했다.

당시 최고의 화석 전문가 중 한 명이었던 라르테는 즉시 그 속에서 멸종된 대형 유인원의 잔해를 알아봤다. 그는 학술 논문에서 이 화석에 대해 설명하면서 드리오피테쿠스 폰타니*Dryopithecus fontani*로 명명했다. '드리스Drys'는 고대 그리스어로 떡갈나무를, '피테쿠스pithecus'는 원숭이를 뜻한다. 발굴 장소에서 떡갈나무 잎이 찍힌 화석 흔적이 발견되었기 때문에 라르테는 이 원숭이가 옛날에 떡갈나무 숲에서 살았을 것이라고 추리했다. 그리고 그는 여기서 한 걸음 더 나갔다. 그는 드리오피테쿠스를 침팬지 뼈와 비교했고 드리오피테쿠스를 대형 유인원과 인간 사이의 연결 고리라고 해석했던 것이다. 이렇게 해서 '떡갈나무 숲에서 살았던 원숭이'는 현재까지 계속되고 있는, 우리 자신의 뿌리를 찾는 학문적 논의에서 첫 번째 퍼즐 조각이자 이후 여러 대륙에서 발견되는 일련의 화석들의 시작점이 되었다.

선행인류? 아니면 뼈가 기형적으로 변형된 카자크인?

먼저 유럽에 초점을 맞춰보도록 하자. 드리오피테쿠스가 처음으로 기록되었던 그해, 행운의 우연으로 매우 반가운 두 번째 유물이 또 나타났다. 이번에도 유물이 발견된 곳은 채석장이었다. 이탈리아 인부들은 석회암 채굴을 위해 뒤셀도르프로부터 동쪽에 위치한 뒤셀 계곡에서 굴을 파던 참이었다. 인부들은 굴 바닥의 딱딱해진 진흙층을 파헤치다가 여러 개의 뼈를 발견했다. 이들은 처음에 이 뼈들을 대수롭지 않게 여겼다. 이들은 계속해서 굴을 더 파나갔고 그에 따라 옛날에 그곳을 은신처로 삼았던 동물들의 잔해도 계속 나왔다. 인부들은 이 화석들을 토사더미에 버렸다. 하지만 채석장 주인인 빌헬름 베커스호프는 이 화석들이 뭔가 다르다는 것을 느꼈다. 그는 이 뼈들이 멸종된 동굴곰[2]의 잔해라고 생각해 자연사 연구가인 요한 카를 풀로트에게 전달했다. 그는 그렇게 자기도 모르는 사이에 연구사의 한 페이지를 장식하게 되었다. 풀로트는 처음에 이것이 인간의 뼈라고 생각했다. 하지만 이 뼈들을 조금 더 조사하자 그것들이 현생인류의 뼈와 몇몇 부분에서 차이가 난다는 것을 바로 눈치챘다. 그중에서 특히 화석 한 점이 그의 관심을 끌었다. 이 화석은 눈구멍 위의 돌출된 부위가 두텁고 원시적인 느낌을 주는 비교적 평평한 머리덮개 뼈였다.

그는 이 발굴물들이 '선사시대' 인간의 것이라는 결론을 내렸다. 그는 해부학 교수인 헤르만 샤프하우젠과 공동으로 1857년 학계에 이 유물들을 소개했지만 학계는 이를 인정하지 않았다. 발굴된 뼈들은 나폴레옹 전쟁 때 그 동굴에서 몸을 피했다가 질병으로 뼈가 변형된 러시아 카자크인의 잔해라는 반박이 한 예다. 이 불쌍한 남자는 부러졌던 뼈가 제대로 회복되지 않아 엄청난 고통에 시달렸고 그래서 항상 얼굴을 찡그려 주름이 생겼을 것이며 이는 눈구멍 위가 돌출되도록 하는 결과를 가져왔으리라는 것이었다.

이후 이 화석과 유사한 유물들이 발견되고 또 영국 고생물학자들이 찬성 의견을 더했다. 여러 해가 지나고 마침내 그 화석들은 실

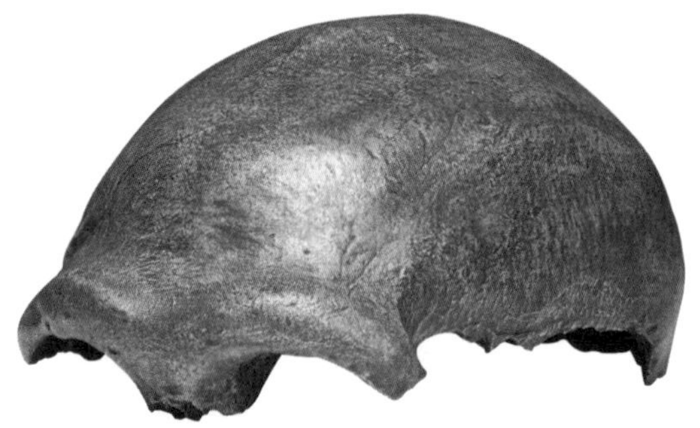

네안데르탈에서 발견된 호모 네안데르탈렌시스의 머리덮개 뼈 원본. 본에 위치한 LVR 주립 박물관에 전시되어 있다.

제로 원시 인간 형태의 것으로 인정받게 되었다. 이탈리아의 채석장 인부들이 화석을 발견했던 계곡의 이름이 네안테르탈Neandertal* 이었기 때문에 사람들은 후대에 이 화석을 호모 네안데르탈렌시스 *Homo neanderthalensis*[3]라고 명명했다.

레무리아, 세계의 배꼽

이렇게 고인류학 초기에는 많은 것이 인류의 요람은 유럽에 있다는 것을 뒷받침해주는 듯 보였다. 하지만 몇몇 전문가는 발굴물의 수가 매우 적음에도 당시 이미 이와는 다른 이론을 발전시키고 있었다. 그 한 예로 영국의 생물학자인 토머스 헨리 헉슬리는 1863년 그의 책 『자연 속의 인간의 위치에 관한 증거』에서 인간의 진짜 기원은 아프리카에 있다고 기술했다. 그는 아프리카에 살고 있는 대형 유인원이 생존하고 있는 우리와 가장 가까운 친척들이라고 봤던 것이다.

헉슬리는 찰스 다윈과 동시대 사람이었고 서로 아는 사이였다. 하지만 당시 많은 연구자와 마찬가지로 1859년 진화 이론에 관한 다윈의 주저 『종의 기원』이 출간된 이래 그의 그림자에 가려져 있었다. 하지만 다윈은 인류의 기원에 관한 문제에 대해서는 1871년 『인간의 유래와 성선택』에 가서야 의견을 펼쳤다. 이 책에서 그는

* 끝에 TAL이란 독일어로 계곡이라는 뜻.

인류의 요람이 아프리카에 있다는 헉슬리의 생각에 원칙적으로 동의를 표했다. 하지만 그는 라르테의 드리오피테쿠스와 관련해서는 다음과 같이 의견을 보충했다. '이 대상물에 대해 이런저런 추측을 하는 것은 시간 낭비다. 두세 마리(명)의 인간과 닮은 진원류, 그중 하나는 라르테의 드리오피테쿠스로 거의 인간 크기인데 이들이 (…) 마이오세기[4] 동안 유럽에 존재했다는 것은 사실이기 때문이다. 그리고 지구는 이 먼 과거 이래로 분명 큰 변화를 수차례 겪었고 막대한 규모의 이동이 일어나기에 충분한 시간이 흘렀다.'[5] 이렇게 다윈은 이미 동물들의 이동과 복합적 지리 조건이 인류 진화에 큰 영향을 미쳤을 수 있다는 사실을 인식하고 있었다. 이것은 오늘날 그의 저서를 읽을 때 흔히 간과되는 부분이다.

그런데 그 시기 유럽과 아프리카만이 인류의 요람으로 논의되었던 것은 아니다. 독일의 진화생물학자인 에른스트 헤켈은 다윈주의의 열렬한 신봉자였는데 그는 오랑우탄, 긴팔원숭이, 인간의 태아 해부도를 비교했고 1868년 출간된 그의 책 『자연의 창조 역사』에서 인간은 이들 대형 유인원과 매우 유사하며 따라서 아마도 아시아 남부에서 생성되었을 것이라는 결론을 내렸다. 당시 이것은 혁명적인 주장이었다. 그는 심지어 이 가상의 아시아 선행인간에게 피테칸트로푸스 프리미게니우스*Pithecanthropus primigenius*라는 이름을 붙이기까지 했다. 이는 '원숭이 인간 최초의 조상'이라는 뜻이었다.

헤켈은 레무리아라는 이름의 인도양에 가라앉아 있는 대륙이 과거에 동아프리카와 남아시아를 이어주고 있었다는 생각을 신봉했다. 그는 이 대륙에서 원시 대형 유인원이 인류의 조상과 오늘날의 대형 유인원으로 진화했다고 생각했다. 당시 지질학계의 학설에 따라 그는 인도네시아의 섬 자바, 수마트라, 보르네오가 이 대륙의 잔해라고 생각했다. 오늘날 이러한 생각은 황당한 것으로 여겨지지만 헤켈은 당시 가장 영향력 있는 자연사 학자였고 그의 저서들은 거의 베스트셀러였다.

자바 원인의 발견

헤켈의 추종자 중에는 네덜란드 의사이자 인류학자인 외젠 뒤부아도 있었다. 그는 헤켈과 달리 동물과 인간의 진화 역사를 재구성하기 위해서는 살아 있는 동물과 인간의 해부학적 연구 외에 화석도 필요하다는 굳은 확신을 갖고 있었다. 그는 1886년 암스테르담대학의 해부학 교수를 그만두고 남아시아에서 선행인류의 화석을 찾기 위해 군의관으로 자원해 수마트라섬에 갔다. 다음에 이어지는 이야기는 인내력과 행운에 관한 두번 다시 듣기 힘든 스토리다. 처음 몇 년 동안 그는 동물들의 화석을 수없이 발견했지만 그가 찾고 있었던, 원숭이와 인간의 연결 고리에 해당되는 존재에 대해서는 아무런 단서도 발견하지 못했다.

하지만 뒤부아는 포기하기는커녕 1890년 자바섬으로 아예 이주해버렸다. 더위, 말라리아, 재난 수준의 위생 상태, 이 모든 것은 그의 계획에 걸림돌이 되지 못했다. 1891년 그의 조수가 솔로 강변에서 마침내 어금니 하나를 발견했다. 그리고 그로부터 불과 1미터 떨어진 곳에는 원시인의 것으로 보이는 납작한 머리덮개 뼈가 퇴적물 속에 박혀 있었다. 이 뼈는 네안데르탈인처럼 눈구멍 위의 부위가 돌출되어 있는 특징을 가지고 있었다. 뒤부아는 이 성공에 힘입어 계속 화석을 찾는 데 열중했고 1892년 동일한 장소에서 인간과 유사한 대퇴부 뼈 한 점을 발견하기에 이른다. 그는 즉시 이것이 '잃어버린 고리'라는 것을 알아봤다. 1894년 그는 피테칸트로푸스 에렉투스*pithecanthropus erectus*(직립보행 원숭이 인간)라는 이름으로 자신이 한 발견에 대해 글을 발표했다. 하지만 여기서 뒤부아를 기다리고 있던 것은 커다란 실망이었다. 요한 카를 풀로트가 그랬던 것처럼 학계에서 인정을 받으리라는 그의 희망은 학계의 거부로 끝나고 말았기 때문이다. 이번에도 이 발견물을 폄하하기 위해서라면 아무리 황당해 보이는 의견도 인정될 판이었다. 반대자들은 그 뼈가 멸종된 대형 긴팔원숭이의 잔해라고 주장했을 정도다.

1920년대와 1930년대에 중국에서, 그다음에 인도네시아에서 다시 이와 비슷한 화석이 발견되고 나서야 사람들은 뒤부아가 옳았다는 것을 인정했다. 1959년 피테칸트로푸스 에렉투스는 마침내 직립보행 인간, 즉 호모 에렉투스로 명칭이 변경되었다. 그사이 사람들은 뒤부아의 발굴물이 150만 년 되었다는 것을 밝혀냈다. 그의 '자바 원인'은 현재까지 호모 에렉투스의 모식 표본, 즉 종을 규정하기 위한 일종의 척도가 되고 있다. 뒤부아는 사후에도 가장 중요한 원시 고인류학자 중 한 명으로 인정받고 있다.

서구 중심적 시각을 지녔던 당시의 많은 연구자는 자바 원인이 멀리 떨어진 아시아에서 나왔다는 주장에 불편함을 느꼈다. 그런 까닭에 그들은 20세기 초 유럽으로 다시 시선을 돌리게 하는 새로운 발굴물이 나온 것에 기뻐했다. 1907년 다니엘 하르트만이라는 인부가 하이델베르크에 있는 모래 채취장에서 보존 상태가 뛰어난, 원시 인간의 것으로 보이는 이빨이 남아 있는 하악골을 발견했다. 이 시기 이 구덩이는 이미 20년 전부터 화석 유물이 나올지도 모른다는 판단하에 모래 채취 작업이 감독되고 있었다. 이것을 미리 계획했던 사람은 고생물학자인 오토 쇠텐자크였다. 그는 이 새로운 인간 종에 대한 최초의 서술로 그동안의 연구에 최고점을 찍었다. 그는 자신의 제2의 고향 하이델베르크를 기리기 위해 이 발굴물을 호모 하이델베르겐시스*Homo heidelbergensis*라고 명명했다.[6] 오늘날 대부분의 전문가는 호모 하이델베르겐시스를 진화 역사에 있어 네안데르탈인과 현생인류의 선조로 분류한다.[7]

기술적으로 숙련된 솜씨와 사기성

하지만 호모 하이델베르겐시스가 발견되고 몇 년이 지나 더 큰 주목을 끄는 발굴물이 영국에서 나왔다. 1912년 취미고고학자인 찰스 도슨과 명성 높은 영국박물관 지질학 분과의 학예사 아서 스미스 우드워드는 하악골이 붙어 있는 두개골을 발표했다. 이 두개골은 인간적 특징과 원숭이와 비슷한 특징이 섞인 여태껏 보지 못한 혼종이었다. 도슨과 스미스 우드워드는 이 발견물이 영국 동남부 필트다운 근처 지역의 자갈 채취장에서 나온 것이라고 했다. 그들은 사람들이 지금까지 알지 못했던 인간 조상의 원래 모습을 더 잘 상상할 수 있도록 두개골에서 빠진 부분들을 보충해 넣었다고 했다. 이 발견물은 즉각 커다란 관심을 모았는데, 거기에는 도슨과 스미스 우드워드가 아주 자신 있게 에오안트로푸스 다우소니(도스니)*Eoanthropus dawsoni*, 즉 도슨의 여명의 인간이라는 이름을 붙이고 이 화석을 인류 진화사의 기원에 위치시킨 것도 한몫했다.

특히 영국 학계는 크게 감명받았는데 이 필트다운 원인은 명칭이야 어떻든 실제로 네안데르탈인과 호모 에렉투스보다 더 오래된 것으로 보였기 때문이다. 거기다 커다란 뇌와 원숭이에 가까운 하악골의 독특한 조합을 가진 두개골은 당시 폭넓게 유포되어 있었던 관념의 정당성을 확인해주는 듯 보였다. 당시 널리 퍼져 있던 상상에 따르면 커다란 뇌의 발달은 직립보행 능력, 도구, 인간 언어를 생성하기 위한 전제 조건이었다. 이 유물이 원시적 특징과 현재적 특징의 조합이라는 바로 이 기묘함에서 다른 화석들과 어긋난다는 비판적 목소리는 무시되었다. 그렇게 이 학설은 계속 효력을 유지하다가 1953년 마침내 필트다운 원인은 전 학문사를 통틀어 가장 큰 위조 사건인 것으로 폭로되기에 이른다.

강한 사기성과 고도로 숙련된 기술로 오랑우탄의 하악골이 중세 인간 두개골에 끼워넣어졌던 것이다. 이것을 조작한 사람이 한 명인지 아니면 둘 다인지는 몰라도 뼈를 더 오래된 것으로 보이게 하기 위해 염색했고 치아를 손봤으며 조작인 것을 감추기 위해 두개골과 턱뼈 사이 이음새에 있는, 진실에 대한 단서가 될 만한 뼛조각을 부러뜨렸다. 이런 식으로 권위 있는 전문가들에게 그것이 진짜 화석이라고 속이는 데 성공했다.

누가 필트다운 원인을 만들었는지 해명은 아직 다 이뤄지지 못했다. 이 두 명의 '발견자'는 이 사기가 발각되기 전에 죽었기 때문이다. 찰스 도슨은 1916년, 아서 스미스 우드워드는 1944년에. 하지만 둘 중 주범으로 여겨지는 이는 도슨이다. 필트다운 원인이 키메라*라는 최종적인 증거는 2016년 유전자 검사를 통해 확인되었다. 오늘날 사람들은 이 사기가 그렇게 오랫동안 발각되지 않을 수 있었던 것은 민족주의적 염원이 많은 전문가의 지각력을 흐려놓았기 때문이라고 생각한다. 영국의 연구자들은 앞서 독일, 벨기에, 프랑스에서 네안데르탈인 화석이 발견된 후 그들의 '최초의 영국인'을 찾길 갈망했고 이 때문에 더 정확한 눈으로 문제의 화석을 살펴볼 수 없었던 것이다.

필트다운 원인처럼 또 다른 황당한 사건으로는 미국의 고생물학자 헨리 페어필드 오즈본이 발견했다고 주장한 화석을 들 수 있다. 그는 1922년, 수년 전 한 농부가 네브래스카에서 발견한 이빨 하나를 인간 조상의 화석이라고 해석했다. 그는 오직 이 이빨에

* 고생물학에서 조작을 통해 만들어낸 가짜 화석.

만 의거해 북아메리카를 인류의 요람이라고 주장했다. 대부분의 전문가는 처음부터 오즈본의 헤스페로피테쿠스 하롤드코오키이 *Hesperopithecus haroldcookii*, 즉 '해럴드 쿡이 발견한 서쪽 세계의 원숭이'를 받아들이지 않았다. 그리고 1927년 오즈본은 자신이 착각했음을 스스로 인정했다. 이후의 연구를 통해 이 화석은 멸종된 돼지 종의 이빨을 완전히 착각한 것이라는 사실이 밝혀졌다. 동일한 발견 장소에서 이 돼지 종의 또 다른 잔해가 더 발견되었다. 이렇게 해서 '네브래스카 원인'도 몇 년 후에는 지난간 일이 되었다.

20세기 초 고인류학은 앞을 내다보기 매우 힘든 상황이었다. 많은 연구자가 서유럽에서 인도네시아에 이르기까지 엄청나게 넓은 지역에서 인간이 그곳에서 탄생했음을 증명해줄 화석을 수집했다. 이 시기에 화석이 전혀 발견되지 않은 것은 오직 아프리카뿐이었다.

잠에서 깨어난 아프리카와 비상하는 아시아

그러던 중 1924년 말 남아프리카에 있는 타웅 지방 근처의 석회암 채석장에서 일하던 한 인부가 두개골 화석을 발견하면서 상황은 급격히 변모한다. 이 발굴물은 요하네스버그의 비트바테르스란트 대학의 해부학자인 레이먼드 다트에게 전달되었는데 그는 이 화석이 갖는 의미를 즉시 알아보았다. 그는 1925년 초 이 화석을 선행 인간 아동의 것이라고 서술했다. 다트는 이 화석을 오스트랄로피테쿠스 아프리카누스*Australopithecus africanus*, 즉 '아프리카의 남쪽 원숭이'라고 명명했다. 하지만 다트의 해석도 다른 많은 고인류학 선구자처럼 처음에는 거센 반발에 부딪혔다. 비판자들은 이 두개골이 어린 고릴라 또는 침팬지와 매우 유사하고 오스트랄로피테쿠스 아프리카누스는 인간이 아닌 고릴라 또는 침팬지와 친척관계인데 다트는 이 점을 인식하지 못했다고 반박했다.[8] 이에 더해 이 화석의 또 다른 특별한 점이 비판 대상이 됐다. 이 두개골 내부에는 자연적으로 석화된 주물鑄物*, 즉 뇌 모양의 구조물이 형성되어 있었다. 이 구조물에 따르면 오스트랄로피테쿠스 아프리카누스의 뇌 용적은 불과 약 440세제곱센티미터라는 말이 된다.[9] 이는 침팬지의 뇌 용적 크기다. 다트의 의견에 반대하는 사람들에게 인간의 조상이 그렇게 작은 뇌를 가졌다는 것은 처음부터 불가능한 일이었다. 그렇게 해서 오스트랄로피테쿠스 아프리카누스로 규정된 이 화석이 마침내 선행인간으로 인정되려면 1947년까지 기다려야만 했다.[10] 오늘날 이 화석은 '타웅의 아이'로 세계적으로 알려져 있다. 이 두개골의 나이는 250만 년에서 300만 년으로 측정되었다.

연구자들은 양차대전 사이에 아시아에서 호모 에렉투스의 또 다른 경탄할 만한 화석을 발견했는데 그중 하나가 저 유명한 베이징 원인이다. 베이징 근처의 석회암 동굴에서 발견된 다수의 에렉

* 마치 거푸집으로 대상물을 주조해내듯 두개골 안의 모래 등 내용물이 두개골 형태를 따라 굳어진 것.

투스 화석을 베이징 원인이라 부르는데 여기에는 14개 두개골의 부분 조각들과 150개의 치아가 속한다. 이 화석들은 수차례의 발굴을 통해 1920년대와 1930년대에 세상으로 나왔다. 이 화석들은 그러나 전쟁의 소용돌이로 위험에 처했고 결국 1941년 중국에서 배에 실려 미국으로 보내졌다. 하지만 일본 군대는 화석을 항구로 운송하던 기차를 압수했고 그사이 이 화석들은 사라져버렸다. 나중에 추가 발굴에서 발견된 몇 점의 치아와 낱개의 뼈들을 제외하고 풍부한 자료가 들어 있던 이 발굴지에서 현재 남은 것이란 원본을 본떠 만든 주조물과 그림뿐이다. 현대적 연구 방법으로 조사한 결과 이 화석들의 나이는 약 78만 년인 것으로 측정되었다.

이 두 번째 아시아에서의 유적지가 발견된 이후 아시아는 당연히 인간 진화의 '핫스폿'으로 간주되었다. 특히 호모 에렉투스는 네안데르탈인과 마찬가지로 오스트랄로피테쿠스 아프리카누스보다 훨씬 더 인간에 가까운 모습을 하고 있었기 때문이다. 그러다가 1950년대 후반부에 처음으로 동아프리카에서 이목을 집중시키는 화석들이 발견되면서 상황은 바뀐다. 이 화석들은 현재까지 인간 진화에 대한 우리의 관념에 오랫동안 깊은 영향을 미치고 있다. 여기에는 케냐에서 살았던 영국 출신의 가족이 깊이 연루되어 있다. 몇 세대에 걸쳐 저명한 고인류학자들을 배출한 이 가족의 이름은 리키Leakey라고 한다.

리키 왕조

영국의 인류학자 루이스 리키와 그의 부인 메리는 1930년대부터 이미 올두바이 협곡, 즉 현재의 탄자니아 북부, 세렝게티 가장자리에 위치한 경사가 급한 외딴 계곡에서 화석과 인공물을 찾고 있었다. 이 협곡은 아프리카 대지구대Great Rift Valley에 속해 있고 흘러내리는 강우로 인해 수백만 년 동안 침식 작용이 일어났던 곳이다. 1959년 7월 메리 리키는 그곳에서 거의 완전한 형태의 두개골을 발견했고 이를 선행인류로 분류했다. 한 달 후 그녀는 이 발견물을 진잔트로푸스 보이세이*Zinjanthropus boisei*라는 이름으로 발표했다. '진즈Zinj'는 동아프리카의 이 발굴 지역을 지칭하는 이름이고 '보이세이boisei'는 리키를 재정적으로 지원했던 찰스 보이스 Charles Boise를 지칭한다.

이 두개골은 첫눈에 봐도 '타웅의 아이'의 두개골과는 완전히 다르게 생겼다. 특히 눈에 띄는 것은 머리덮개 뼈에 달린 두터운 막대기 모양의 뼈였다. 이 존재가 살아 있었을 때는 이 뼈에 씹는 데 사용되는 튼튼한 근육이 붙어 있었다. '진즈'는 이 뼈를 이용해 아주 딱딱하고 질긴 식량도 잘게 씹을 수 있었다. 이 때문에 진즈는 '호두까기 인간'이라는 별칭을 얻었다. 훗날 이 발굴물은 인류 발달 계보와 평행선을 그으며 발달한 계보에 속한 것으로 밝혀졌고 파란트로푸스 보이세이*Paranthropus boisei*(보이세이 외인外人)로 명칭이 변경되었다. 하지만 리키가에게 '진즈' 화석은 성공으로의 도

약을 의미하는 것이었다.

리키 가족 발굴팀은 이 발견 후 몇 달 안 돼 올두바이 협곡에서 또다시 가장 중요한 아프리카 유물 중 하나를 발견하게 된다. 호모 하빌리스*Homo habilis*를 발견한 것이다. 처음에 발견한 것은 사랑니가 박혀 있는 유럽 소나무의 부러진 조각이었다. 하지만 얼마 후 그 근처에서 거의 완전한 형태의 하악골이 모습을 드러냈다. 리키가의 새로운 발견은 세계적 관심을 모았다. 호모 하빌리스라는 이름은 '재능 있는 또는 능력 있는 인간'을 의미했다.[11] 고인류학자들이 아프리카에서 나온 화석을 선행인간, 즉 오스트랄로피테쿠스나 파란트로푸스가 아닌 호모속에 분류시킨 것은 이번이 처음이었다. 이 분류의 근거가 된 것은 리키 가족이 유적지에서 발견한 가장 간단한 형태의 석기였다. 그들은 호모 하빌리스만이 자갈로 손망치와 절단 도구를 만들 수 있었다고 확신했다.[12] 연구자들은 이 초기 인간이 영양가 높은 골수를 함유하고 있는 동물의 뼈를 부수기 위해 또는 아주 딱딱한 열매를 깨기 위해 이 도구를 사용했을 것이라고 추측했다. 도구를 생산하고 이를 이용하는 능력이 선행인간에서 인간속으로의 이행을 보여주는 것이라는 가정 아래 호모 하빌리스는 가장 오래된 '진짜' 인간으로 선언되었다.[13]

1978년에 리키가는 연구에서 또 한 번의 기념비를 세우는 데 성공한다. 올두바이 협곡에서 약 50킬로미터 남쪽으로 떨어진 라에톨리라는 곳에서 직립보행하는 선행 인류의 화석 발자국을 발견한 것이다. 그것의 나이는 약 360만 년이었다. 이는 당시 세계에서 가장 오래된 직립보행 흔적이었다. 하지만 대체 어떤 존재가 그렇게 까마득한 과거에 비에 젖은 화산재 위를 걸어다녔단 말인가?

이에 대해 한 가지 가능한 대답을 주었던 것은 1978년 같은 해에 발표되었던 한 발굴물이었다. 이 발굴물은 현재까지 고인류학 최대의 아이콘으로 간주되는 것으로 320만 년 된 선행인간, '루시'의 유골이다. 저명한 고인류학자인 도널드 조핸슨이 이끄는 국제 조사팀은 에티오피아 아파르 지방에서 뼈의 일부가 결손되어 있는 루시의 유골을 발견했고 '루시'는 오스트랄로피테쿠스 아파렌시스(아파르의 남쪽 원숭이)가 되었다.

'루시'의 유골은 40퍼센트 정도 남아 있었는데 이는 이 연구 분과에서 엄청난 사건이었다. 그 전까지만 해도 항상 몇 개의 뼈와 이빨만 가지고 수백만 년의 진화사를 재구성해야 했기 때문이다. 하지만 이제는 '루시'가 약 1미터의 키에 30킬로그램이 안 나갔고 이미 두 발로 서서 잘 걸을 수 있었다는 것을 정확히 밝혀낼 수 있었다.[14] '루시'라는 이름은 루시를 발견했던 시간에 발굴 캠프에서 흘러나오고 있던 비틀즈의 노래 〈다이아몬드와 함께 하늘에 떠 있는 루시〉에서 따온 것이다.

새로운 발굴물이 나올 때마다 인간이 기원한 곳은 오직 아프리카라는 생각이 영향력을 얻어갔다. 그러다 1984년 많은 전문가가 결정적이라고 생각하는 증거가 나온다. 리하르트 리키, 즉 루이스와 메리 리키의 아들이 아프리카에서는 처음으로 케냐에서 호모 에렉투스의 화석을 찾아낸 것이다.[15] 연구원들은 다년간 투르카

나 호수 근처에서 1500톤의 퇴적물을 파헤쳤고 마침내 한 인간 유골의 약 90퍼센트를 건져낼 수 있었다. 이 유골의 나이는 약 150만 년이고 전 시대를 통틀어 고인류학에서 가장 완전한 형태의 발굴물 중 하나다. 학자들은 뼈를 측정하여 이것이 아홉 살짜리 소년의 잔해임을 증명해냈다. 이 소년은 어른이 되었을 때 1미터 80센티미터까지 자랐을 것으로 추측된다. 학자들은 이 유골에 '투르카나 소년Turkana Boy'이라는 이름을 붙여주었다.

남아프리카 공화국의 타웅, 탄자니아의 올두바이 협곡, 에티오피아의 아파르 지방, 케냐의 투르카나 호수는 오늘날 인류 진화 발달사에서 가장 잘 알려진 지역들이다. 이러한 발견 이후로 인간과 그의 선조들이 아프리카에서 진화했고 호모 에렉투스에 이르러 인간은 이 대륙을 벗어나 아시아로 진출했다는 것에 의심의 시선을 던지는 사람은 거의 없어졌다. 그리고 아프리카에서 마침내 현생 인류인 호모 사피엔스의 가장 오래된 화석들이 발견되었다는 것에 대해서는 거의 모든 고인류학자가 인식을 같이한다.

'루시'(오스트랄로피테쿠스 아파렌시스)를 인공적으로
재구성한 모습.

가장 나이 많은 원시 조상

하지만 더 정확히 살펴볼 필요가 있다. 현대의 유전적 연구와 분자생물학의 연구 결과는 인간 계보가 침팬지 계보에서 분리된 시점을 현재로부터 700만 년 전에서 1300만 년 전으로 본다. 이에 따르면 우리 인간의 가장 오래된 조상의 화석 또한 이 시간대에서 나와야 할 것이다. 하지만 아프리카에서 발견된 화석들은 그 걸출한 중요성에도 불구하고 모두 그보다 수백만 년 더 후대에 속한다.

게다가 아프리카에서는 인간과 현재 생존하고 있는 대형 유인원의 마지막 공통 조상이 발견되지 않았다. 하지만 일반적인 관점에서 보자면 이곳이야말로 바로 그 조상이 발견되어야 할 곳이었다. 이에 비해 아프리카에서는 거의 정확히 위에서 언급했던 기간에 대형 유인원의 조상과 관련된 화석 자료에 엄청난 빈틈이 존재하고 있는 실정이다.

반면 유라시아에서는 진화의 이 시기에 해당되는 화석이 다수 발견되었다. 그런데 인류의 요람이란 가장 오래된 뼈가 발견된 곳이어야 하지 않는가? 혹시 침팬지와 고릴라의 직계 조상들은 아예 아프리카 출신이 아닌 건 아닐까? 침팬지와 고릴라는 나중에야 아프리카로 이주했던 것은 아닐는지? 그래코피테쿠스는 이런 생각들이 가능하다는 것을 보여준다. 하지만 현재 통용되고 있는 학설의 지지자들은 지금까지 이런 생각을 전적으로 거부하고 있다. 유라시아에서 나온 화석들은 기껏해야 곁가지 내지는 현재의 대형 유인원, 심지어 인류의 진화에 전혀 기여하지 않은 진화의 막다른 골목으로 치부되고 있을 뿐이다. 그것도 아니면 아예 언급조차 되지 않고 있다.

나의 캐나다 동료인 데이비드 비건은 이미 1992년에 그때까지 알려져 있던 모든 대형 유인원과 선행인간을 두루 분석한 결과를 발표한 바 있다. 이 발표에서 그는 모든 아프리카 대형 유인원과 인간의 기저에는 유럽 대형 유인원 화석이 있다는 주목할 만한 결론에 도달했다. 우리가 다음 장들에서 보게 되듯이 그 후로 이를 뒷받침할 만한 많은 화석이 새로 발견되었다. 그럼에도 불구하고 이 결론은 현재까지 '개인 의견'으로 치부되고 있다.

대부분 한 발굴물의 진정한 의미는 여러 해가 지나고 그 시기를 복기할 때라야 결정될 수 있다. 특히 화석의 새로운 발굴은 과거의 발굴물들을 다른 각도에서 볼 수 있게 한다. 이러한 발견을 하기 위해 어디에서, 어떤 지역, 어떤 암석층, 어떤 지질 시대에서 대상을 찾아야 하는지를 아는 것은 인내심과 끈기만큼이나 중요하다. 그리고 여기에 약간의 행운이 따라줘서 정확한 발굴 장소를 찾아낼 수 있다면 중요한 성공을 거둘 수 있다.

하지만 가장 최신의 발견들을 언급하기 전에 먼저 대형 유인원 진화의 시초로 눈을 돌려보도록 하자.

7장

아프리카의 시초: 대형 유인원 진화의 첫 번째 황금시대

우리 마음에 들든 말든 생물학적으로 볼 때 우리는 의심할 바 없이 원숭이다. 벌거벗은, 비율상 큰 뇌를 가진 두 다리로 걷는 원숭이. 원숭이, 전문 용어로 영장류라고 일컫는 이 진원류들은 진화하면서 생김새, 크기, 성질에서 다양성을 발달시켰다. 진원류의 조상들은 6000만 년보다 더 오래전에 살았다. 영장류의 진화사를 이해하기 위해서는 몇 가지 기본적인 분류와 개념을 아는 것이 매우 중요하다. 생물학자들은 기본적으로 구세계 원숭이와 신세계 원숭이를 구분한다. 후자는 인간 진화에 아무런 역할도 하지 않는다. 이들은 아메리카 중부와 남미에 살았고 지금도 살고 있다. 이에 반해 구세계 원숭이들은 우리 진화의 역사에서 매우 중요한 역할을 한다. 이들은 꼬리 달린 구세계 원숭이와 '유인원'을 뜻하는 호미노이드로 다시 구분된다. 후자에 속하는 것으로는 작은 유인원, 즉 긴팔원숭이와 대형 유인원이 있다. 후자는 오늘날 생존하고 있는 모든 유인원과 사람 그리고 이들의 멸종된 조상을 포함한다. 이 가계는 생물학자들에 의해 호미니드*Hominidae*라고 불린다. 오랑우탄*Ponginae*, 고릴라와 침팬지*Homininae*와 더불어 우리 인간*Hominini*은 생물 체계에서 사람상과上科, *Hominoidae* 가계 일원이다.

그런 까닭에 우리의 뿌리를 찾는 과정은 저 멀리 이들의 진화 역사까지 나간다. 여러 유인원 종은 새로운 생활 환경과 기후변화에 적응하면서 체격의 변화를 겪었는데 이는 인간의 진화 역사의 기본적인 바탕이 된다.

우리 인간과 가장 가까운, 현재 생존하고 있는 친척들과 우리의 유전자가 얼마나 많이 일치하는지, 그저 놀라울 따름이다. 인간과

유인원과 인간의 계통 발생

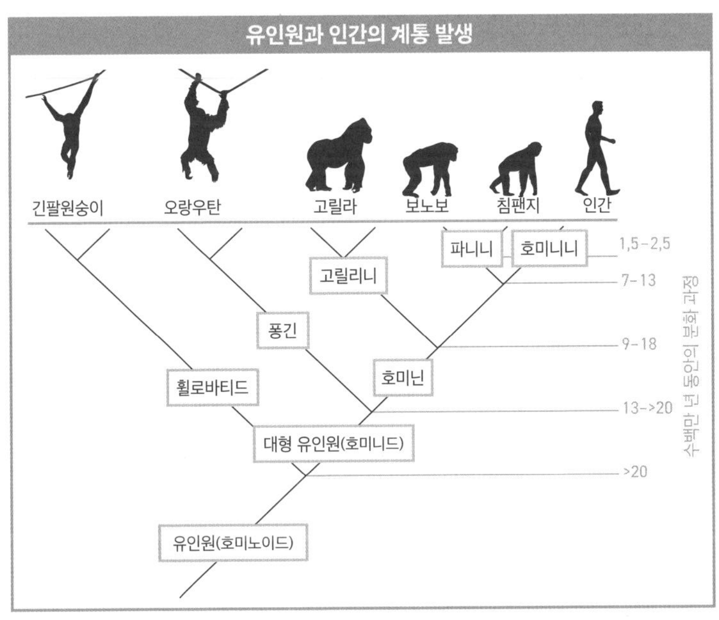

침팬지의 유전자는 98.7퍼센트 동일하다. 고릴라와는 세포핵의 염기서열에서 98.3퍼센트가 일치하고 오랑우탄과는 그보다 좀 적긴 해도 96.6퍼센트나 같다. 침팬지와 보노보는 고릴라보다 인간과 더 많은 유사성을 갖는다.

언급했듯이 유전자 검사[16]는 1300만 년 전에 우리의 가장 오래된 조상이 침팬지의 조상과 분리되었고 이후 수백만 년에 걸쳐 인간만의 독자적인 진화 과정이 진행되었다는 의견에 힘을 실어준다. 이 의견에 따르면 인간의 계보는 침팬지에서 나온 것이 아니다. 간단히 표현하자면 인간과 침팬지는 형제관계다. 이것이 의미하는 바는 두 계보가 지금까지 알려지지 않은 하나의 다른 종에서 나왔다는 것이며, 이 종은 인간은 물론이고 현재의 침팬지와도 유사성을 띨 확률이 거의 없다.

현재 알려져 있는 화석화된 대형 유인원과 생존 대형 유인원의 종은 총 100여 종이다. 이들의 역사는 약 700만 년씩 세 기간으로 나뉠 수 있다. 가장 오래된 종들은 아프리카에서 발견되었으며 2100만 년에서 1400만 년 전 시기에 살았다. 이 최고最古의 대형 유인원 종의 생활 환경과 그 다양함을 가장 잘 보여주는 것이 케냐 빅토리아호 루싱가섬에서 나온 1800만 년 된 화석이다. 고생물학자들은 거의 100년 전부터 그곳에서 발굴 작업을 했다. 이들이 발견해낸 화석들은 땅속으로 가라앉은 이 세계에 대한 매우 구체적인 그림을 그릴 수 있게 해준다.

신기한 피조물들과 대형 유인원

현재의 섬 지역은 당시에는 적도 남쪽으로 약 550킬로미터 되는 곳에 있었다. 열대성 몬순이 지배하고 있었고 우기와 건기가 교대로 나타났다. 대지는 빽빽한 숲으로 뒤덮여 있었다. 최초의 대형 유인원과 생활 공간을 공유한 동물들 중에는 오늘날 우리가 아는 동물도 있었지만 오래전에 멸종한 이국적인 피조물들도 있었다. 왕도마뱀이 하목층* 사이로 돌아다니고 나뭇가지에서는 카멜레온들이 곤충을 사냥했다. 코끼리땃쥐와 같은 기묘한 동물도 딱정벌레, 개미, 지네를 찾아다니고 있었다. 이 동물은 땅돼지, 황금두더지와 친척으로 긴 다리와 코끼리 코처럼 생긴 길게 뻗은 코를 가지고 있다. 하지만 이 숲에서 가장 이상하게 생긴 피조물은 2미터 30센티미터 크기의 칼리코테리움Chalicotherium**이었다.

맥과 코뿔소의 친척인 이 동물은 언뜻 보면 자연이 어느 날 기분이 좀 이상할 때 만들어놓은 창조물 같다. 이 동물은 매우 긴 앞발과 짧고 튼튼한 뒷발을 가졌다. 하지만 칼리코테리움은 이런 독특한 신체 구조로 인해 잘 일어설 수 있었고 신선한 나뭇잎이 자라는 높은 곳의 굵거나 가는 가지에 닿을 수 있었다. 이에 더해 칼리코테리움의 길고 안으로 향해 있는 발톱은 흡사 갈퀴처럼 나뭇잎을

* 숲에서 가장 높은 부분 이하의 층에서 자라는 나무들.

** 자갈동물이라는 뜻으로 독일어로는 KRALLENTIER라고도 한다.

아주 효율적으로 훑어내는 도구와 같은 기능을 했다.

1800만 년에서 1400만 년 사이의 지구의 평균 기온은 현재보다 8도가량 높았다. 대기 중에는 엄청난 양의 수증기가 떠다녔기 때문에 마치 온실 같은 느낌이었다. 게다가 이산화탄소의 양도 현재보다 50퍼센트가량 더 많았다.[17]

이 시기는 당시 지구 지질 시대인 마이오세의 이상적인 기후 시대**Klimaoptimum**라고 불린다. 이때는 비교적 최근의 지구 역사에서 가장 따뜻한 시기였다.[18]

현재 알려진 바로 대형 유인원 진화의 이 초기 시대에는 약 30종의 유인원이 있었는데 이는 지금까지 알려진 모든 대형 유인원의 거의 3분의 1에 해당된다. 이 시기는 캐나다의 대형 유인원 전문가 데이비드 비건[19]이 말한 대로 '호미노이드의 최초의 황금시대'였다. 하지만 이 원시 종들의 화석 모두가 신빙성을 띤다고 증명된 것은 아니다. 어떤 종들은 이빨 또는 턱뼈 몇 점만이 존재하고 또 어떤 종은 몸의 뼈 일부만 발견된다.

가장 중요한 속은 에켐보*Ekembo*다. 그중 두 종이 루싱가에서 발견되었다. 이들은 몸무게가 약 10킬로그램이며 나뭇잎을 먹고 살았다. 이 원시 대형 유인원은 첫눈에 구세계 원숭이처럼 보인다. 구세계 원숭이들은 현재에도 약 160종이 존재한다. 이들 중 가장 유명한 원숭이는 개코원숭이와 마카크다. 그런데 에켐보는 꼬리가 없었다. 꼬리를 이루고 있던 뼈의 잔재가 앞으로 구부러져 꼬리뼈로 변형되어 있었다. 꼬리가 없는 것은 모든 대형 유인원의 가장 중요한 특징이지만 에켐보에게 꼬리가 없다는 것은 나뭇가지에서 균형을 잡고 건너뛸 때 중요한 역할을 하는 보조 수단이 결여되어 있었다는 뜻이 된다. 그런 까닭에 운동의 조절과 정지를 위해 손발이 더 중요해졌고 이런 특징은 손가락과 발가락 뼈가 힘 있게 발달해 있다는 점에서 잘 나타난다. 에켐보는 확실히 대상을 힘 있게 움켜잡을 수 있었다. 하지만 이 작은 해부학적 변화를 제외하면 그의 신체 골격은 현재의 대형 유인원과 비교해 상당히 원시적이었다. 팔다리는 똑같은 길이였고 팔꿈치는 완전히 펴지지 않았다. 손발의 관절은 직선 형태였다. 때문에 네발로 걸으면서 나뭇가지나 땅바닥을 디딜 때 에켐보의 손발은 수평이 되었다. 이런 보행은 현재까지 대형 유인원을 제외한 모든 원숭이의 특징이다. 이 특징은 이를테면 동물원의 개코원숭이에게서도 잘 관찰된다.

에켐보 이후 약 100만 년이 지나고 또 다른 원시 대형 유인원이 등장했다. 이 유인원도 케냐에서 여러 종이 발견되었는데 아프로피테쿠스*Afropithecus*라고 한다. 이 유인원의 눈에 띄는 특징은 강한 저작 기관이다. 전해지는 두개골로 보면 이 유인원은 에켐보에 비해 더 강한 저작근을 갖고 있다. 또 인간과 유사한 대형 유인원의 진화에서 처음으로 두터운 치아 법랑질이 나타난다. 보통 숲에서 살며 나뭇잎과 열매를 식량으로 하는 모든 원숭이의 치아 법랑 두께는 0.5밀리미터 정도일 뿐이다. 왜냐하면 먹이가 부드러워 이빨이 거의 마모되지 않기 때문이다. 치아 법랑질의 생산은 모든 유기체에게 극도로 수고스러운 일이기 때문에 어떤 포유류도 필요 이상의 법랑질을 만들어내지는 않는다. 그런 까닭에 아프로피테쿠스의 두꺼워진 치아 법랑질은 식생활에 변화가 있었음을 의미한다. 아마도 아프로피테쿠스는 더 딱딱하고 질긴 먹이를 섭취했을 것이다.

아프로피테쿠스와 매우 비슷한 화석이 사우디아라비아의 사막에서도 발견되었다. 이 화석은 대형 유인원들이 이미 당시에 넓은 지역에 걸쳐 서식했다는 것을 증명해준다. 이 지역은 당시 매우 좁은 긴 만灣에 면해 있었는데 이 만은 훗날 지중해와 인도양을 이어주는 역할을 했다. 1700만 년에서 1600만 년 전의 이 시기 동안 이 지역에는 숲이 넓게 펼쳐져 있었다.

이 좁고 긴 만이 뛰어넘을 수 없는 장벽이 아니었던 것은 분명하다. 역사상 처음으로 원시 대형 유인원들이 이 유럽 땅에 발을 디딜 수 있었기 때문이다. 이것은 1973년 독일 남부 지크마링겐 지방의 엥겔스비스에서 발견된 두꺼운 법랑질을 가진 한 점의 어금니로 증명된다. 나는 2011년 동료들과 함께 이 어금니가 발굴된 석회암층의 나이를 1590만 년으로 측정하는 데 성공했다. 이 이빨은 확실하게 아프로피테쿠스에 속하는 것은 아니지만 이미 이 시기에 대형 유인원이 비록 일회적 경우이고 일시적이었던 것이라 하더라도 서식지를 북쪽으로 더 멀리 확장시켰다는 점을 증명해준다. 이 가정은 다른 지역에서 이동해온 여타 동물들의 화석으로도 뒷받침된다.

가까워지는 아프리카

아프리카 대륙판은 1억 년 전부터 유럽과 아시아 쪽으로 계속해서 움직이는 중이다. 1400만 년 전까지 아라비아반도를 유라시아 대륙으로부터 분리시켰던 해협은 수심이 매우 낮았다. 또 수면의 높이에 변화가 별로 없어서 열도와 육교가 생성되기에 유리했다.

마이오세의 이상적인 기후라 불리는 기간에 열대성 기온으로 인해 유럽 곳곳에 야자수, 흑단나무, 마호가니 나무 숲이 생성되었다.[20] 또 많은 해안 지역에는 해안선을 따라 넓은 맹그로브 벨트가 분포되었다. 강에는 세 종류의 악어가 헤엄치고 있었다.[21] 이 악어들 중 가장 큰 종인 가비알로수쿠스*Gavialosuchus*는 길이가 7미터에 달했다. 공기가 매우 습해서 심지어 가물치과 물고기들은 한 호수에서 육지 위를 헤엄쳐 다음 호수로 이동할 수 있었다.[22] 이렇게 유리한 기후 조건이었음에도 엥겔스비스의 유인원은 왜 유라시아 지역에 계속해서 정착해 살지 않았던 것일까? 현재 우리는 그 답을 모른다. 어쩌면 단지 그의 후손들이 아직 발견되지 않고 있는 것일 수도 있다.

많은 화석이 아프리카와 유라시아의 자연사가 매우 밀접하게 연관되어 있다는 것을 증명한다. 화석들에는 두 대륙이 서로 천천히 가까워지고 있는 역사가 기록되어 있다. 아프리카 대륙판은 1년에 1밀리미터의 속도로 현재도 여전히 북쪽을 향해 움직이고 있다. 아프리카 대륙이 북쪽으로 움직이기 시작했을 때 유라시아와 아

지구의 고지리학적 변화

빙하
사막
식생
1억 년 전
유라시아
북아메리카
북대서양
태평양
아프리카
테티스해
남아메리카
인도
오스트레일리아
남대서양
남극

5000만 년 전
북아메리카
유럽
아시아
태평양
북대서양
아프리카
인도
남아메리카
인도양
남대서양
오스트레일리아
남극

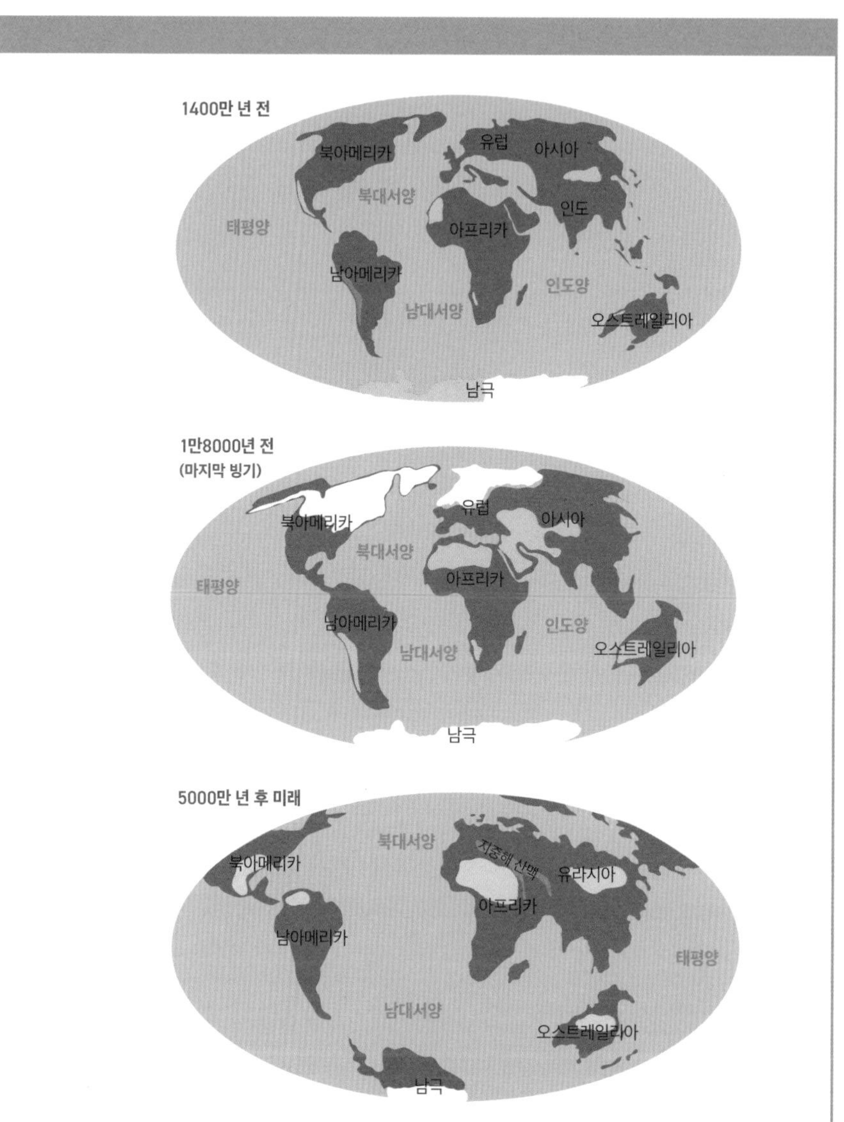
1400만 년 전
북아메리카
유럽
아시아
북대서양
태평양
인도
아프리카
남아메리카
인도양
남대서양
오스트레일리아
남극
1만8000년 전
(마지막 빙기)
유럽
북아메리카
아시아
북대서양
태평양
아프리카
남아메리카
인도양
남대서양
오스트레일리아
남극
5000만 년 후 미래
북대서양
지중해 산맥
북아메리카
유라시아
아프리카
남아메리카
태평양
남대서양
오스트레일리아
남극

프리카 대륙은 4000킬로미터 넓이의 원시 시대 대양인 테티스해에 의해 분리되어 있었다. 이후 아프리카는 1000킬로미터 북쪽으로 이동했고 유럽은 대륙의 남쪽 해안에서 아프리카 쪽으로 육지가 솟아올랐다. 2000킬로미터에 걸친 남쪽 해안이 융기하자 테티스해의 해저가 사라지면서 피레네산맥, 아펜니노산맥, 알프스산맥, 디나르알프스산맥, 발칸산맥과 같은 유럽의 대형 산맥들이 생성된 것이다. 구세계는 근대가 시작하는 시기 선원들이 불렀던 이름인 아프로유라시아에서 보듯이 하나로 연결되었다. 그리고 지중해는 수백만 년 지나지 않은 미래에 완전히 사라져버릴 것이고 새로운 대형 산맥 아래에 묻힐 것이다. 그리고 새로운 초대형 대륙이 생겨날 것이다.

양 대륙의 땅덩어리가 서로 근접하게 이동하는 역사는 그 땅에 사는 생물체들이 쌍방향으로 이주하는 역사이기도 하다. 테티스해에 있는 섬들은 육지가 완전히 연결되기 전에도 이미 많은 동물에게 다른 지역으로 건너가기 위한 '징검다리'로 이용되었다.

처음에는 발굽이 달린 유제류 동물들과 진원류[23]가 유라시아에서 아프리카로 건너갔고 그 후에는 반추류 동물과 돼지, 코뿔소, 왕도마뱀, 카멜레온이 뒤를 이었다. 이에 반해 최초의 개구릿과 동물, 장비류 동물, 신세계 원숭이들, 이각二角 동물[24]은 아프리카에서 유럽으로 건너왔다.

세 대륙 간의 최초의 일시적 연결은 약 1700만 년 전에 오늘날의 근동 지역에서 일어났다. 이미 당시 구세계의 포유류 동물상은 상당히 동질적이 되었다. 대형 유인원 진화의 1차 시기가 끝나는 1380만 년 전에는 테티스해가 아라비아 지역에서 완전히 사라지기 시작했고 구세계의 동물상은 완전히 똑같아졌다. 그때부터 이들 진화의 새로운 장이 열렸는데 이때 주무대는 유라시아가 된다.

8장

유럽의 발달:
떡갈나무 숲의 대형 유인원

생물 발달사에서 흔히 그러하듯 1400만 년 전에서 700만 년 전 사이에 있었던 유인원 진화의 두 번째 장도 기후변화에 의해 그 막을 연다. 약 1400만 년 전 마이오세의 이상적 기후가 종식되고 동남극*이 완전히 얼어붙는다. 그 결과 한편으로는 남극을 둘러싸고 안정적인 해류가 형성되었는데 이 해류는 차가운 심층수를 해수면으로 올라오게 만들었다.[25] 이 차가운 수괴**는 공기 중의 많은 이산화탄소를 응결시킬 수 있었다. 다른 한편 강력한 풍화 작용으로 막대한 양의 온실가스가 암석에 흡수되었다.[26]

그 결과 대기 중 이산화탄소는 다량 감소했고 이와 더불어 평균 기온도 장기간에 걸쳐 낮아졌다. 이 시기에는 심지어 현재보다 20퍼센트 더 많은 물이 빙하에 얼어붙어 있었다. 이는 지구 기후와

* 인도양 쪽의 남극 대륙.

** 해양에서 물리적·화학적 성질이 거의 같은 해수 덩어리.

생태 시스템에 광범위한 영향을 미쳤다. 최대 5도까지 전반적인 냉각 현상이 일어났고 해수면은 50미터 낮아졌다. 대륙 해안의 과거 대륙붕이었던 곳 중 상당 부분이 바닥을 드러냈고 아프리카와 아라비아반도는 육교를 통해 유라시아와 연결되었다.

몇몇 대형 유인원 종을 포함한 많은 포유류가 북쪽으로 퍼져나갈 수 있는 이 기회를 더 많이 이용했다. 이렇게 해서 옮겨간 대형 유인원들은 그곳에서 장기적으로 서식하는 데 성공했다. 이들의 정착은 매우 성공적이었고 서식지는 곧 유라시아 전체, 즉 이베리아반도에서 중국 방향에 이르는 지역으로 퍼져나갔다. 대형 유인원들은 이 지역의 많은 숲에서 단숨에 나무 꼭대기의 지배자로 우뚝 서게 된다. 그렇기에 이 시기를 원숭이들의 행성이었다고 말하는 것도 그리 틀린 것은 아니다. 대형 유인원들이 북부 위도 지역을 정복했다는 것은 진화사에서 이정표가 되는 사건이다. 이들이 유라시아에 도달하지 않았다면 아마도 인간의 진화는 전혀 일어나지 않았을 것이기 때문이다. 이들이 유라시아에 와서 먼저 북위도 지역의 변화된 생활 환경에 적응하는 과정을 거쳤기에 후대의 인간도 이곳에서 적응할 수 있었다.

에두아르 라르테의 드리오피테쿠스 폰타니, 즉 프랑스 남부에서 발견된 '떡갈나무 숲의 원숭이'는 유럽에 장기적으로 서식하면서 그곳에서 진화한 최초의 대형 유인원속에 속한다. 라르테의 화석은 유럽 땅에서 발견된 대형 유인원 화석의 긴 목록 중 가장 꼭대기에 있다. 드리오피테쿠스는 무게가 20킬로그램에서 40킬로그램 나갔을 것으로 추정되는데 이는 침팬지보다 작은 크기다. 뼈와 이빨의 화석으로 볼 때 이 속의 대형 유인원은 주로 나무 꼭대기에서 살았고 그곳에서 부드러운 식물성 식량을 먹이로 삼았다는 것을 알 수 있다. 땅에서는 거의 다니지 않았을 것으로 생각된다. 이들의 얼굴은 고릴라와 많이 닮았지만 크기가 훨씬 작았다.[27] 뇌는 280~350세제곱센티미터로 현재 생존하는 침팬지의 평균 뇌 용적인 약 400세제곱센티미터보다 약간 더 작았다.[28]

그사이 드리오피테쿠스 외에 유럽에서 11종의 대형 유인원속이 더 발견되었고 아시아에서는 9종이 발견되었다. 이 대형 유인원들은 파키스탄, 중국, 미얀마, 타이, 프랑스, 이탈리아, 스페인, 그리스, 불가리아, 터키, 오스트리아, 독일, 슬로바키아, 헝가리 등지에서 발견되었다. 이 화석 중 다수는 이미 진화가 매우 진행된 특징을 갖고 있다. 1960년대 말부터 헝가리 루다반야에 있는 금광에서 발견된 다량의 화석을 통해 재구성해보면 당시에 이미 오늘날의 침팬지와 비슷한 크기의 뇌 용적을 가진 대형 유인원이 존재했다. 하지만 이 대형 유인원은 침팬지보다 훨씬 더 가냘프고 체중이 덜 나갔다. 이 유인원의 이름은 루다피테쿠스 훙가리쿠스***Rudapithecus hungaricus***다. 뇌 용적과 체중 사이의 관계는 동물 지능에 있어 대략의 기준점을 제시하기 때문에 루다피테쿠스는 심지어 현재의 대형 유인원보다 더 영리했을 수 있다. 물론 인간은 제외하고.* 이러

* 인간도 대형 유인원에 속함.

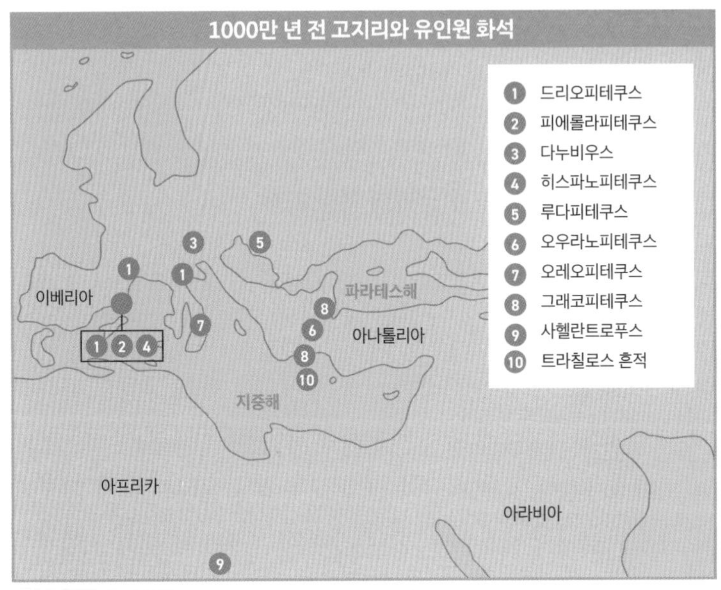

한 높은 지능은 또한 고도로 발달된 소통과 사회적 행동 방식이 있었다는 단서가 된다.

2004년과 2009년 사이 여러 차례에 걸쳐 스페인 동북쪽에 있는 한 작은 지역이 전 세계 신문의 헤드라인을 장식한 적이 있다. 바로 바르셀로나 근처에 위치한 발레 페네데스 분지다. 특히 유물이 많이 나온 곳은 카탈루냐의 대도시 바르셀로나의 수백만 명 인구가 쓰레기를 폐기하는 곳인 칸 마타 근처다. 수백만, 수천만 세제곱미터의 땅덩어리가 파헤쳐졌고 수천 개의 화석이 발견되었다.[29] 그중에는 유인원 진화에서 중간 단계에 속하는 세 가지 유인원속(드리오피테쿠스, 아노이아피테쿠스*Anoiapithecus*, 피에롤라피테쿠스*Pierolapithecus*)도 들어 있었다.[30]

빈궁기의 지방 저장

이 시기 유럽과 아시아의 넓은 지역에 걸쳐 열대 나무 종은 떡갈나무나 너도밤나무와 같은 낙엽수에 의해 세가 축소되었다. 악어, 가물치, 카멜레온과 같은 따뜻한 곳을 좋아하는 동물 종들도 사라졌다. 대형 유인원들에게 새로 적응해야 하는 식생 환경은 커다란 도전으로 다가왔다. 아프리카와 달리 이곳에서 열매는 특정 계절에만 이용 가능했기 때문이다. 이에 더해 이 새로운 북쪽의 고향에서는 겨울철 동안 일사량이 급격히 감소했고 낮의 길이가 훨씬 더 짧았다.[31] 이 또한 식량 공급에 직접적인 영향을 미쳤다. 위도가 높은 곳에서는 싹과 잎이 식용으로 이용될 수 있을 만큼 자라기 위해 기온보다 일조량이 훨씬 더 큰 역할을 했다. 봄에 낮이 길어지면서 식물에 싹이 텄고 가을에 낮이 짧아지면 낙엽이 졌다. 그 결과 당시 온난하긴 하지만 햇빛이 적은 겨울철에는 숲속 대부분의 나무가 신선한 잎을 생산하지 못하고 앙상하게 변했다. 물론 열매도 달리지 못했다. 이러한 계절의 변화는 대형 유인원처럼 나무에서 살면서 잎사귀와 열매를 식량으로 삼는 동물들에게는 생존의 위협이 되었다.

이에 더해 이 지역의 나무에는 열대 숲에서 볼 수 있는 것과 같은 10~50미터 높이에 생성되는 세 개의 수관* 이 없었고 그보다 낮은 높이에 하나의 수관만이 존재했다. 이곳에서는 연중 대부분의 기간에 대기 중 수증기의 양이 적도 근처에 비해 매우 적었기 때문이다. 일반적으로 높은 위도의 지역에서는 적도 근처 지역보다 생활 환경이 훨씬 더 건조했다. 또 나무들 사이의 간격도 더 넓었고 전체적으로 숲이 있는 지역도 더 적었다. 그럼에도 유라시아 대형 유인원은 어떻게 이 살기 어려운 환경에 그렇게 잘 적응해서 심지어 부흥기까지 맞았던 것일까?

이에 관한 한 가지 가능한 그리고 굉장히 설득력 있는 답을 제시한 것은 분자생물학이었다. 분자생물학 연구 결과에 의하면 약 1500만 년 전 유라시아의 대형 유인원들에게는 단백질 대사를 변화시킨 유전적 변이가 일어났던 것으로 보인다.[32] 이 변이는 신체가 우리카아제라는 효소를 더 이상 생산할 수 없게 만들었다. 우리카아제는 대부분의 포유류에서 요산을 분해해 소변을 통해 배출하도록 하는 역할을 하는 효소다. 이 효소가 없으면 요산 배출이 잘 안 되어 혈액에 쌓인다. 이는 능력과 건강 면에서 엄청난 결과를 야기한다. 혈액 속 높아진 요산 수치로 인해 몸은 프룩토오스, 즉 과당을 더 많이 지방으로 변화시키고 이를 간과 조직에 지방세포 형태로 저장하기 때문이다. 우리 인간은 이 변이를 우리의 대형 유인원 조상들로부터 물려받았다. 아마도 현재 많은 사람이 통풍, 당

---

* 나무줄기 윗부분의 가지와 잎이 많이 달리는 부분.

뇨병, 비만, 고혈압, 심장순환기 질환에 시달리는 이유는 이 때문일 것이다.[33]

유럽에 분포되어 살았던 우리의 대형 유인원 조상들에게 신진대사에서의 이런 변화는 커다란 장점이 되었다. 이들은 겨울철에는 지역에 따라 신선한 잎사귀나 열매, 견과류 없이 두 달에서 넉 달까지 버텨야 했는데, 그 전에 먹어둔 먹이로 지방을 비축할 수 있었고 그렇게 해서 보릿고개를 잘 넘길 수 있었다.[34] 또 요산은 혈압을 안정적으로 만드는 효과가 있다. 따라서 이러한 변이를 겪은 종들은 긴 보릿고개에도 큰 어려움 없이 정신적으로나 육체적으로 쉽게 지치지 않고 활동적일 수 있었다. 북부 지역의 조건에 더 잘 적응한, 그 결과 한 걸음 더 진화한 대형 유인원들은 유라시아의 광활한 대지에서 계속 살았다. 이들은 늦어도 1억2500만 년 전에 두 개의 하위 계보, 즉 폰긴*Ponginae*과 호미닌*Homininae*으로 나뉘게 된다.

폰긴, 다른 말로 오랑우탄아과는 주로 동쪽의 터키에서 중국 방향으로 뻗어 있는 드넓은 지역에서 살았다. 폰긴에는 현재의 오랑우탄과 그들의 멸종된 조상이 속하며 이들은 인간으로 향하는 진화의 진로에서 아무런 역할도 하지 않았다. 하지만 과거에는 이에 대해 다른 시각을 가진 학자도 몇몇 있었다.

이와 달리 호미닌, 다른 말로 인간아과에 속하는 것은 우리 인간과 오늘날 아프리카에 살고 있는 대형 유인원 그리고 그들의 멸종된 조상들이다. 후자는 유라시아의 넓은 지역에 걸쳐 서식했다.[35]

여러 종의 드리오피테쿠스도 여기에 속한다.

대형 유인원 진화의 이 중간 단계 동안 인간아과 동물들은 주로 유럽 지역에 확산되어 있었다. 이 기간에 인간아과 동물들의 신체 골격은 변화를 겪으며 훗날 더 진화된 모든 대형 유인원에게 특징적으로 나타나는 형태를 띠게 된다. 팔은 길어졌고 팔꿈치는 쭉 펼 수 있게 되었다. 가슴둘레가 커졌고 견갑골은 등 쪽으로 이동했다. 나뭇가지 위에서 균형을 잡을 때는 몸통이 나뭇가지와 평행이 되는 자세 외에 가끔씩 몸을 일으켜 세우는 자세를 취하기도 했다.

거대한 대형 유인원 실험실

이러한 변화들은 인간아과 동물들이 새로운 방식으로 보행할 수 있는 결과를 낳았다. 아프리카의 더 윗대의 대형 유인원들이 그랬던 것처럼 항상 네발로 걷고 기어오르는 대신 더 진화한 이 종들은 이 가지에서 저 가지로 흔들거리며 매달려서 나뭇가지 사이를 건너게 되었다. 이들은 민첩한 네발짐승에서 흔들거리며 매달려 다니는 동물이 되었다. 이들의 손 관절은 움직일 수 있게 바뀌었고 더 힘 있어진 팔 덕분에 더 빨리 더 능숙하게 나무줄기를 타고 높이 올라갈 수 있게 되었다. 이들의 손발의 해부 구조도 이에 맞게 적응되었다. 손은 가지를 더 잘 움켜잡고 힘을 효율적으로 사용해 (심지어 한 팔로) 가지에 매달릴 수 있도록 살짝 굽은 모양을 띠었다. 발의 관절도 움직이게 되어 많이 구부릴 수 있었다. 이것은 나무줄기를 발로 잡듯이 디딜 수 있기 위한 이상적인 형태였다. 엄지발가락은 발로 두꺼운 가지를 움켜잡을 수 있을 만큼 크고 넓게 벌어졌다.

대형 유인원은 이러한 특징을 바탕으로 수관의 꼭대기까지 올라갔다. 그곳에는 가지 끝에서 자라는, 그 전에는 어쩌다가 맛볼 수 있었던 영양가 높은 열매가 있었기에 거기까지 올라갈 가치가 있었다. 팔이 다리보다 길었기 때문에 척추는 땅에서 네발로 걸을 때도 쉽게 직립이 가능했다. 오늘날 이와 비슷한 형태의 보행은 오랑우탄이 주먹으로 디디며 걷거나 침팬지와 고릴라가 손가락 뒤쪽으로 디디며 걸을 때도 볼 수 있다. 이들의 손바닥은 보행 시 바닥에 닿지 않았다. 안으로 구부러진 손가락 때문에 그렇게 하는 게 불가능했던 것이다.

인간으로의 진화에 총 얼마만큼의 긴 시간이 필요했는지 생각해보면 이 엄청나게 획기적인 변화들은 비교적 짧은 시간 안에 일어난 것이다. 이런 일은 특히 생물체가 급격히 바뀐 환경 조건에 적응하고 새로운 생태적 지위를 차지해야 할 때 일어날 수 있다. 1400만 년 전에서 700만 년 전 사이가 특히 그런 시기였다. 이 시기 지구 전체로 봤을 때 기후는 얼마간 냉각되고 건조해졌지만 시기적으로나 지역적으로 예외도 일어났다. 아프리카 북부의 많은 지역이 점점 더 사바나와 사막 지대로 바뀌어갔던 한편 유럽에서는 상황이 훨씬 더 복잡하게 돌아갔다. 강우량이 현재의 절반에 그치는 시기가 생겨났고 나무 밀집도가 적은 넓은 면적의 건조 지대

지질 시대와 호미노이드의 중요 속들

100만 년	기	세	절	아프리카		유럽	
	제4기	플라이스토세	지바절				대형 유인원 진화 세 번째 시기
			칼라브리아절				
			젤라절	호모	↔	호모	
	신 제3기	플라이오세	피아첸츠절				
			잔클레절	오스트랄로피테쿠스 아르디피테쿠스			
5		마이오세	메시나절	오로린 사헬란트로푸스		트라칠로스 흔적 그래코피테쿠스	
10			토르토나절			오우라노피테쿠스 히스파노피테쿠스 루다피테쿠스 다누비우스	대형 유인원 진화 두 번째 시기
			세라발레절	케냐피테쿠스	↔	피에롤라피테쿠스 드리오피테쿠스 케냐피테쿠스	
15			랑에절				대형 유인원 진화 첫 번째 시기
20			부르디갈라절	아프로피테쿠스 에켐보			
			아키텐절				
	고 제3기						

가 형성되었다. 이런 현상이 나타난 예로 스페인에서는 사막과 비슷한 넓은 지역이 생겨나 크기가 점점 확장된 것을 들 수 있다. 하지만 그사이 1100만 년 전에서 970만 년 전 그리고 930만 년 전에서 870만 년 전, 두 번에 걸쳐 온난다습한 기간도 있었다. 이렇게 자연은 숲의 크기가 줄어들었다가 사바나와 유사한 광야가 생겨났다가 또다시 빽빽한 숲이 형성되는 등 여러 변화를 겪었다. 식물과 동물은 비교적 짧은 기간에 이러한 기후상의 변화에 적응해야만 했다.

두 번의 온난다습한 기간에는 막대한 양의 강우가 내렸다. 많을 때는 현재의 세 배에 달하는 양이 내리기도 했다. 대부분의 기간에 연간 평균 기온이 섭씨 20도가 넘으면서 아열대와 열대 기온 사이를 오갔다. 습도도 극도로 높았는데 오늘날 중간 위도 지역에서 이런 날씨를 보이는 지역은 더 이상 존재하지 않는다. 환경은 마치 빨래 공장 내부 같았다. 이렇게 된 원인은 파나마 지협*이 일시적으로 연결되면서 북아메리카와 남아메리카 사이에 그 전에는 없었던 육교가 형성되었기 때문인 것으로 추정된다.[36] 지구 내부의 지각 구조가 작용해 두 대륙이 더 가까워진 것이다. 그 결과 남대서양의 따뜻한 해류가 더 이상 태평양으로 흐르지 못하고 동북쪽으로 방향을 틀었다. 이렇게 해서 지구 역사에서 처음으로 멕시코 만류가 형성되는데 이 해류는 따뜻한 바닷물을 북대서양으로 실어

* 큰 육지 사이를 잇는 좁고 잘록한 땅.

날랐다. 한편 기화열의 방출 및 아이슬란드와 아소르스 제도 사이의 커다란 공기 압력의 차이는 유럽에 강한 편서풍과 집중 호우를 야기했다.

막대한 강우량으로 인한 '빨래 공장' 기후 시기에 유럽에서는 라인강과 도나우강 그리고 확장된 호수와 같은 수계**가 형성되었다. 또한 아프리카 대륙판과 유럽 대륙판이 충돌하면서 알프스산맥, 피레네산맥, 카르파티아산맥이 위로 솟아올랐다. 이 산맥들은 각기 다른 고도에서 새로운 생활 환경을 다양하게 만들어냈고 동식물은 이에 대한 새로운 진화적 해결책을 찾아야 했다.

대형 유인원들이 그들의 진화 중간 단계 동안 유럽에서의 변화를 특히 잘 극복하고 눈에 띌 정도로 급속히 진화할 수 있었던 이유가 더 다양해진 환경, 풍부해진 물 공급, 더 효율적인 유전적 적응 때문인지는 쉽게 판단할 수 없는 일이다. 하지만 확실한 것은 많은 학자가 아프리카에서 이 시기에 해당되는 진화된 대형 유인원의 화석을 찾으려고 눈에 불을 켜고 노력했건만 지금까지 발견된 화석은 하나도 없다는 점이다.

과거 대형 유인원의 진화에 있어 독보적 연구를 계속하고 있는 캐나다의 인류학자 데이비드 비건은 이런 이유에서 마이오세, 즉 약 2300만 년에서 500만 년 전 시기에 아프리카와 유라시아에 비슷한 대형 유인원 종이 살았을 가능성은 희박하다고 본다. 비건은

** 하천과 거기에 합류하는 다른 하천, 늪, 호수, 연못의 총칭.

그의 책 『원숭이의 진짜 행성』에서 수십 년간 연구한 결과를 다음과 같이 요약한다. '아프리카 대형 유인원과 인간의 조상은 아프리카가 아닌 유럽에서 진화했다.'[37] 1400만 년에서 700만 년 전 유럽은 대형 유인원이 큰 폭으로 진화했던 거대한 실험실이라고 한다. 그 후 유럽에서 기후 조건이 안 좋아진 반면 아프리카의 기후 조건이 다시 좋아졌을 때 이들은 아프리카로 돌아갔다는 것이다.

이 시기의 많은 것이 여전히 어둠에 싸여 있지만 비건의 이러한 주장은 거의 사실이라고 생각된다. 나와 내 연구원들은 다년간 독일에서 많은 수의 엄청난 화석을 발견하는 데 성공했다. 이 화석들은 바로 이 주제와 관련해 또 하나의 빛을 던져주었다. 대형 유인원 진화의 제3시기와 최종 시기로 나아가기 전에 다음 장에서 나는 이에 관한 이야기를 먼저 들려주고 싶다.

9장

알고이의 원숭이: '우도'와 침팬지의 조상

노이슈반슈타인 성에서 멀지 않은 곳, 알고이 지방 카우프보이렌에는 수려한 자태의 바로크 양식 수도원 이르제가 있다. 이 수도원 주변으로는 갈탄층을 함유한 진흙이 많이 섞인 암석이 자리 잡고 있다. 석탄의 존재는 옛날부터 알려져, 이 지역 주민들은 특히 경제적으로 궁핍했던 시기에 연료로 사용하려고 석탄을 찾아 땅을 팠다. 그럼에도 얼마 전까지 이 점토층 속에 어떤 보물이 숨겨져 있는지 짐작할 수 있는 사람은 없었다.

그 속에 학문 연구에 쓰일 소중한 것이 들어 있다는 사실을 안 소수의 사람 중 한 명이 취미고고학자인 지굴프 구겐모스였다.[38] 그는 1970년대 초 이미 이르제 수도원에서 몇 킬로미터 떨어지지 않은 포르첸 지역의 한 점토갱에서 수백만 년 된 포유류 뼈를 발견한 적이 있다. 그중에는 코끼리 조상의 유골 일부와 하이에나의 하악골, 숲영양의 잔해가 포함되어 있었다. 비슷한 시기에 구겐모스와는 무관하게 뮌헨대학의 학자들이 작은 동물들의 화석을 발굴하기 위해 그곳을 찾아왔다. 이들도 화석을 찾아냈다. 이들이 발견한 화석에는 그때까지 알려지지 않았던 여러 종과 속의 설치류 및 식충목 등이 있었다. 이들은 1975년 발표된 학술 논문[39]에서 다양한 종이 살았던 가라앉은 동물 세계에 대해 서술했다. 또한 암석 상태에 대해서도 언급했는데 그 특수한 점토층은 다량의 검정 석탄 조각들을 함유하고 있다고 설명해놓았다. 하지만 이는 심각한 결과를 초래하는 중대한 오류였다.

그 후 지굴프 구겐모스를 제외하고는 30여 년 동안 아무도 카우프보이렌 근처의 땅에 묻혀 있는 이 고생물학 보물에 대해 관심을 갖지 않았다. 그러기는커녕 지역 주민들은 그곳 토박이들에게 '쇠망치대장간'이라 불리는 점토갱에서 매년 수백 톤의 점토를 채취해 점토 안에 들어 있는 것까지 다 쓸어넣어 벽돌을 구웠다. 나는 2006년 처음으로 그 점토갱을 방문했고 바로 검은색 물질이 섞인 특수한 형태의 지층을 찾아냈다. 이 지층은 약 5미터 넓이의 도랑처럼 생긴 구조였고 당시 채취를 위해 파놓은 구덩이의 5미터 높이에 위치해 있었다. 10센티미터까지 되는 커다란 '석탄 조각'이라고 알려진 물질들은 부드럽고 물렀다. 이 조각들은 보통의 갈탄과 달리 손가락 사이에서 부서졌다. 갈탄은 대개 눌러도 단단한 채로 있다. 나는 돋보기를 꺼냈다. 열 배 확대해서 본 그것들은 내가 품었던 의혹을 더 부채질했다. 구멍이 숭숭 뚫린 스펀지 같은 구조를 발견했기 때문이다! 그것은 검은색으로 물든 뼈였다.

조심스러운 1차 연구가 끝난 후 이 독특한 점토층은 수백만 년 전 하천이 흘렀던 도랑이 메워지면서 생긴 것이라는 사실이 더욱 분명해졌다. 그 안에는 크고 작은 수많은 동물 잔해가 들어 있었다. 경험이 많은 고생물학자들에게 이는 별로 놀라운 일이 아니었다. 우리는 2011년부터 화석을 파내기 시작해 매년 점점 강도를 높이며 발굴 작업을 벌였다. 그러다 2015년 여름 드디어 진짜 대박이 터지며 우리의 끈질긴 노력이 보상받기에 이르렀다. 이 끈적끈적한 회색 점토 안에서 유인원의 이빨이 발견되었던 것이다!

이때부터 쇠망치대장간은 완전히 다른 의미를 띠었다. 발굴에 참여하던 모든 학자는 우리가 지금 파고 있는 곳이 대형 유인원의 진화에 대해 매우 중요한 정보를 제공하리라는 것을 단번에 인식했다.

우리는 그 점토갱의 사업주와 합의를 거쳐 매년 몇 주씩 한정된 지역에서 그 도랑의 발굴을 진행하도록 허락받았다. 우리는 되도록 작업장의 다른 인부들에게 방해가 되지 않도록 노력했다. 하지만 곧 학문적으로 소중한 이 점토층을 매년 수 미터씩 뒤집어놓는 점토 채취 공사가 우리의 발굴에 심각한 위협이라는 것을 깨달았다. 점토를 채취한다는 명목으로 대형 유인원의 소중한 화석을 영원히 사라지게 할 수는 없는 노릇 아닌가! 대형 유인원의 화석은 우리 인간이 어떻게 생겨났는지를 이해하는 데 중요한 열쇠다. 하지만 내 발굴 작업 지휘 권한은 재정적으로나 인력 동원 면에서 한계가 있었다. 독일의 연구협회인 독일 학문 증진 기구는 자료 보존 발굴을 위한 재정 지원 신청을 승인하지 않았다. 그 기구의 위원회는 이를 학문으로 볼 수 없다는 이유를 댔다. 그럼에도 아직 건져낼 수 있는 것을 건져내기 위해 나는 이듬해에 우리 팀과 함께 특별 비상 조치를 취해 채취 작업에 위협받는 도랑의 퇴적물을 최대한 많이 안전한 곳으로 옮기기로 결심했다.

우도 린덴베르크와 획기적인 발견물

때는 2016년 5월 17일 어느 햇빛 좋은 봄날이었다. 나는 아침에 내 박사과정생 요헨 푸스와 함께 폴크스바겐 미니버스로 튀빙겐에서 알고이로 향하고 있었다. 우리가 자동차 안에서 들었던 라디오 방송은 모두 똑같은 주제를 다루고 있었다. 우도 린덴베르크, 독일에서 가장 유명한 록 뮤지션이 그날 70세 생일을 맞았다는 소식이었다. 우리는 그의 히트 곡들을 들으며 기분 좋게 쇠망치대장간에 도착했다. 굴삭기 기사가 우리를 기다리고 있었다. 우리 계획은 이 기계로 짧은 시간 안에 가능한 한 많은 양의 도랑 퇴적물을 퍼내 근처의 큰 건물 강당에 안전하게 옮겨놓는 것이었다. 그곳에서 우리는 나중에 방해받지 않고 퇴적물을 샅샅이 뒤져 화석을 찾아낼 수 있을 것이었다. 굴삭기 기사는 굴삭기의 커다란 버킷으로 큰 뼈가 다칠세라 손으로 직접 훑기라도 하듯 매우 조심스럽게 흙을 퍼냈다. 그럼에도 이런 식의 퍼내기는 역시 거친 방법이었고 우리도 그것을 알고 있었다. 하지만 최소한 중요한 화석 몇 개라도 벽돌로 구워지지 않게 건져내는 방법은 이것 말고 없었다.

얼마 안 돼 굴삭기는 25톤의 퇴적물을 우리의 '보호소'에 부려 놓았다. 나는 퇴적물 더미의 양이 생각보다 적은 게 실망스러웠고 더 많은 암석층을 건져낼 수 없었던 것이 못내 아쉬웠다. 그래도 강당은 꽉 찼다. 굴삭기로 퍼낸 도랑의 일부분은 살짝 긁힌 정도로밖에 보이지 않았지만 더 파낼 수도 없었던 것이 강당을 또 빌리는 일은 불가능했기 때문이다. 그래서 우리는 그날 남은 시간을 이용해 굴삭기가 파낸 자리의 도랑을 따라가며 손과 곡괭이로 조금 더 파보기로 결정했다. 내일이면 굴삭기가 수십 세제곱미터씩 파고들어 도랑 안에 든 재료들을 다시 벽돌 굽는 화덕으로 실어 나를 테니까.

나는 한 손에 쥘 수 있는 곡괭이로 힘차게 세 번 땅을 찍은 후 암석을 떼어내 그 조각을 조심스럽게 뒤집었다. 그때 눈에 들어온 것은 숨을 멎게 했다. 밝은 회색의 점토에서 고동색 뼛조각이 삐죽 튀어나와 있었는데, 거기에는 단단한 이빨 두 개가 햇빛을 반사하며 솟아 있었다. 이빨의 크기와 형태로 볼 때 어떤 의구심도 불필요했다. 그것은 대형 유인원의 왼쪽 하악골이었던 것이다! 빛의 속도로 달려온 내 연구원과 나는 서로를 쳐다봤다. 이내 우리 얼굴은 환희로 가득 차올랐다. 우리가 쇠망치대장간에서 체계적 발굴을 시작한 지 5년이 넘는 시점이었다. 우리는 실수로 놓치는 것이 없도록 도랑의 퇴적물을 미장용 주걱, 바늘, 붓을 이용해 조심스럽게 1센티미터 간격으로 옮겨 담았다. 정작 저 획기적인 발견들은 모두 굴삭기와 곡괭이로 이루어졌지만 말이다. 우리는 이 소중한 발견물을 깨끗이 닦아 포장했고 성공의 기세를 몰아 계속해서 화석을 찾아 나섰다. 우리는 굴삭기로 파고 남아 있는 암석 파편들을 하나씩 물샐틈없이 뒤집어보았다. 그렇게 해서 우리에게 정말로 또다시 행운이 찾아왔다. 이 파편들 중 하나에 유인원의 이빨이 또 하나 박혀 있었던 것이다. 바로 이런 순간에 고생물학자의 심장은 두근거린다.

이 이빨은 우측 하악골의 어금니들 가운데 중간에 위치한 어금니라는 것이 증명되었다. 그보다 1년 앞서 발견된 이빨 한 점은 오른쪽 아래 사랑니였다. 어쩌면 저 왼쪽 하악골과 이 두 개의 오른쪽 이빨은 동일한 개체에 속하는 것이 아닐까? 이것이 사실임이 증명된다면 우리는 여기서 여러 조각으로 부서진 유인원 유골을 발굴해낼 둘도 없는 기회를 갖게 될 것이다. 우리는 돌아오는 길에 이것이 성공할 확률에 대해 토론을 벌였다. 자동차 속 라디오는 여전히 한 가지 주제, 우도 린덴베르크에 대해서만 이야기하고 있었다. 그렇게 그는 수십 년 이래 독일에서 가장 중요한 고생물학적 발견의 후원자로 등극했고 우리는 즉석에서 이 대형 유인원의 이름을 '우도Udo'(나중에 밝혀진 바로 이 대형 유인원은 실제로 수컷이었다)*라고 명명했다.

이날부터 우리의 발굴 작업이 훨씬 더 집중적으로 더 넓은 면적에서 행해졌으리라는 것은 다 짐작하실 것이다. 그때까지 역사

* 우도는 남자 이름.

가 가득 들어 있는 수백 톤에 달하는 점토가 손실됐지만 돌이킬 수는 없는 노릇이었다. 어느 소량의 흙에라도 '우도' 유골 퍼즐 조각이 들어 있을 수 있었다. 그런 까닭에 우리는 더 이상 검사하지 않은 상태에서 자료를 손실하는 일이 없도록 우리가 할 수 있는 모든 것을 해야 했다. 하지만 우리가 어떻게 그것을 해낼 수 있겠는가? 점토 채취 공사가 이루어지는 속도만큼 발굴 작업을 빨리 해야 하나? 그러려면 1년에 몇 달 동안씩 투입될 많은 연구자와 조수가 필요할 터였다. 특별 예산 없이 몇 명의 학생만 데리고 할 수 있는 일

저자가 다누비우스 구겐모시*Danuvius guggenmosi*의 하악골을 발견해 행복해하는 모습. 2016년 5월 17일.

이 아니었다.

바이에른주에서 고생물학 발굴물은 보호 대상물의 지위를 가질 수 없기에 국가의 도움을 기대하기란 불가능했다. 역설적이게도 최대의 걸림돌은 '우도'의 진화 수준에 있었다. 왜냐하면 바이에른 땅속에 있는 고고학적 기념물은 차고 넘치도록 보호를 받고 있었기 때문이다. 고생물학과 고고학의 경계를 가르는 것은 문화다. 침팬지나 보노보가 그러했듯이 '우도'가 도구를 사용했다면 쇠망치 대장간의 발견물은 고고학적 문화유산이 될 수도 있을 것이다. 그렇게 되려면 우리의 주장을 더 잘 뒷받침해야 할 텐데 이를 위해서는 '우도'에 대해 더 많은 것을 알아야 하고 그러려면 더 많은 발견물이 필요했다. 결국 이도 저도 다 도움이 안 되었다. 우리는 다른 대안을 찾아야 했다.

나는 시민 발굴단을 꾸린다는 생각에 희망을 걸었다. 경험에 비춰볼 때 이런 프로젝트는 여러 나이층과 교육 수준의 사람들에게 큰 자극을 주었다. 왜냐하면 인간은 누구나 조금은 자연 연구가의 소질을 지니고 있기 때문이다. 나는 기존의 연락망과 특정 플랫폼에서 조력자가 되어줄 관심 있는 초보자들을 찾았고 그들에게 무료로 학문적 발굴이라는 모험에 참여할 기회를 제공했다. 어떤 고고학 프로젝트에서는 취미 연구가들이 참여비를 내기도 하며, 보물 발굴 관광 프로그램 같은 데에서는 심지어 많은 돈을 내야 하기도 한다. 하지만 우리 프로젝트에서 발굴에 관심 있는 사람이 가지고 와야 하는 것은 오직 흥미와 호기심, 그리고 충분한 인내심뿐이었다.

다행히 우리는 많은 지원자를 찾을 수 있었다. 2017년과 2018년 각각 석 달짜리 발굴단 활동에 50명이 넘는 지원자가 함께했다. 이들의 나이는 9세에서 75세까지 다양했다. 아이들과 청소년을 둔 가족 및 은퇴한 부부들, 친구들, 우리 직원들의 부모님, 소문을 통해 이 일에 관심을 갖게 된 그 지역 사람들이 참여했다. 물론 학생들도 있었는데 이들은 튀빙겐 이외의 지역에서도 왔다. 우리는 사회관계망 서비스를 통해 많은 독일 대학의 지구과학과 학생에게 연락을 취했고 이것이 큰 성과를 가져왔던 것이다.

우리는 2년 동안 200세제곱미터 이상의 퇴적물을 조사했고 5000개가 넘는 발굴물을 확보했다. 우리는 그것이 100종이 넘는 척추동물의 뼈라는 것을 입증할 수 있었다. 그중에는 아직까지 알려진 적이 없는 종들도 있었다. 그곳은 세계적으로 매우 희귀한 화석 발굴장이었던 것이다. 이로부터 과거 열대 생태 시스템의 대략적인 그림이 재구성될 수 있었다. 거기에는 물고기, 거대 크기의 도롱뇽, 거북이, 오래전에 멸종한 뱀과 새, 쥐에서 코뿔소와 코끼리에 이르기까지 많은 포유류가 속해 있었다. 하지만 우리가 가장 기뻤던 것은 36점의 대형 유인원 화석이 뛰어나게 잘 보존된 상태로 발견되었다는 사실이다.

대부분의 경우 유인원 발굴에서 발견되는 것은 이빨이다. 다른 신체의 뼈는 하이에나한테 뜯기거나 풍화되거나 아니면 적절치 못한 발굴로 인해 손상되는 탓에 보통은 조각난 상태이며 완전한 형태는 매우 드물다. 하지만 쇠망치대장간에서는 신체의 거의 모든 각 기관에서 완전한 상태의 뼈가 발견됐다. 이 자료의 대부분, 즉 21점의 뼈는 한 개체의 것이었는데 이는 바로 우리 '우도'의 것이었다.

우도는 유골 중 15퍼센트가 존재했다. 손뼈, 발뼈, 척추, 다리, 팔의 일부, 심지어 무릎 연골도 있었다. '우도'는 혼자가 아니었다. 15점의 화석은 각기 세 개의 다른 대형 유인원 개체에 속했다. 키가 더 큰 암컷, 키가 작은 암컷, 그리고 새끼 대형 유인원이었다. 혹시 이들은 가장 오래된 원시 가족이 아닐까?

우리가 타임머신을 타고 '우도'의 세계로 가서 약 11620000년 전[40] 오늘날 알고이 지역을 둘러볼 수 있다면 아마도 다음과 같은 것을 경험했을 터이다.

가을답지 않게 아주 뜨거운 아침이다. 50킬로미터쯤 떨어진 남쪽 지평선에 알프스의 전경이 뚜렷이 보인다. 2500미터가 넘는 정상에는 첫눈이 쌓여 있다. 나무가 듬성듬성 서 있는 초원은 알프스산 아래까지 펼쳐져 있고 여기저기서 공기가 진동한다. 가벼운 푄 바람이 이따금 갈색의 마른 풀 위를 쓸고 지나간다. 초목은 어서 겨울비가 시작되기를 목말라하고 있다. 현재 수많은 초식동물이 먹을 수 있는 것은 다년생 식물과 관목뿐이다. 작은 무리의 뮌헨 숲영양[41]이 보인다. 멀리서 보면 두 개의 튼튼하고 뾰족한 뿔[42]을 가진 이 우아한 피조물은 방어 태세를 갖춘 사슴 같다. 한 무리

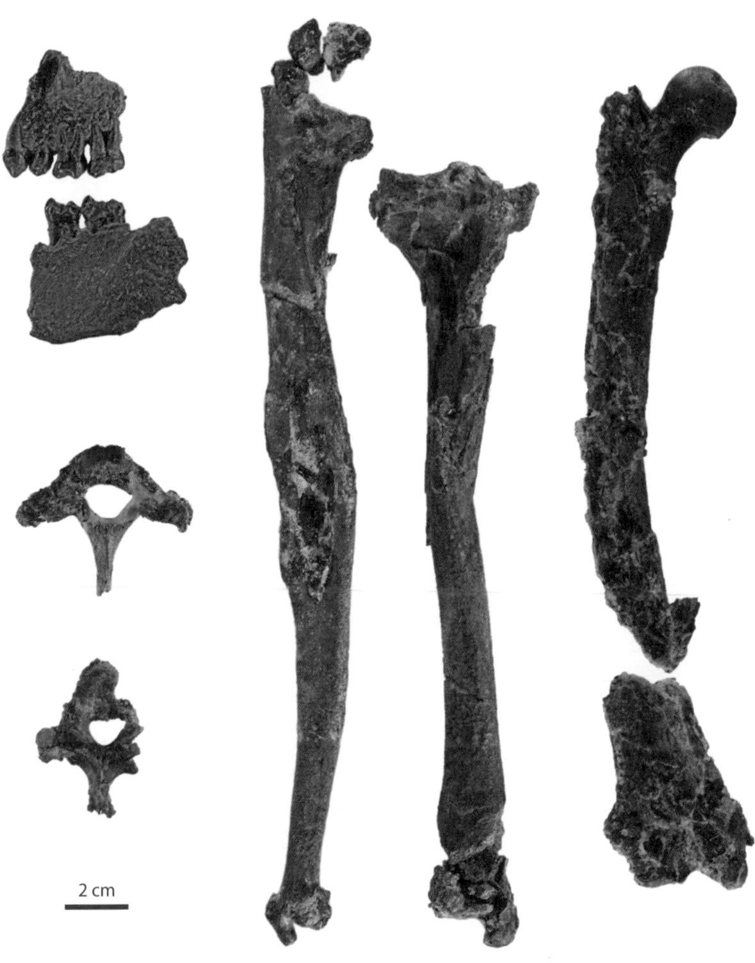

'우도', 다누비우스 구겐모시의 중요한 뼈들(상악골, 하악골, 척추, 자뼈*, 정강이뼈, 넓적다리뼈).

* 팔꿈치 아랫부분을 이루는 팔뼈 중 하나, 척골이라고도 함.

의 문착*이 젖니코끼리소Zitzenzahnelefantenkuh 한 마리와 그 아들에[43] 놀라 벌떡 일어선다. 이 날렵한 난쟁이사슴들은 지그재그로 마구 그어대며 도망간다. 이들이 도망가는 모습은 뒤로 확 젖혀진 나뭇가지 모양의 뿔과 짧은 앞다리 때문에 어쩔 줄 몰라 하며 패닉 상태에 빠진 듯한 인상을 준다.[44]

해가 높이 떠오를수록 뜨거운 사바나 초원에는 동물 수가 점점 더 적어진다. 열기에 아랑곳 않는 것은 날씬한 발을 가진 코뿔소[45]와 꿩[46] 몇 마리뿐이다. 꿩은 코뿔소가 파헤쳐놓은 땅에서 식물의 씨앗을 찾고 있다. 군데군데 있는 거의 말라버린, 갈대로 뒤덮인 늪[47]들은 길게 이어진 거센 여름 폭풍우가 남긴 빈곤한 잔해다.[48] 갈대에는 많은 늑대거북[49]이 숨어 있다. 늑대거북은 마주치는 것이면 무엇이든 거의 가리지 않고 덮쳐버린다. 달팽이, 개구리, 조심성 없는 물새까지도. 한곳에서 잡아먹을 수 있는 것을 다 잡아먹고 나면 다른 웅덩이를 찾는다. 늪에서 멀리 떨어지지 않은 곳에는 사자 크기의 개곰Hundebär[50]이 우지직 소리를 내며 잡은 야생멧돼지[51]의 뼈를 부수고 있다. 우리가 이곳에서 만날 수 있는 가장 위험한 동물일 이 힘센 맹수는 멀리 피해가는 것이 좋겠다. 개곰은 항상 신경이 곤두 서 있고 공격적이다. 하이에나 일당[52]이 언제고 자기 먹잇감을 채갈 수 있기 때문이다.

몇 킬로미터 떨어진 곳에는 짙은 녹색의 식물로 뒤덮인 수맥이

---

* 사슴과 문착속에 속하는 작은 사슴의 총칭.

대지를 가로지르고 있다. 이 뱀처럼 구불구불한 녹색의 지류는 알프스 끝자락 구릉지 지역에서 발원한 가는 강줄기 때문에 생겨났다.[53] 멀리서 발정난 칼리코테리움의 울음소리가 들린다.[54] 축축한 땅에는 발굽이 하나인 동물의 흔적이 남아 있다. 이 발자국은 커다란 숲말의 것이다.[55] 너도밤나무[56] 가지 위에서는 멋진 판다 곰[57]이 낮잠을 자고 있고 마치 침대 옆 바닥 깔개가 날아다니는 것같이 생긴 대형 날다람쥐[58]는 이 나무에서 저 나무로 미끄러지듯 옮겨다니며 놀고 있다. 우리는 빽빽한 덤불숲을 자세히 조사하고 강가에 이른다. 이 계절의 강은 너비 5미터가 채 안 된다. 물은 흐르기보다는 고여 있다. 가장 깊은 곳이 기껏해야 무릎까지밖에 오지 않는다.[59] 그 안에는 물고기가 우글거린다. 1미터 50센티미터 길이의 거대한 도롱뇽[60]이 조금도 힘들이지 않고 좋아하는 먹이를 날쌔게 낚아챈다. 그것은 진흙투성이의 구덩이에서 서로 엉켜 엎치락거리고 있는 손바닥만 한 메기[61]들이다.

갑자기 고막을 찢을 듯이 큰소리가 난다. 마치 사람들이 전투할 때 지르는 소리 같다! 우리는 동작을 멈춘다. 우리는 소리가 날 때만 그 무서운 소리가 들리는 방향을 향해 뛴다. 그러면 그 동물이 우리 소리를 듣지 못할 테니까.

사건의 현장에 가까이 다가갔을 때 드라마틱한 광경이 우리를 맞는다. 수 미터 높이의 옆으로 드리워진 두터운 가지 위에 레오파트만큼 큰 고양이[62] 한 마리가 점프할 태세로 앉아 무시무시한 송곳니를 드러낸 채 으르렁거리고 있다. 바로 그 아래 덩굴로 된 커튼 속에서 우리는 소리를 지른 주인공을 발견한다. 한 마리의 대형 유인원 수컷, 어쩌면 '우도'일지 모를 대형 유인원을.[63]

몸을 일으켜 세운 채 그는 손발로 그 덩굴들을 움켜잡고 있고 도발의 의미로 넓은 가슴을 앞으로 내밀고 있다. 그렇게 하면 키가 1미터인 이 동물은 더 강하게 보일 수 있다. 그는 이 덩굴 식물을 붙잡고 서 있는 것처럼 보인다. 그의 무릎과 엉덩이가 완전히 쭉 펴져 있기 때문이다. 이것은 유인원에게는 흔치 않은 자세다. 짧고 큰 울부짖음으로 그는 이 맹수 고양이에게 자기 의도를 분명히 전달하려고 한다. '너는 이길 수 없어, 이 덩굴줄기는 우리의 홈그라운드야!' 그 고양이는 그만 노리는 것이 아니라 또 다른 한 무리를 노리고 있다. 암컷과 새끼들은 덩굴을 붙잡고 있는 그의 아래에 얼마간 떨어져 '서' 있다. 나무 위에서 고양이는 민첩하고 노련하다. 하지만 불안정한 밧줄 모양의 덩굴 줄기는 그의 앞발과 갈퀴를 사용하기에 부적합하다. 그 고양이는 한 시간은 족히 진을 치고 있다가 포기하고 그곳을 슬며시 떠난다. 원숭이 가족은 얼마쯤 지나고 나서야 진정한다. 이들은 우리를 또 한 번 놀라게 한다. 방금 큰 고양이가 차지하고 있던 두꺼운 가지 위로 이 네 마리의 대형 유인원은 일렬종대로 두 발로 서서, 무릎과 엉덩이가 일자가 되게 펴고, 거의 인간이 걸어가듯 줄기 쪽을 향해 걷는 것이 아닌가. 이들의 길고 벌어진 엄지발가락은 가지를 힘 있게 움켜잡고 쭉 편 몸에 안정성을 부여해준다. 이들에게 긴 팔이 필요한 이유는 오직 더 높은 곳에 있는 다음 가지에 오르기 위해서다. 유인원치고는 굉장히 드문 경우다!

대형 유인원과 인간 사이의 빠진 연결 고리는?

이제 머나먼 과거에서 현재로 돌아오자. 이런 시간여행은 개별적인 것들을 연결시켜 보게 하고 가설을 세우는 데는 도움이 되지만 과학에서 중요한 것은 팩트다. 이 희귀한 대형 유인원 화석에 대해 황홀경에 빠져 있는 와중에도 우리는 우선 다음 문제를 해명해야 했다. 이 화석들은 동일한 종에 속하며 이미 발견된 화석과 일치하는가?

곧 이 뼈들은 지금까지 알려진 어떤 종에도 속하지 않는다는 것이 밝혀졌다. 알고이에서 발견된 회오리바람을 몰고 온 이 화석은 지금까지 기재된 적이 없는 대형 유인원 종과 속의 잔해였다. 나는 팀원들과 함께 여기에 적당한 학명을 찾았다. 하지만 오래 고민할 필요도 없이 다누비우스 구겐모시*Danuvius guggenmosi*라는 학명으로 결정했다. 다누비우스는 켈트족의 하신河神의 이름이다. 2000년도 더 전에 현재의 알고이 지방에는 켈트족이 살고 있었다. 도나우강과 돈강은 다누비우스에서 나온 이름이고 켐프텐*의 라틴어 명인 캄보두눔Cambodunum도 그렇다. 종 이름인 구겐모시는 쇠망치대장간에서 처음으로 화석을 발견한, 얼마 전에 작고한 지굴

* 알고이 지방에 있는 도시 이름.

프 구겐모스를 기리기 위한 것이다.

다누비우스 구겐모시가 바르셀로나 근처에서 나온 세 종류의 대형 유인원 화석보다 20만 년에서 30만 년밖에 후대에 속하지 않지만 양자의 차이는 분명하다.

다누비우스 구겐모시의 광대뼈는 턱뼈와의 사이가 멀고 잘 발달됐으며 넓은 공간의 부비강을 갖고 있다. 높은 입천장과 치아의 여러 특징 또한 다누비우스가 카탈루냐에서 발견된 화석이나 라르테의 드리오피테쿠스와는 다른, 더 진화된 대형 유인원 집단에 속한다는 것을 보여준다. 이러한 두개골의 특징으로 볼 때 다누비우스 화석은 더 후대의 유럽 대형 유인원[64]과 확실히 많은 유사성을 보이며 특히 현재 아프리카에 사는 대형 유인원인 고릴라, 침팬지, 보노보와 닮았다. 다누비우스에게서 독특한 점은 여느 유인원들과 달리 약간만 돌출된 짧은 주둥이다. 이것은 대형 유인원이 아닌 선행인간을 연상시키는 특징이다.

우리의 수컷 다누비우스 '우도'는 현재도 아프리카에 살고 있는 그의 친척들보다 키가 훨씬 더 작다. 약 1미터밖에 되지 않는 키에 몸무게는 30킬로그램이다.[65] 이 수치는 저 유명한 '루시'의 것과 비슷하다. 다누비우스의 또 다른 두 암컷 개체는 각각 19킬로그램과 17킬로그램으로 수컷보다 훨씬 더 가볍다.

다누비우스속의 신체 비율은 '우도'의 수컷 해골로 잘 가늠된다. 다누비우스 또한 인간을 제외한 다른 모든 생존하는 대형 유인원과 마찬가지로 팔이 다리보다 더 길다. 팔의 팔꿈치 아랫부분과 다

다누비우스 구겐모시의 수컷 표본 '우도'의 얼굴뼈를 재구성한 것.

리의 무릎 아래 부분의 비율은 침팬지나 보노보와 비슷한데 침팬지나 보노보는 팔이 다리보다 10퍼센트에서 20퍼센트 더 길다. 이에 반해 고릴라와 특히 오랑우탄은 팔이 이보다 훨씬 더 길다.[66] 하지만 다누비우스의 아주 특별히 눈에 띄는 특징은 유별나게 크고 강한 엄지손가락과 엄지발가락이다. 엄지발가락 뼈는 밖으로 많이 길게 자라 있어 발바닥과 마주 볼 수 있을 정도다. 이 발가락과 발바닥은 예를 들어 우리가 난간을 올라갈 때 손으로 난간을 움켜잡는 것과 매우 비슷하게 작용한다. 그래서 다누비우스는 손으로뿐만 아니라 발로도 무언가를 강하게 움켜잡을 수 있었다. 또한 다누비우스의 엄지발가락은 몸무게와의 비율 면에서 침팬지와 보노보, 심지어 우리 인간보다 더 길다. 참고로 인간이 모든 살아 있는 대형 유인원종 중에서 가장 긴 엄지발가락을 갖고 있다. 엄지발가락 뼈를 바깥으로 회전할 수 있는 것은 나무 위에 서식하는 모든 진원류에 전형적으로 나타나는 특징이다.[67] 하지만 알고이의 대형 유인원의 엄지발가락 회전력은 모든 살아 있는 진원류 종과 화석 진원류 종들 중에서 가장 크다.

다누비우스가 발로 주먹을 쥘 수 있었다면 아마도 굉장한 파괴력을 발휘할 수 있었을 것이다. 그는 엄지발가락의 끝 관절을 오므리는 능력으로 아주 작고 얇은 물체들도 발로 꽉 잡을 수 있었다. 이런 능력은 덩굴줄기와 잔가지가 어지럽게 얽혀 있는 환경에서 살아가는 데 완벽한 수단이었다. 어쩌면 그렇기 때문에 나무들과 층층이 드리워진 가지 사이에 덩굴식물로 뒤덮인 공간이 그가 가장 선호하는 활동 영역이 되었는지도 모른다. 그곳에서 그는 나무를 기어오를 수 있는 맹수들로부터 자신을 마음 놓고 안전하게 보호할 수 있었을 테니까.

정말 놀라웠던 것은 우리가 '우도'의 유골 일부 중 두 개의 흉추*, 즉 쇄골 높이의 가장 위에 있는 흉추와 아래에 위치한 흉추를 찾을 수 있었다는 사실이다. 위에 있는 흉추의 해부 구조는 다누비우스가 이미 넓은 흉곽을 가지고 있었다는 것을 말해준다. 아래에 있는 흉추는 기능상 요추 역할을 했다. 이 관찰 결과는 매우 중요한 의미를 띤다. 다누비우스의 요추는 생존하는 모든 대형 유인원과 반대로 길이가 더 길었다는 것을 보여주기 때문이다. 직립보행하는 선행인간들은 길어진 요추로 인해 척추를 S형으로 구부리는 것이

---

* 척추뼈 중 등 부위에 있는 12개의 뼈.

가능했다. 그렇지 않다면 안정적으로 똑바로 서서 걷는 것은 불가능했을 것이다. 다누비우스의 이러한 척추 구조는 넓적다리 및 종아리의 특징과도 부합한다. 이 특징들은 쭉 편 엉덩이 관절과 무릎 관절 아래에 하중이 실렸음을 증명해준다.

종합하자면 이 새로운 종의 완전히 획기적인 특징은 쭉 뻗은 무릎과 쭉 뻗은 엉덩이로 안정적인 직립 자세를 취하는 능력 및 이때 요추를 완전히 구부릴 수 있었다는 데서 찾아진다. 현재 생존하는 대형 유인원은 두 다리로 설 경우 보통 무릎과 엉덩이를 구부정하게 구부리기 마련이다.[68] 이들의 요추는 허리를 쭉 펴고 서 있기에는 너무 짧기 때문이다. 이들에게는 기어오르는 동작도 엉덩이와 무릎 관절 그리고 발의 관절을 구부려서만 가능하다. 이때 이들의 긴 팔은 기어오르는 동작에서 가장 큰 역할을 맡는다. 우리가 발견한 다누비우스의 뼈는 침팬지, 고릴라, 오랑우탄과는 분명히 다른 신체 구조를 보여준다. '우도'가 기어오르는 동작을 할 때 가장 주요한 역할을 하는 것은 다리이며 무언가를 꽉 잡기 위해 그는 팔과 손을 이용한다. 이런 특징들 때문에 다누비우스는 인간과 대형 유인원의 마지막 공통 조상의 후보가 되는 것이다! 좀 거칠게 표현하자면 다누비우스는 위는 원숭이고 아래는 인간인 셈이다.

현재 우리가 궁금해하는 것은 '우도'와 그의 동족이 이 나무에서 저 나무로 건너가기 위해 땅에 발을 디뎠는가 하는 점이다. 이를 알기 위해서는 발에서 나온 뼈들이 더 필요하다. 어쩌면 그들은 드리워진 덩굴식물들 사이를 기어 올라갔을 수도 있다. 대상을 꽉 잡을 수 있는 기술과 덩굴줄기를 발판 삼아 가장 바깥 가지에 달린 열매[69]에까지 더 잘 도달했을 수 있다.

분명 다누비우스도 줄에 매달려 이곳에서 저곳으로 점프하는 데 팔을 이용했을 수 있다. 하지만 그의 비교적 작은 각도밖에 구부려 지지 않는 손가락뼈와 팔꿈치 관절을 보면 그가 이런 방식으로 이동했을 것 같지는 않다. 다누비우스는 아마도 '밧줄'에 자주 매달려 있지 않았을 것이다. 그보다는 덩굴줄기와 가지로 얽힌 구조물 속에 서 있었을 것이다. 이러한 동작은 지금까지의 대형 유인원에게서는 나타나지 않았던 적응 능력이다. 우리는 이 이동 형태가 항상 두 다리로 걷는 우리 인간의 보행 방식이 유래된 원형이라고 본다. 현재의 침팬지와 고릴라의 계통 동물들은 팔을 흔들어 이동하거나 팔에 의존해서 기어오르는 동작에 너무 많이 적응해 있기 때문에 우리 인간의 직립보행의 시작점이라고 보기에는 무리다.

이렇게 되면 다누비우스는 침팬지와 인간의 마지막 공통 조상들의 원조가 될 수도 있다. 또 그 이동 방식으로 볼 때 그는 잃어버린 고리, 즉 네발로 걷는 대형 유인원과 두 발로 걷는 인간의 진정한 연결 고리가 될 수도 있다. 따라서 알고이에서 나온 독일의 유인원은 '인간은 동물의 왕국에서 어떻게 떨쳐 일어섰는가'를 이해하는 열쇠가 된다.

자기 생활 공간 속에 있는 다누비우스 구겐모시를
예술적으로 재구성한 그림. 벨리자르 시메오노프스키 작.

다누비우스 시대 이후 약 500만 년이 지난, 그러니까 현재로부터 740만 년 전 남극과 북극이 점점 더 얼어붙으면서 대형 유인원 진화의 제3기가 시작된다. 서남극은 그사이 완전히 빙하로 변했고 이와 함께 남쪽 대륙 전체가 얼음으로 뒤덮였다. 그린란드 또한 처음으로 두꺼운 얼음층으로 뒤덮였다. 양극 지방이 이렇게 완전히 빙하로 변하면서 세계는 현재 우리가 사는 곳이 되었다.

이곳이 그래코피테쿠스 프레이베르기가 살던 세계, 그리스 피르고스와 불가리아 아즈마카에서 발견된 저 720만 년 된 화석 잔해의 주인공이 살던 세계다.

3부

인류의 요람:
아프리카 아니면 유럽?

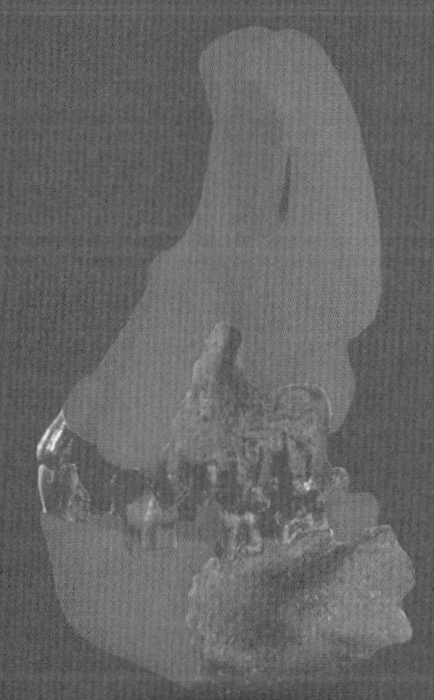

10장

최초의 원조 조상: 아직 원숭이 아니면 이미 선행인간?

나는 2017년 발표된 논문에서 동료 니콜라이 스파소프, 데이비드 비건, 요헨 푸스와 함께 그래코피테쿠스는 대형 유인원이 아니라 가장 오래된 잠재적 선행인간이라는 가설을 세웠다.[1] 이유는, 이미 설명했듯이, 이 종은 선행인간에게 전형적으로 나타나는 치아 형태를 갖고 있기 때문이다. 이것은 직립보행과 더불어 학계가 어느 정도 의견 일치를 볼 수 있는 인간 계보(호미니니)만이 갖고 있는 소수의 특징 중 하나다.

이 발표는 사회적으로 큰 반향을 일으켰고 예상대로 학계에는 양분된 반응을 낳았다. '엘 그래코'의 발굴 장소가 그리스와 불가리아라는 것은 인간 진화의 핵심적 발달이 이루어진 곳이 아프리카뿐이라는 일반적인 학설과 정면으로 배치되었기 때문이다.

하지만 한 종의 지리적 분포는 계통발생학적 특징에 속하지 않으며 따라서 '엘 그래코'가 선행인간인가 아닌가 하는 것과는 상관없는 문제다. 계통의 기원과 관련해 중요한 것은 오직 형태적 특징

또는 유전자에 어떤 암호가 들어 있는가 하는 것뿐이다. 하지만 수백만 년 된 화석에서 유전적 증거를 찾아내는 것은 불가능하다. 지금까지 그래코피테쿠스의 화석화된 발자국은 발견된 적이 없기 때문에 '엘 그래코'가 실제로 가장 오래된 선행인간인가 하는 물음은 화석의 형태를 통해서만 답해질 수 있다. 하지만 '엘 그래코'의 계통발생학적 위치를 더 정확히 확정짓기 위해서는 더 많은 화석이 있어야 했다.

해석 오류의 위험

'엘 그래코'의 계통발생학적 위치에 대한 논의에서 대답되어야 할 중심 문제는 이런 것이다. 그래코피테쿠스는 침팬지에 더 가까운가 아니면 인간에 더 가까운가? 다시 말해 아직 원숭이인가 아니면 이미 선행인간인가? 이에 대해 만족할 만한 답을 찾기란 쉽지 않다. 이는 특히 해결해야 할 세 가지 문제 때문이다.

첫 번째 문제는 학자들이 이원동구조異源同構造라고 부르는 것이다. 이 개념은 진화과정에서 두 번 혹은 그 이상 서로 무관하게 발생한 특성을 일컫는다. 다음 두 가지 예를 보면 이 개념이 잘 이해될 것이다. 첫 번째 예로 코끼리와 타피르같이 가까운 관계가 아닌 동물들에게서 공통되게 나타나는 호스처럼 생긴 코다. 이들의 코 기관은 서로 무관하게 발달되었다.

또 다른 예로 지느러미는 물고기, 어룡, 고래 및 물속에 사는 그

밖의 많은 척추동물이 물속 생활에 적응하면서 생겨난 것이다. 하지만 이 동물들은 공통의 진화적 조상을 갖고 있지 않다.

이 두 경우에서는 이원동구조가 잘 확인되는 데 반해 많은 경우 해부학적 특징에서 어떤 면들이 서로 무관하게 발달했는가를 파악하기란 대단히 어려운 일이다. 경험에 비춰보자면 무엇보다 영장류의 계통발생사에서는 잘못된 해석으로 이끄는 이원동구조가 도처에 도사리고 있다.

두 번째 장애물은 두 개의 진화 계보가 분화되기 시작할 때 이 둘이 대단히 큰 유사성을 보인다는 것이다. 오늘날 인간과 침팬지는 많은 특징에서 서로 다르다는 것이 분명하다. 하지만 700만 년도 훨씬 더 전에 이들의 마지막 공통 조상이 독자적인 두 개체군으로 분리될 때 이 두 집단의 개체들은 외형상 여전히 똑같은 모습이었다. 이 두 집단은 오랫동안 지속된 공간상의 분리를 통해, 그리고 유전자의 우연적 변화와 서로 매우 다른 생활 환경을 거침으로써 점점 더 많은 특성상의 차이를 만들어냈다. 이 차이점들은 이런 과정을 거쳐야만 분명하게 나타날 수 있는 것이다. 하지만 분화 이후 수백만 년 동안은 각 계열의 개체들이 해부학적으로 여전히 매우 유사했고 어쩌면 여전히 짝짓기를 했을 수도 있다. 침팬지와 인간이 현재 갖고 있는 큰 차이들은 최소한 700만 년간 독립적으로 진화한 침팬지에 더하기 700만 년 독립적으로 진화한 인간이 만들어낸 결과물이다.

세 번째 난제는 저 악명 높은 불완전한 '화석 보고서'다. 우리 고생물학자들은 학문적으로 기록된 존재하는 화석들의 총합과 그것들의 시간적, 지질학적, 지리적 분류를 '화석 보고서'라고 부른다. 화석화된 포유동물 종에서 남아 있는 것은 대부분 치아뿐이다. 아주 적은 수의 대형 유인원 종들의 화석에서만 두개골, 골반뼈, 척추뼈 일부가 존재한다. 척추뼈 전체가 발견되는 것은 아예 기대도 못 한다. 거의 항상 중요한 퍼즐 조각이 빠져 있는 것은 발굴 연구자들이 맞닥뜨리는 숙명이다. 화석화된 피하지방과 같은 부드러운 부위에 대한 정보는 아주 드물게만 발견할 수 있다. 그런 까닭에 고생물학자들은 일부가 가려진 카드의 그림을 맞추는 게임의 대가가 되어야 한다.

이런 이유에서 '엘 그래코'와 관련해 다음의 불확실한 점들이 생겨난다.

- 그래코피테쿠스에게서 전형적인 인간적인 특징들은 인간의 진화 계보와 무관하게 형성된 것일 수 있다. 이는 확률은 낮지만 가능하기는 한 생각이다. 따라서 우리는 그를 '잠재적 선행인간'이라고 불렀다.
- 그래코피테쿠스가 선행인간이었다면 침팬지의 원조 조상들과 근소한 차이만 있었을 것이다. 그런데 지금까지 후자의 생김새가 밝혀진 적은 없다.
- 그래코피테쿠스와 관련해 유일하게 서술된 두 개의 화석, 즉 하악골과 위어금니 한 점은 이 종에 대해 상당히 부정확한 그

림만을 전달한다.

'엘 그래코'는 두 발로 걸었는가?

인간 계보의 모든 개체에게 공통되고, 현재 연구 수준에서 볼 때 다른 종과 평행적으로 발생한 것이 아니면서 인간의 가장 중요한 특징은 직립보행일 것이다. 이족 보행이라고도 일컬어지는 두 다리로 이동하는 이 움직임은 인간 진화의 시작에서 일어났던 진정한 혁명이었다. 이족에 대한 증거는 한 화석이 선행인간으로 확실히 인정받기 위해 반드시 필요로 하는 선결 조건이다. 이 증거는 화석화된 발자국으로 가장 잘 드러날 수 있다. 하지만 화석 발자국은 정말 보기 드물다. 그럼에도 선행인간 종의 다수는 화석의 발과 다리 해부 구조를 자세히 관찰함으로써 보행에 관한 중요한 정보를 얻는 것이 가능하다. 이족 보행과 연관된 변화들은 전체적인 골격, 근육, 힘줄, 운동 조절 등 폭넓은 운동 기관 영역에 영향을 미치기 때문이다.

몇몇 원숭이와 대부분의 대형 유인원이 짧은 시간 동안 두 발로 서는 자세를 취할 수 있을지라도[2] 지속적으로 이 자세를 취할 수 있는 것은 오직 인간뿐이다. 우리는 먼 거리를 걷는다 해도 가끔 네발로 가거나 하진 않는다. 두 다리로 걸을 뿐이다. 원숭이들은 불과 몇 미터 서서 걷는 데에도 많은 힘을 들여야 하지만 우리는 네발로 걷는 것이 더 힘들다.

직립보행을 위한 가장 중요한 해부학적 기준은 다음과 같이 정리될 수 있다. 인간 진화 계보의 대표 개체들은 몸무게가 두 다리에만 실린다. 팔은 이동에서 중요한 역할을 하지 않으며 그런 까닭에 다리보다 훨씬 짧다. 다리가 길어진 것은 특히 정강이가 길어졌기 때문이다. 머리는 두터운 목덜미 근육에 고정되어 있는 것이 아니라 목 위에서 균형을 잡고 있다. 이 때문에 두개골과 목뼈가 연결되는 대후두공은 두개골 뒤쪽 끝이 아니라 두개골 아래에 위치한다. 네발로 걷는 동물들은 팔이 가슴 부위를 압박하지만 인간은 이 부위에 압박을 받지 않기 때문에 흉곽이 더 넓어졌다. 견갑골은 측면에서 뒤쪽으로 밀려나 완전히 등에 자리 잡았다. 수직적인 충격을 완화하기 위해 척추는 S자 모양으로 두 번 휘었다. 골반은 짧고 넓어졌다. 두 개의 엉덩이뼈는 아래가 둥근 그릇 모양을 형성한다. 이렇게 해서 엉덩이뼈와 고관절 사이의 간격이 짧아지고 그 결과 엉덩이 전체에 더 많은 안전성을 부여한다. 두 다리로 걷을 때 엉덩이를 펴고 똑바로 설 수 있기 위해 엉덩이 근육이 훨씬 커졌다. 다리 근육도 강해졌는데 이 강해진 다리와 길고 무거운 다리뼈 덕분에 몸의 무게중심점이 바닥 쪽으로 이동할 수 있었다. 더 안정적으로 잘 서 있을 수 있기 위해 생리적으로 X자를 취함으로써 무릎이 몸의 무게중심 바로 아래에 위치하게 된다.

원숭이에서 인간으로 진화하는 데 있어 발의 해부학적 구조도 근본적인 진화상의 변화를 겪었다. 호미니니의 발은 더 이상 잡기 위한 기관이 아니다. 발은 두 발로 서는 안정적인 자세를 위해 사

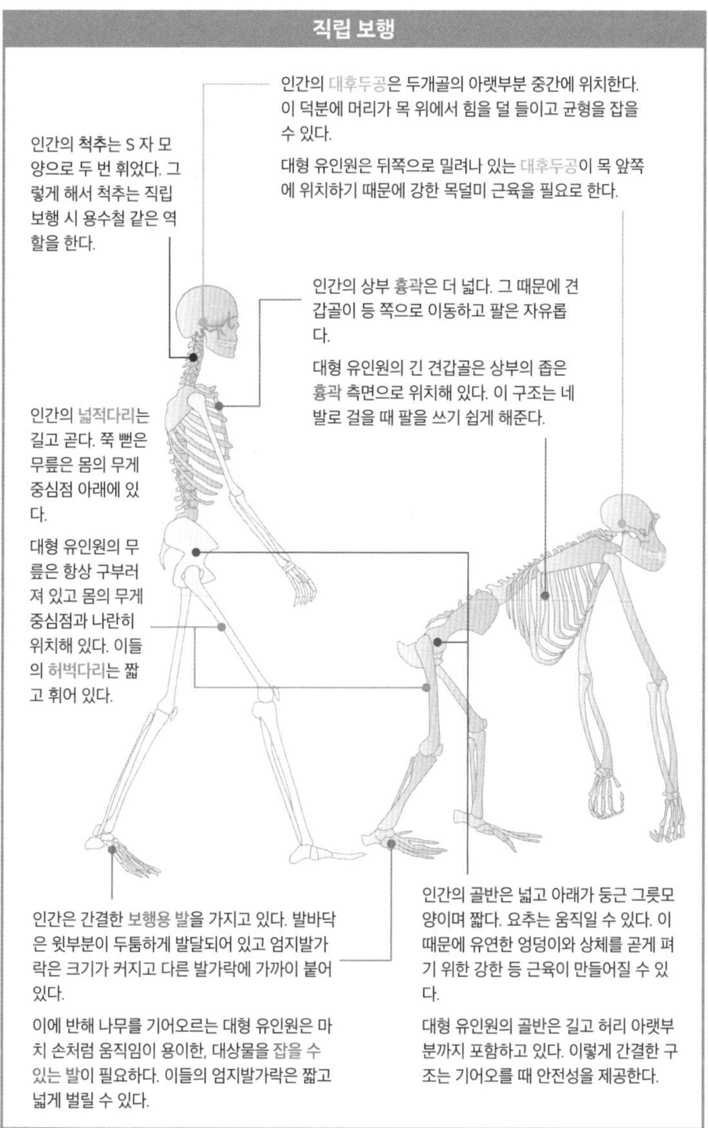
직립 보행
인간의 대후두공은 두개골의 아랫부분 중간에 위치한다. 이 덕분에 머리가 목 위에서 힘을 덜 들이고 균형을 잡을 수 있다.
대형 유인원은 뒤쪽으로 밀려나 있는 대후두공이 목 앞쪽에 위치하기 때문에 강한 목덜미 근육을 필요로 한다.
인간의 척추는 S 자 모양으로 두 번 휘었다. 그렇게 해서 척추는 직립 보행 시 용수철 같은 역할을 한다.
인간의 상부 흉곽은 더 넓다. 그 때문에 견갑골이 등 쪽으로 이동하고 팔은 자유롭다.
대형 유인원의 긴 견갑골은 상부의 좁은 흉곽 측면으로 위치해 있다. 이 구조는 네 발로 걸을 때 팔을 쓰기 쉽게 해준다.
인간의 넓적다리는 길고 곧다. 쭉 뻗은 무릎은 몸의 무게 중심점 아래에 있다.
대형 유인원의 무릎은 항상 구부러져 있고 몸의 무게 중심점과 나란히 위치해 있다. 이들의 허벅다리는 짧고 휘어 있다.
인간은 간결한 보행용 발을 가지고 있다. 발바닥은 윗부분이 두툼하게 발달되어 있고 엄지발가락은 크기가 커지고 다른 발가락에 가까이 붙어 있다.
이에 반해 나무를 기어오르는 대형 유인원은 마치 손처럼 움직임이 용이한, 대상물을 잡을 수 있는 발이 필요하다. 이들의 엄지발가락은 짧고 넓게 벌릴 수 있다.
인간의 골반은 넓고 아래가 둥근 그릇모양이며 짧다. 요추는 움직일 수 있다. 이 때문에 유연한 엉덩이와 상체를 곧게 펴기 위한 강한 등 근육이 만들어질 수 있다.
대형 유인원의 골반은 길고 허리 아랫부분까지 포함하고 있다. 이렇게 간결한 구조는 기어오를 때 안전성을 제공한다.

용되는데 특히 효율적이고 신속하며 균형 잡힌 이동을 위한 목적으로 쓰인다. 그래서 원숭이의 엄지발가락과 달리 인간의 엄지발가락은 더 이상 넓게 벌어지지 않는다. 그 대신 엄지발가락은 앞쪽을 향해 있고 다른 발가락들과 평행을 이룬다. 다른 발가락들은 원숭이에 비해 길이가 훨씬 짧다. 두툼한 엄지발가락 아래에는 도톰한 발바닥 살이 발달되어 있다. 이 부분은 움직이는 과정에서 매우 중요한 새로운 기능을 부여받았다. 엄지발가락의 이 부분은 추진력을 만들어내 걷는 동작에서 발가락이 마지막으로 땅에 닿을 때 몸을 앞으로 나갈 수 있게 한다.

호모 에렉투스와 같은 원인이 나타났던 후대의 발전 단계에서는 발이 땅바닥에 더 빈번하게 접촉함으로써 생기는 부담을 완화하기 위해 발바닥에 오목하게 들어간 곳이 만들어진다. 발바닥의 이 부분이 필수적으로 되었던 이유는 원인들의 생활 방식상 선행인류와 비교해 장시간 걷기가 중요해졌기 때문이다(20장 참조).

이렇게 직립보행 특징들의 목록은 길게 나열될 수 있는 반면 두 발로 걷기 시작한 시점이 언제인지를 밝히는 데에는 해결해야 할 중대한 문제들이 남아 있다. 가령 '루시'(오스트랄로피테쿠스 아파렌시스)처럼 증명이 잘 된 유골에서조차 학문적으로 격렬한 논쟁이 있었다.[3] 이 논쟁에서 가장 문제가 되었던 것은 이 선행인간 종에서 현생인류적이라고 할 이족 보행이 얼마만큼 진행되었는가, '루시'가 주로 나무 위에서 살았던 것은 아닌가 하는 점이었다.

인류 진화 계보의 초기에 속하는 화석들 중에는 이족 보행을 위

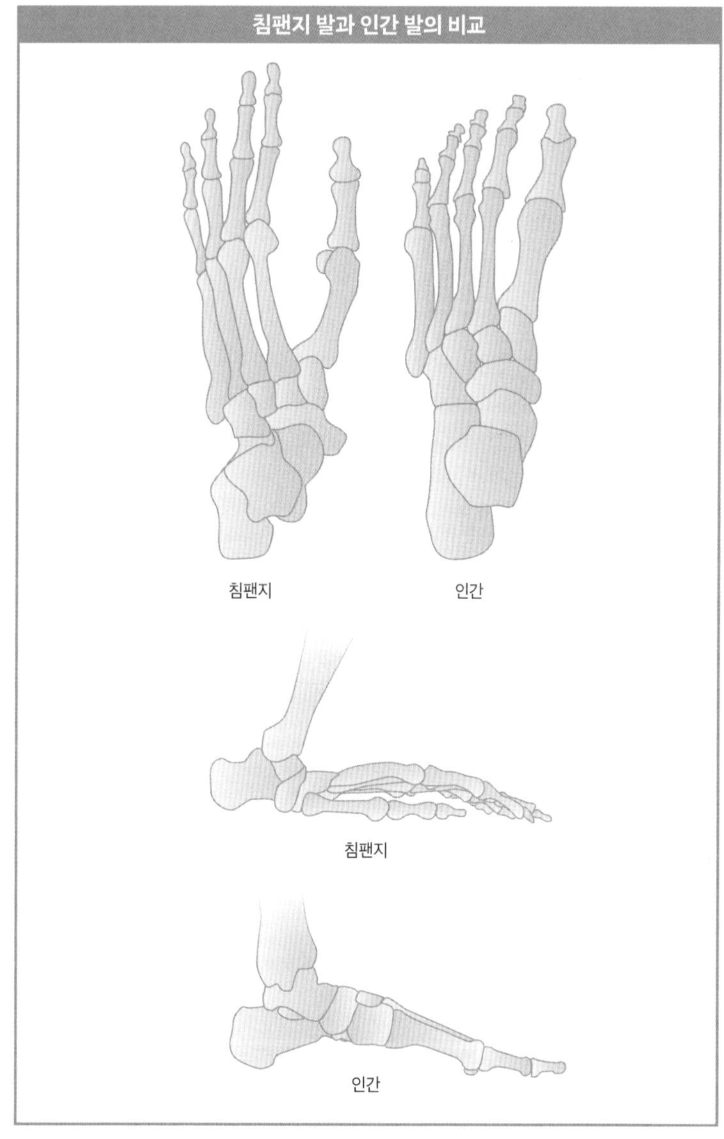
침팬지 발과 인간 발의 비교
침팬지
인간
침팬지
인간

한 중요한 해부학적 부위들이 빠져 있는 화석이 많다. 그렇지 않은 경우, 예를 들어 정강이뼈 일부(오스트랄로피테쿠스 아나멘시스 *Australopithecus anamensis*), 넓적다리의 일부 조각(오로린 투게넨시스*Orrorin tugenensis*), 발목뼈(아르디피테쿠스 카다바*Ardipithecus kadabba*) 등 특징적인 부위가 개별적으로 존재하기도 한다. 하지만 직립보행에서 많은 신체 부분이 복합적으로 협동한다는 점을 떠올리면 이처럼 빈곤한 증거들은 이족 보행에 대한 충분한 증거력을 가졌다고 보기 어렵다.

위에서 언급했듯이 직립보행의 가장 확실한 단서는 화석화된

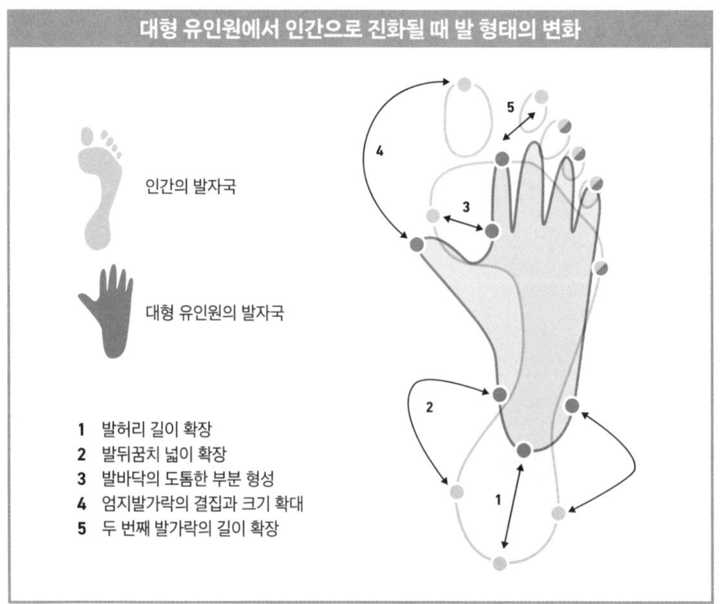

발자국이다. 하지만 그런 화석은 행운이 따라야 찾을 수 있는 극히 드문 것으로서 고생물학자들이 발견할 수 있는 가장 값진 시대 증거물 중 하나다. 선행인간 종들 가운데 최근까지 이런 화석이 발견된 것은 딱 한 번이다. 탄자니아의 라에톨리에서 발견된 이 360만 년 된 이족 보행 발자국은 '루시'의 직립보행에 대한 싸움을 종결시키는 데 커다란 역할을 했다. 그런데 이제 두 발로 걷는 한 존재가 남긴 수백만 년 된 기이한 발자국이 또 나타났다. 그것도 크레타섬에서.

11장

크레타의 화석 발자국: 태곳적 두 발로 걷던 존재의 수수께끼 흔적들

폴란드의 고생물학자 게라르트 기에르린스키는 2002년 여자 친구와 함께 크레타섬 서북쪽 해안의 트라칠로스에서 휴가를 보내고 있었다. 어느 날 기에르린스키는 바다에서 불과 몇 미터 떨어지지 않은 곳에서 바다 쪽으로 기울어져 있는 평평하고 맨질맨질한 바위를 마주친다. 이 바위 표면에는 길게 움푹 들어간 이상한 모양들이 나 있었다. 부서지는 빛 속에서 그 형태는 거의 알아보기 힘들었다. 많은 휴양객이 이미 수도 없이 그 위에 앉아서 바다를 바라봤을 것이다. 이들에게는 그 패인 자국들이 보이지도 않았을 것이다. 하지만 기에르린스키는 공룡의 흔적이 어떻게 생겼는지 잘 알고 있었기 때문에 이 자국들이 분명 화석화된 발자국이라는 것을 알아볼 수 있었다. 그 자국은 멸종한 거대 도마뱀의 것은 아니었지만 그럼에도 이 발견은 그의 호기심에 불을 붙였다. 그는 발견 장소의 지리 좌표계를 기록했고 사진을 찍었다. 그는 언젠가 다시 돌아와서 이 발자국을 더 자세히 조사하겠다고 마음먹었다.

2010년 마침내 기에르린스키는 동료 그르체고르츠 니드츠비드츠키에게 그 자국들에 대해 이야기했고 이들은 그것이 직립보행하는 영장류의 것일 수 있으며, 심지어 초기 호미니니의 것일 수도 있다는 생각을 하게 되었다. 그리고 이 발견물을 더 자세히 조사하기 위해 국제 연구팀이 꾸려졌다.

화석화된 척추동물 흔적의 저명한 전문가인 스웨덴 출신의 페르 알베르크가 지휘봉을 잡았다. 연구원들은 현장에서 그 평평한 바위를 레이저 스캐너로 500분의 1밀리미터 단위로 정확히 스캔했고 이 흔적들의 3차원 이미지를 만들었다. 겨우 4제곱미터밖에 안 되는 이 표면의 한 지점에서 50개의 우묵 들어간 형태가 발견되었다. 그중 28개는 발자국으로 확인되었고 이는 신뢰할 수 있는 결과였다. 이 자국들은 10~22센티미터 길이에 넓이는 3~7센티미터였다. 특별히 큰 기여를 할 것 같은 몇 개의 자국은 실리콘 고무로 본을 떴다. 정확성을 더 높이기 위한 과정이었다. 이렇게 이 발자국들은 보존될 수 있었고 나아가 컴퓨터의 도움을 받아 3차원으로 정밀하게 측정될 수 있었다. 기하학적 형태 계측법이라 불리는 이 기술은 화석을 분석하는 데도 사용된다.

곧 이 발견물은 진정 획기적인 사건이라는 것이 밝혀졌다. 이 자국을 남긴 존재들은 실제 두 발로 걷는 존재였음이 분명했기 때문이다. 발견 장소에서는 앞다리의 자국이 전혀 발견되지 않았다. 다시 말해 그곳에 한때 네 다리로 걷는 동물들이 해안을 따라 걷다가 잠시 뒷다리로 섰을 가능성은 배제된 것이다. 게다가 정밀한 측정을 통해 인간의 흔적과 비슷한 점이 점점 더 확실하게 나타났다. 대부분의 자국에서 발가락 다섯 개의 윤곽을 인식할 수 있었던 것이다. 엄지발가락은 매우 잘 발달되어 있었고 가장 끝부분이 넓어져 있었다. 그리고 인간에게서처럼 그것은 다른 발가락들 옆에 가까이 붙어 있었고 다른 발가락보다 약간 더 튀어나와 있었다. 다른 발가락들은 짧았고 안쪽에서 바깥쪽으로 갈수록 크기가 점점 더 작아졌다. 발바닥 위쪽 부분도 두툼하게 발달되어 있었다. 이 부분은 엄지발가락과 함께 모래에 깊숙한 자국을 남겼다. 이것이 의미하는 바는 힘이 발 바깥쪽에서 안쪽으로 전달되었고 걸을 때 발바닥 위쪽 도톰한 곳과 엄지발가락을 거쳐 앞으로 나가는 추진력이 실현되었다는 것이다. 이미 설명했듯이 이것은 두 발로 걷는 가장 효율적인 형태다. 엄지발가락으로 땅을 누름으로써 무게중심이 가운데 머물러 있을 수 있기 때문이다.

또한 어떤 발가락에서도 동물 발톱 자국의 조그마한 흔적조차 찾아볼 수 없었다. 이로써 원숭이를 제외한 발바닥으로 걷는 모든 포유류(예컨대 곰)는 이 발자국의 주인 후보에서 제외된다. 원숭이들은 대형 유인원을 포함해 더 짧고 더 좁고 더 뾰족한 엄지발가락을 갖고 있었고 지금도 마찬가지다. 또 이 엄지발가락은 발의 훨씬 뒤쪽으로 벌어져 나와 있다. 또한 원숭이들은 발바닥 위쪽의 도톰한 부분이 없고 엄지발가락을 제외한 다른 발가락들의 길이가 더 길며 그중 가장 긴 발가락은 중간 발가락이다. 이렇게 볼 때 트라칠로스에서 나온 발자국들은 인간과 이들의 멸종한 친척, 즉 직립

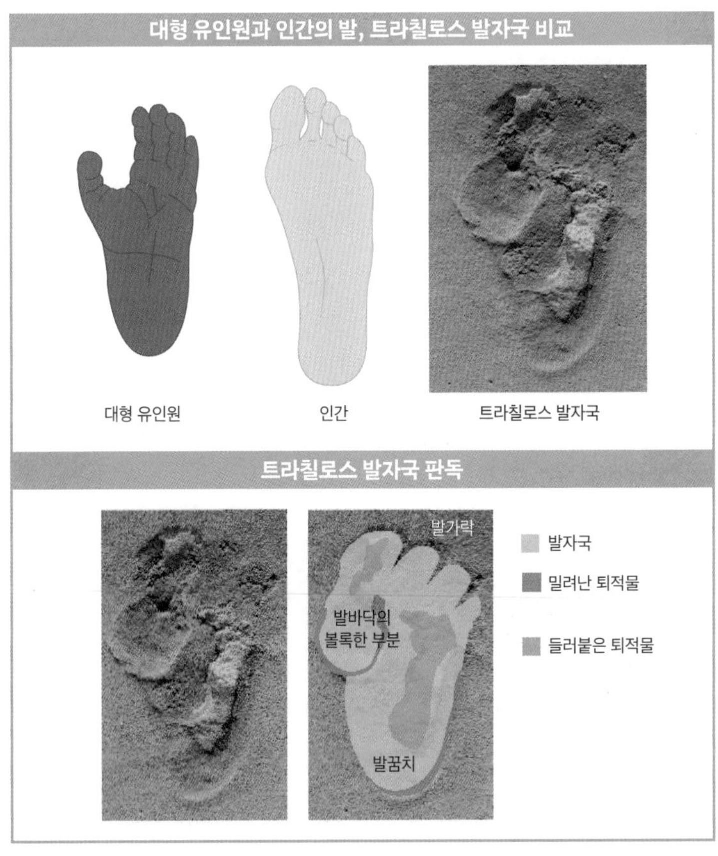

보행하는 두 발로 걷는 존재자들의 가장 초기 발자국과 유사하다는 것이 확실하다.

하지만 이 자국들은 해부학적으로 현생인류인 우리의 발자국들과 차이 나는 점이 있다. 이 발자국들은 크기가 더 작고 전체적으로 더 땅딸막했다. 특히 발허리가 더 짧고 발뒤꿈치는 비교적 가늘었다. 또한 발 가운데에 오목한 부분이 없었다. 이들 존재는 그러니까 평발이었다. 하지만 발에 오목한 부분은 진화 과정에서 생겨나 완전한 형태로 만들어지는 것으로 약 250만 년 전 아프리카에서 발달한 호모속 최초의 개체들에 이르러서다.[4]

자, 그러면 크레타섬의 저 발자국들은 진화 역사에서 어떻게 분류될 수 있을까? 여기서 바로 탄자니아 라에톨리에서 발견된 저 유명한 발자국들과 비교해보면 어떻겠느냐는 생각이 나온다. 이 발자국 화석은 이미 1978년에 고생물학계의 귀부인 메리 리키를

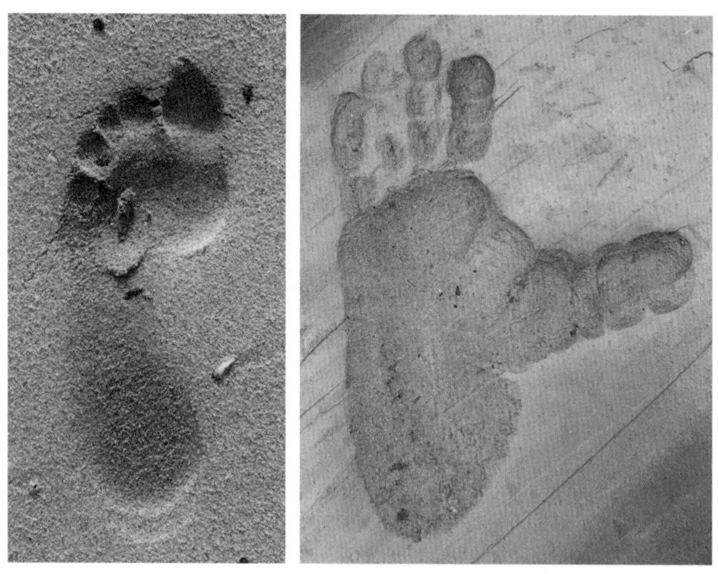

왼쪽은 모래에 찍힌 인간의 발자국. 오른쪽은 점토에 찍힌 침팬지의 발자국.

위해 일하는 발굴팀에 의해 발견되었다. 라에톨리 발자국을 본떠 만든 모형물은 현재 많은 박물관에 전시되어 있다. 이 발자국은 직립보행의 가장 오래된 증거물로 간주되기 때문이다. 이 발자국들은 366만 년 전 선행인류가 축축한 화산재 사이로 걸어다녔던 시절에 찍힌 것이다. 발견된 장소에는 약 27미터 구간에 걸쳐 여러 개체가 남긴 약 70개의 자국이 남아 있었다. 대부분의 연구자는 이것을 오스트랄로피테쿠스 아파렌시스, 즉 저 유명한 '루시'가 속한 선행인류 종의 발자국으로 분류한다.

트라칠로스의 발자국들은 많은 점에서 탄자니아의 발자국들과 비슷하다. 가령 잘 발달된 엄지발가락과 그 끝부분이 더 넓은 점, 엄지발가락이 옆의 발가락들에 가까이 붙어 있는 점, 옆의 발가락들이 엄지에서 멀어질수록 작아지는 점, 발바닥 위쪽 도톰한 부분이 깊게 패인 자국을 남긴 점이 그것이다. 이런 모든 특징이 이 발자국을 남긴 존재가 두 발로 걸었음을 말해주고 있다.

개펄 바닥에 남겨진 흔적들

그런데 크레타섬의 이 미지의 존재자는 정확히 언제 모래에 발자국을 남겼던 것일까? 흔적들의 나이를 측정하기 위해 연구자들은 이 발자국이 보존되어 있는 사암이 얼마나 오래되었는가를 알아내야 했다. 여기서 이 발견 장소는 운이 좋은 곳에 위치해 있었다는 것이 밝혀진다. 지중해의 부서지는 파도는 수천 년 동안 발견 장소에서 그 위에 있던 암석층들을 모두 다른 곳으로 쓸고 갔다. 하지만 바다에서 불과 몇 미터 안 되는 곳에 여러 개의 바위가 부서지는 파도를 견뎌내고 오늘날까지 남아 사암층 위로 몇 미터 솟아오른 채 남아 있었다. 그 바위들 안에는 마치 지질학 보관소라도 되는 듯 우리의 저 해변을 거닐던 수수께끼의 존재가 살았던 역동적인 지질학적 시대가 기록되어 있었다. 페르 알베르크와 그의 동료들은 발자국이 찍힌 사암 윗부분에서 더 거친 구성 성분, 즉 암석의 조각과 깨진 파편들로 이루어진 퇴적층을 발견했다. 초보자라도 이 분명한 층의 경계는 잘 알아볼 수 있을 정도였다.

이러한 암석은 흐르는 물 또는 소규모 산사태가 아래의 지층을 허물고 그 안에 든 것들을 쓸고 가 다른 곳에 다시 쌓아놓을 때 생겨난다. 지질학자들은 이런 암석을 각력암이라 부른다. 그러므로 각력암이 생겼을 때 저 발자국의 발견 장소는 지금처럼 바닷가가 아니라 바다로부터 훨씬 멀리 떨어진 곳에 있었음이 분명하다.

하지만 그것만으로는 충분하지 않다. 이 뚜렷한 특징을 가진 각력암을 따라 현재의 내륙 지방 쪽으로 더 들어가면 각력암 상부에서 다시 한번 뚜렷한 암석의 변화가 일어난 것을 발견하게 된다. 입자가 매우 가늘고 고른 암석층이 나타난 것이다. 그런데 이런 암석층은 깊은 해저분지에서만 퇴적될 수 있다. 이 놀라운 퇴적층의 변화에서 내릴 수 있는 결론은 한 가지뿐이다. 해변을 거닐었던 존재는 해수면이 극적인 변화를 겪기 직전 시기에 살았다는 것이다. 연구자들에게 전체 지중해권에 있었던 이 시기는 아주 잘 알려져 있다. 연구자들은 이 시기를 '메시나절 염분 위기**Messinian Salinity Crisis**'라고 부른다. 이 시기에 지중해 전체가 메말랐다가 다시 대서양의 바닷물로 채워졌다. 이렇게 볼 때 발자국 발견 장소에서 거친 각력암이 형성되었던 것은 지중해 해안선이 훨씬 뒤로 후퇴해 있었던 560만 년에서 530만 년 전 사이임이 분명하다. 그 후 거대한 욕조가 다시 물로 채워지듯 이 지역에 물이 들어왔고 심지어 이전보다 물이 더 많아져 발자국 발견 장소 위로도 물이 넘치게 되었다. 이 때문에 530만 년 전 이곳에 깊은 바다의 퇴적물이 쌓인 것이다.

페르 알베르크의 연구팀은 이로써 트라칠로스의 발자국이 최소한 560만 년 이상 되었다는 결론을 내렸다. 하지만 이 발자국이 더 이전 시기에 생겨났을 수 있다는 단서가 존재한다. 더 자세히 관찰하면 그 발자국이 찍혀 있는 얇은 사암층이 입자가 아주 미세한 석회암층 위에 자리 잡고 있다는 것을 볼 수 있기 때문이다. 이 석회암층은 아주 작은 플랑크톤 유기체들의 화석화된 뼈들로 이루어져 있다.[5] 이런 점으로 미루어 저 수수께끼의 두 발로 걷는 존재 전후로 수백 년 동안 해수면은 심지어 한 번 더 약간 상승했고 그 발견 장소 위로 얕은 석호가 형성되었던 것으로 보인다.

하지만 플랑크톤 유기체들은 597만 년 전 메시나절 염분 위기 시기가 시작되자 지중해에서 대부분 사라졌다. 원인은 염분 농도가 증가하면서 플랑크톤을 위한 생활 조건이 악화되어 결국 소멸될 수밖에 없었기 때문이다. 이 점을 감안하면 트라칠로스의 자국들은 600만 년쯤 되었다고 볼 수 있다.

그 시기 현재의 크레타섬은 펠로폰네소스반도와 합쳐져 하나의 긴 곡선 모양의 반도를 형성하고 있었다. 이 반도는 따뜻하고 얕은 해저분지인 크레타해에 둘러싸여 있었다. 이 크레타해의 당시 북부 해안에는 '엘 그래코'가 발견된 장소가 있는 아테네도 있었다. 그곳은 트라칠로스에서 항로로 275킬로미터밖에 떨어지지 않았다. 이렇게 볼 때 그래코피테쿠스가 이 미지의 해변을 거닐던 존재의 잠재적인 조상이라고 가정해도 문제는 없을 것이다. 그의 발자국이 찍힌 사암은 연구자들에 의하면 바다로 흘러들어오는 강에 의해 퇴적되어 생긴 것일 수 있다. 바다의 해안가와 바닷물이 섞인

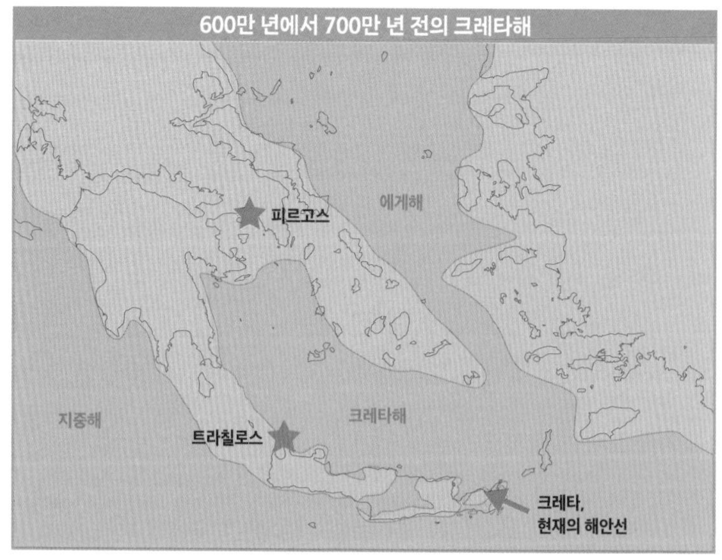

강 주변에는 먹을 것이 많기 마련이다. 그곳에서는 영양가 많은 조개, 달팽이, 미역을 채취하기 위해 그냥 허리만 굽히면 됐다.

트라칠로스의 발자국에 대한 연구 결과는 그래코피테쿠스 프레이베르기에 대한 논문이 발간되고 두 달밖에 안 지난 시점에 발표되었다. 이것은 우리 연구자들에게는 엄청난 사건이었다. 발자국에 대한 연구 결과 또한 인류 최초의 조상이 아프리카에서만 살았다는 기존 견해를 완전히 뒤집는 것이었기 때문이다. 트라칠로스 화석은 직립보행에 있어 다른 화석들보다 훨씬 더 오래된 직접적인 증거물이다. 이 화석은 현생인류의 발에 비교적 가까운 해부 구조를 가지고 있고 라에톨리의 발자국보다 최소한 200만~300만 년 더 오래되었다. 그리고 이 발자국은 아프리카가 아닌 유럽에서 나온 인간과 비슷한 존재의 것이었다!

그리스에서 나온 흔적을 남긴 존재는 라에톨리의 여러 흔적에서는 분명히 확인되는 발바닥에 움푹 들어간 곳이 없다. 하지만 '루시'도 라에톨리 땅에 발자국을 남긴 그녀의 동족들과는 달리 평발을 갖고 있었다.[6] 그러니까 평발은 현생인류에게서만 나타나는 변이가 아니라 오스트랄로피테쿠스 아파렌시스에게서도 마찬가지였던 듯하다. 이 점을 제외하고 트라칠로스 발자국은 다른 특징들에 있어서는 걷기 위한 발이었고 인간과 비슷한 형태의 발이라고 분명히 말할 수 있다. 그렇기 때문에 크레타섬에서 발견된 화석은 인간의 걷는 발이 370만 년 전 오스트랄로피테쿠스 아파렌시스에게서 처음으로 발달되었다는 견해를 정면으로 반박한다. 이 증거물이 시사하는 것은 직립보행이 걷기 위한 발의 발달과 더불어 훨씬 더 일찍 시작되었다는 것, 아마도 600만 년도 더 전에 이루어졌다는 것이다.

분자시계는 얼마나 정확한가?

분자유전학에서 나온 최근의 계산들 또한 이 견해를 뒷받침한다. 학자들은 '분자시계'라 불리는 방법을 이용해 수년 전에 인간과 침팬지의 진화사적 분지 시점을 700만 년 전이라고 계산했다. 분자시계라는 생각은 돌연변이, 그러니까 생물체 게놈의 급작스러운 변화는 오랜 시간에 걸쳐 어느 정도 똑같은 비율로 일어난다는 가정에 근거하고 있다. 돌연변이는 진화의 엔진이다. 이로 인해 유기체의 변화가 일어나는데 특히 이 변화가 장점으로 작용하는 경우 이 변화는 계속 유전된다. 이렇게 해서 조금씩 조금씩 새로운 종이 생겨난다.

서로 다른 종들의 진화 계통이 언제 분지되었는지 알아내기 위해서는 게놈에서의 차이를 시간으로 환산해야 한다. 분지가 더 오래전에 일어났을수록 차이는 더 커진다. 이 시스템은 처음에는 나이가 이미 알려진 화석에 대해서만 테스트되어 계측 시간을 정할 수 있었다. 예를 들어 약 1300만 년 된 오랑우탄 화석이 있다고 해보자. 이 화석의 해부학적 특징은 오랑우탄 진화의 시작 시기에 있다는 것을 보여준다. 인간과 오랑우탄은 유전적으로 약 3퍼센트 차이가 난다. 분자시계의 선구자들은 그 경우 이 차이는 이 기간에 게놈에 '집적되어' 있을 것이 분명하다고 생각한다. 이를 유추해볼 때 인간과 침팬지의 분지는 더 나중에야 가능한데 양자는 유전적으로 1~3퍼센트만 다르기 때문이다. 분자시계의 계산에 따르면 오랑우탄 계통과 침팬지 계통의 분지 사이에는 약 1000만 년 전에 고릴라 계통의 분지가 있었다.

이 시스템은 대략적이긴 하지만 오랫동안 그때까지 발견된 화석들과 일치된 결과를 보이며 처음의 길잡이 역할을 잘 해왔다.

하지만 고유전자학의 도래와 더불어 이 연구 분야에 변화가 일어났다. 갑자기 심지어 멸종된 종의 화석에서 게놈을 추출해 분석하는 게 가능해진 것이다. 이 방법으로 동일 종 내에서 돌연변이 종의 비율도 계산이 가능해졌다. 이를 위해 전문가들은 현재 살아있는 한 종의 개체들과 그 조상 사이의 변화된 게놈의 수를 알아냈다. 고유전학이 수백만 년의 과거를 다 읽어낼 수는 없지만 그래도 수십만 년은 가능하다. 이 기간은 게놈에서 많은 돌연변이가 일어나 집적될 수 있는 기간이다.

훨씬 더 정확한 이 방법에 기초해 돌연변이 발생 확률은 보통 일정하게 나타나는 것이 아니라 큰 불규칙성을 보인다는 것이 점점 더 일반적인 인식으로 자리 잡게 되었다. 더 중요한 사실은 돌연변이가 많은 생물학적 요인으로부터 영향을 받기 때문에 종마다 다르게 나타난다는 점이다. 예를 들어 부모의 나이, 정자 형성, 신진대사율, 신체 크기, 인구 집단의 크기 등이 그러한 요소다.

따라서 최신 시도들에서는 이보다 한발 더 나아가 부모와 자녀의 유전적 차이에서 바로 돌연변이 비율을 알아내고자 한다. 이 과정은 화석 없이도 가능하다. 인간의 경우 이 연구 결과가 보여준 것은 인간의 게놈이 지금까지 가정되었던 것보다 더 천천히 변화했다는 사실이다. 결국 연구자들은 분자시계와 고유전학의 조합 속에서 인간 계통과 침팬지 계통의 분지가 원래 계산되었던 700만 년 전보다 더 전에, 즉 1300만 년 전에 일어났을 확률이 높다는 것을 밝혀냈다.[78]

분명 이 주제에 대해 앞으로 더 많은 연구 논문이 나올 것이다. 그럼에도 한 가지 공통된 방향성은 존재한다. 즉 초기 진화 역사를 더 잘 알기 위해서는 훨씬 더 먼 과거로 거슬러 올라가야만 한다는 것이다. 이런 기조는 최소한 600만 년 전 두 발로 걷는 존재가 어떻게 해서 그렇게 이른 시간에 크레타섬 해변을 거닐 수 있었는지를 설명하는 데 도움을 줄 수 있을 것이다. 페르 알베르크 연구팀이 이 획기적인 사건들을 발표하려고 6년 반 동안 노력했지만 뜻을 이루지 못했다는 것은 역사의 아이러니다. 많은 학술지가 익명의 감정가들의 조언을 받아 그 연구팀의 원고를 거절했다. 그들의 반박 근거는 타당성이 없는 경우도 많았다. 하지만 우리가 그래코피테쿠스에 관한 논문을 출판하고 난 후인 2017년 여름 드디어 그때가지의 걸림돌이 허물어진다.

12장

모래 속의 두개골과 '비밀의' 넓적다리: 의심스러운 사헬란트로푸스 사례

인류의 조상을 찾으려는 노력은 이따금 아주 먼 지역으로 인도하기도 한다. 차드 북부에 있는 주라브 사막도 많은 시사점을 던져주는 지역이다. 이곳에는 지표면 가까이에 화석을 함유하고 있는 암석이 존재하기 때문이다. 이 암석은 많은 학자가 인간 계통과 침팬지 계통이 분지되는 시기라고 추측하는 시간대에 속한다. 이 때문에 프랑스의 고생물학자 미셸 브뤼네는 거의 30년 동안 이 지역을 조사하고 있었다.

이곳은 사하라 중심, 티베스티산맥 남부에 위치한 극도의 불모지로서 가장 건조한 사막지역 중 하나다. 이곳은 기온이 섭씨 50도를 넘는 일이 드물지 않다. 불모의 모래 평야 위로 뜨겁고 건조한 바람이 끊임없이 불며 모래언덕을 몰고 다닌다. 이곳은 암석 먼지가 연간 7억 톤까지 날리는, 세계에서 가장 먼지가 많은 지역이다.[9] 전 세계 대기 중에 떠다니는 이곳의 먼지는 기자 대피라미드를 109개 쌓을 정도의 양이다. 생명에 적대적 환경을 가진 이 외딴 지역을 가장 잘 아는 사람은 프랑스의 지질학자 알랭 보빌랭이다. 그는 1994년 1월부터 2002년 7월까지 프랑스 차드 고생물학 협력단의 현지 탐사를 관리했다. 미셸 브뤼네는 그 협력단의 단장으로 있었다.

2001년 7월 알랭 보빌랭은 세 명의 차드 연구원으로 이루어진 탐사대와 함께 또다시 주라브 사막으로 길을 떠났다. 미셸 브뤼네는 이 정기 단기 원정에는 합류하지 않았다. 이 팀이 조사한 지역은 토로스 메날라로 불리는데 화석이 많은 것으로 유명하다. 이 뼈를 찾는 사냥꾼들은 이곳에 이미 여러 번 온 적이 있다. 연구자들은 전략적으로 오래된 퇴적층이 있다고 여겨지는 지역들을 정기적으로 조사하기 때문이다. 연구자들은 바람의 힘이 이 힘든 작업을 조금 덜어주기를 바란다. 이곳에서 매일 일어나는 바람은 한 방향에서 일정하게 불어오면서 끊임없이 이 불모의 땅의 지형을 재편한다. 또 자주 강한 폭풍과 돌풍이 일어 에르그Erg라 불리는 긴 모래언덕 구간을 형성했다가 다시 흩트려놓는다. 그러면 셀 수 없이 많은 작은 모래 알갱이가 모래폭풍이 부는 동안 모래 분사기*처럼 땅의 표면을 갈아내 땅속에 들어 있던 것을 밖으로 드러나게 한다. 땅속에 자갈이나 뼈처럼 크고 견고한 성분들이 들어 있다면 바람이 그 사이의 작은 파편들은 날려버린다. 그러면 체로 친 것처럼 돌, 돌멩이, 화석만이 남는다. 에르그 사이에 있는 많은 계곡에는

* 모래를 분사해 표면에 붙은 것을 긁어내는 기계.

이렇게 바람이 쓸고 지나간 곳들이 있다.

다년간 여러 원정대 대원은 이런 장소들에서 한때 비옥했던 생태 시스템의 흔적을 찾아냈다. 학자들은 많은 화석 유물로부터 사바나와 유사한 지형을 재구성할 수 있었는데, 밝혀진 바에 따르면 이 지역은 강과 호수를 따라 길게 형성된 숲이 곳곳에 발달해 있었다. 대형 어류의 잔해는 이곳에 깊고 수량이 풍부한 하천이 있었음을 말해준다. 오늘날 황량함이 지배하는 곳에 한때 양서류, 악어, 거북이, 설치류, 코뿔소, 원시돼지Urschwein, 기린, 발가락이 세 개인 말, 하이에나가 돌아다녔다.

이 발굴물들도 정말 커다란 가치를 가진 것이긴 하나 이 프랑스 학자와 차드 연구원들은 원래 다른 것, 즉 선행인류의 화석을 찾고 있었다. 하지만 이미 오랫동안 이들은 더 이상의 흔적을 찾지 못하고 있었다. 이 협력단에 마지막으로 행운이 따랐던 것은 1995년 350만 년 된 오스트랄로피테쿠스 종의 하악골을 발견했을 때다.[10] 그 후로 주목을 끄는 발견은 더 이상 없었고 협력단원들의 지구력은 점점 바닥을 드러내고 있었다. 그러던 중 2001년 7월 19일 아침 인내심 시험에 종지부가 찍힌다.[11]

'삶에의 희망'

모래폭풍이 다가오고 있었기 때문에 네 명의 연구원은 두 대의 픽업트럭을 모래언덕 제일 높은 곳에 주차시켰다. 이렇게 하면 온통 먼지구름 투성이일 때라도 그곳으로 돌아가는 길을 찾을 수 있다. 그들은 두 명씩 짝을 지어 화석을 찾아 그 아래 모래언덕을 샅샅이 수색했다. 차드 연구원 중 한 명인 아호운타 짐도우말바예는 얼마 후 이상하게 생긴 짙은 색의 물체를 여러 개 발견했다. 이 물체들은 모래 위 1제곱미터가 될까 말까 한 곳에 놓여 있었다. 특별히 눈에 띄었던 것은 둥근 핸드볼 크기의 물체였다. 그리고 그가 그것이 두개골임을 알아차리는 데는 오랜 시간이 걸리지 않았다.

이 두개골은 흔치 않게도 손상되지 않은 상태로 하악골만 빠져 있었다. 겉면은 검은색의 건조해진 껍질로 덮여 있었다. 얼굴 부분은 무거운 무게에 짓이겨진 것처럼 찌그러져 있었지만 진원류의 특징들은 분명히 나타나 있었다. 이것이 드디어 그토록 찾아 헤매던 그 화석이란 말인가? 이 연구원의 심장 박동이 빨라졌다. 그보다 2년 전 브뤼네가 처음으로 주라브 사막에 원정을 갔을 때 그는 이 연구원에게 프랑스어로 다음과 같이 장난삼아 말한 적이 있었다. '여기서 누군가 영장류를 발견한다면 그건 바로 자네일 거라고 확신하네!' 조금 늦은 감이 있었지만 그는 정말 초보자가 갖는 행운을 잡았던 걸까? 얼마 후 그는 더 이상 머뭇거릴 수가 없었다. '우리가 찾던 것을 찾았어요!' 그는 근처에서 작업 중이던 동료 파노네 공디베에게 소리쳤다. '우리가 해냈다고!'[12]

이들은 흥분해서 다른 동료 연구원들에게 그리로 오라고 손짓하고 보빌랭에게 빨리 카메라를 가지고 오라고, 그들이 대형 유인원, 아니 어쩌면 선행인류를 발견했다고 크게 소리쳤다. 원정대 대장은 처음엔 그게 농담인 줄 알았다. 하지만 그는 첫눈에 그것이 정말 중요한 발견임을 알게 되었다. 그는 사진을 찍고 비디오로 촬영했으며 발견 장소의 위치를 확실히 파악하기 위해 정확한 GPS 데이터를 확보했다. 이 남성들은 점심시간까지 근처 지역 모래언덕에서 100점의 뼈를 더 발견했다. 대부분은 여러 종류의 포유동물이었고 연구원들은 나중에 이를 두개골의 나이를 측정하는 데 사용할 수 있었다.

1년 후 세계 언론에 이 획기적인 발견에 대한 소식이 들불처럼 번져나갔다. 그에 앞서 미셸 브뤼네와 그의 직원들은 차드 당국의 동의를 받아 이 두개골을 푸아티에대학으로 가져왔다. 이들은 이 두개골에서 각종 퇴적물을 제거하고 이를 표본으로 만들어 면밀한 조사를 마친 후 취리히대학의 최신 기계로 뢴트겐 검사를 진행했다. 그 결과는 2002년 7월 11일[13]에 발표되었다. 발표의 요지는 다음과 같았다. 인간의 가장 오래된 원시 조상은 북아프리카에서 나왔고 600만 년에서 700만 년 전에 살았다. 때문에 그는 '침팬지와의 분지 시점에 가까이 있다'. 학자들은 그를 '차드 출신 사헬인간' 정도로 번역되는 사헬란트로푸스 차덴시스*Sahelanthropus tchadensis* 라고 명명하고 그에게 '토우마이Toumaï'라는 별칭을 지어줬다. 그 지역 다차가 언어로 이는 '삶에의 희망'이라는 뜻이었다.

차드에서 나온 두개골은 작은 송곳니와 비교적 평평한 얼굴, 눈구멍 위의 잘 발달된, 서로 연결된 돌출 부위, 중간 정도의 강도를 지닌 치아 법랑질을 갖고 있었다. 이 모든 특징으로 인해 그가 인간과 비슷한 존재라는 결론이 내려질 수 있었다.

하지만 첫 번째 비판의 목소리가 나오기까지는 오랜 시간이 걸리지 않았다. 최초의 발표 이후 몇 달이 채 지나지 않아 밀퍼드 월포프가 이끄는 미국과 프랑스 합동 연구팀은 『네이처』 지에 공개 서한을 보냈다. 팀의 다른 인원은 브리기트 세뉘와 당시 가장 오래된 선행인류 후보로 여겨졌던 오로린 투게넨시스를 발견한 마틴 픽퍼드였다. 서한에서 이들 세 학자는 이 두개골 특징의 신빙성에 대해 회의를 표했다. 그 내용은, 인간과 유사한 존재를 연상시키는 특징들은 독자적 진화 현상이며 공통의 기원으로 거슬러 올라갈

2001년 7월 19일 사헬란트로푸스 차덴시스 두개골 발견지에서 나온 뼈들. 화살표는 현재까지 사라진 상태로 있는 이 종의 넓적다리뼈.

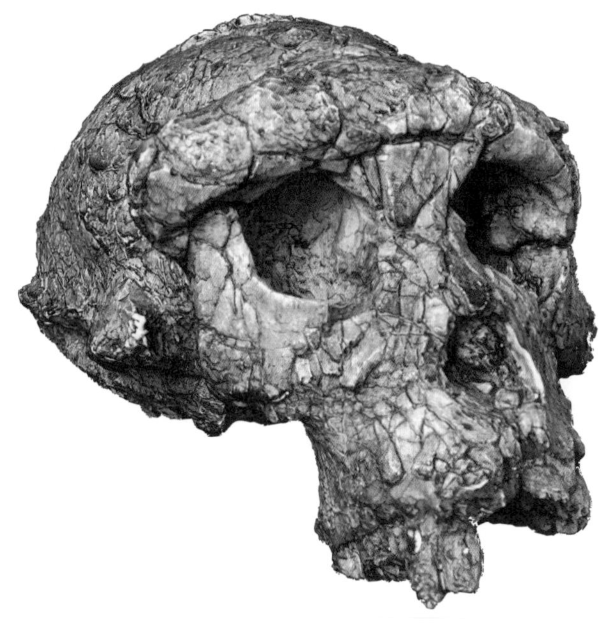

표본 작업 후의 사헬란트로푸스 차덴시스의 두개골.

수 있는 특징이 아니라는 것, 작은 송곳니는 여자 개체임을 의미한다는 것, 사헬란트로푸스의 튼튼한 골격과 특히 그의 뒷머리는 오히려 고릴라를 닮았다는 것이었다. 서한의 발신자들은 이로부터 '토우마이'는 암컷 선행 고릴라라는 결론을 내렸다. 브뤼네를 비롯한 연구팀은 지체없이 이에 대한 입장을 내놓았다. 이 잡지에서의 논의는 대략 다음과 같이 진행되었다.[14] 월포프의 반박—사헬란트로푸스는 대형 유인원이다. 왜냐하면 지닌 특징들이 매우 원시적이기 때문이다. 브뤼네의 답변—'토우마이'는 가장 오래된 선행인간이기 때문에 당연히 원시적 특징들을 갖는다. 승부를 가릴 수 없는 대치였다.

3년 후 CT 촬영에 기반해 '토우마이' 두개골을 재구성한 결과가 발표되었다.[15] 이 두개골은 예외적으로 완전체로 보존되어 있음에도[16] 부분적으로 파손과 변형이 있었던 탓에 최고의 전문가들도 이를 판단하는 데 어려움을 겪을 수 있었기 때문이다. 하지만 이 기술을 사용하면 변형을 가상으로 수정할 수 있다. 브뤼네를 비롯한 연구원들은 이를 바탕으로 사헬란트로푸스는 선행 고릴라가 아니며 재구성된 그의 대후두공은 두개골 아래쪽에 있고 따라서 두 발로 이동하는 방식을 취했을 것이라는 결론에 도달했으며 이를 확신했다. 이 두개골에 난 구멍인 대후두공을 통해 척수가 척추로 이어진다. 이 구멍이 두개골 아래에 있다는 것은 이족 보행을 의미하는데 이런 경우 머리가 척추 위에서 균형을 잡으며 위치하기 때문이다. 반면 이 구멍이 등 쪽으로 위치해 있으면 이는 네발로 이동한다는 표시다. 문제는 원래 화석 원형에서는 대후두공 부위가 심하게 손상되어 있었다는 것이다.

하지만 이 결과 또한 월포프 팀에 의해 반박되었다.[17] 월포프 팀은 훨씬 더 상세하게, 브뤼네가 근거로 제시한 특징들은 전혀 충분하지 않으며 특히 두개골 뒷부분 그리고 목 근육들이 뼈에 닿는 부분이 이족 보행자의 것으로는 적합하지 않다고 상술했다.

우리 '엘 그래코' 팀도 사헬란트로푸스 차덴시스와 조금 더 오래된 그래코피테쿠스 프레이베르기를 비교했다. 우리는 '토우마이'

의 경우 하악골 치아들의 치근이 '엘 그래코'보다 훨씬 더 원시적이라는 것을 확인했다. 그의 송곳니 뿌리는 더 길고 두 번째 앞어금니 뿌리는 그래코피테쿠스처럼 합체되어 있는 것이 아니라 서로 완전히 떨어져 있었다. 이 치근의 모습은 사헬란트로푸스가 선행인류라는 주장에 배치된다.

이 매우 설득력 있는 반박에도 불구하고 많은 고생물학자는 계속해서 사헬란트로푸스가 이족 보행을 했고 따라서 선행인류일 수 있다고 생각한다. 이 수수께끼가 풀리려면 더 많은 사실 자료가 필수로 제시되어야 한다. 두개골 아래의 다른 신체 부위, 가령 척추뼈라든가 다리 뼛조각들의 특징을 더 조사할 수 있다면 학문적으

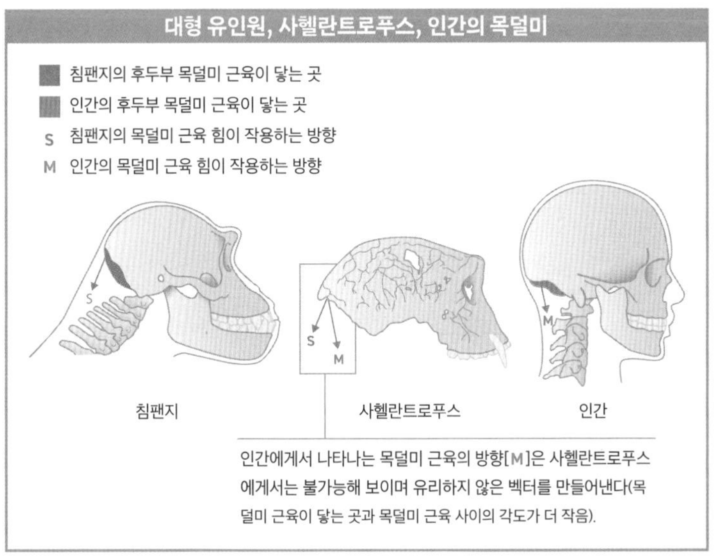

로 큰 도움이 될 것이다. 하지만 브뤼네 팀의 많은 출판물은 두개골 한 점, 세 점의 하악골 파편, 여러 점의 낱개로 된 치아만 발표 주제로 삼았을 뿐이다. 그런 탓에 이에 관한 논문들이 발표되고 나서 여러 해 동안 사헬란트로푸스의 뼈가 더 있을 것이라는 추측이 점점 더 증폭되었다.

사라진 넓적다리뼈

2010년 초여름 나는 브뤼네의 반대편인 마틴 픽퍼드와 함께 푸아티에대학에 있는 우리 동료 로베르토 마키아렐리를 방문했다. 그의 실험실은 미셸 브뤼네의 사무실과 같은 측면 건물에 위치해 있었다. 로베르토는 우리에게 우연히 검은색 뼈의 컴퓨터 사진을 보여주었다. 그는 단정적으로 말했다. '이건 '토우마이'의 넓적다리뼈예요.' 이 연구팀은 2001년 두개골 바로 옆에서 이 뼈를 발견했지만(154쪽 사진 참조) 그때도 나중에도 조사에서 사헬란트로푸스의 일부라고 생각되지 못했다. 그 이유는 아마도 이 뼈 양끝이 하이에나한테 물어뜯긴 자국으로 인해 심하게 훼손됐기 때문인 것 같다.

그러다 오드 베르게르라는 박사과정생이 박사 논문을 쓰려고 이 획기적인 발견물의 뼈를 모조리 재검토했는데, 그녀는 넓적다리뼈가 사헬란트로푸스 외에는 다른 동물 종과 부합하지 않는다는 것을 발견했다. 미셸 브뤼네는 이 시기 연구 차 여행을 떠나 있었고 연락이 닿지 않았다. 그래서 이 박사과정생은 오래 생각하지 않고 당시 지구과학과 학과장이었던 로베르토 마키아렐리에게 가서 도움을 청했다. 마키아렐리와 그 박사과정생은 며칠 동안 이 귀중한 넓적다리뼈를 분석한 후 이 뼈는 대형 유인원의 것이지만 두 발로 걷는 존재의 것이 아닐 확률이 높다는 잠정적인 결론을 내렸다. 그런데 이 사실이 알려지고 얼마 지나지 않아 이 넓적다리뼈는 흔적도 없이 사라졌다. 그리고 그 학생은 대학에서 박사과정 자리를 잃었다.[18]

나와 마키아렐리, 픽퍼드는 푸아티에에서 '토우마이'의 것으로 추정되는 그 뼈를 사진상으로 면밀히 검토했고 그것의 해부 구조를 침팬지 및 오로린의 넓적다리뼈와 비교했다. 약 600만 년 된 선행인류일 가능성이 있는 이 존재는 2000년 케냐에서 발견되었다. 발견된 해의 명칭을 따 그는 '밀레니엄 맨'이라고도 불린다. 대부분의 학자가 선행인간일 확률이 높다고 생각하는[19] 오로린과 반대로 토로스 메날라에서 나온 이 넓적다리뼈는 세로축이 확실히 휘어 있었다. 이 형태는 이족 보행 하는 선행인간과는 맞지 않는 것이었다.

하지만 사진으로 자세한 검사를 대신할 수는 없다. 그럼에도 현재까지 저 미심쩍은 긴뼈는 조사의 손길이 닿을 수 없는 곳에 있다. 브뤼네의 말에 따르면 그의 연구는 현재진행형이다. '결과를 발표하기 전에 말할 것은 아무것도 없다.'[20]

뼈 하나를 발견하고 거의 20년이 지나도록 그에 관한 연구가 얼마만큼 미완성으로 남을 수 있는 것인지 의문스럽다. 어쨌든 간에 학문 분야에서 그처럼 중요한 발견물에의 접근을 막아서는 안 된다.

로베르토 마키아렐리와 오드 베르게르는 더 이상 기다리려 하지 않았다. 그들이 그 뼈를 처음 연구한 지 14년이 지난 2018년 초 이들은 전통과 명예로 빛나는 파리 인류학 협회 연례학회 강연에서 '토우마이'의 넓적다리뼈에 관해 알아낸 것을 발표하고 이를 토론에 부치기로 결심했다. 하지만 이 강연은 학회 지도부에 의해 거부되었다. 이는 매우 이례적인 반응이었는데, 왜냐하면 이 발표에 대한 관심이 매우 컸기 때문이다. 프랑스 학문의 아이콘, 레지옹도뇌르 슈발리에와 국가공로훈장 수여자인 미셸 브뤼네가 의혹을 받아야 하기 때문이었을까? 사헬란트로푸스가 직립보행을 했다는 것과 그가 갖는 선행인간이라는 지위에 대해서는 조금의 의심도 해서는 안 된단 말인가? 마지막으로 덧붙이자면 푸아티에대학이 속한 도시에는 미셸 브뤼네의 이름을 딴 거리가 있고 기차역 주차 건물은 '토우마이 역 주차'라는 이름을 달고 있다.

어찌 됐든 사헬란트로푸스의 넓적다리뼈를 둘러싸고 일어난 일은 학계에 큰 손해다. 데이터와 진술을 비판적으로 검토하는 필수적인 절차를 막고 있기 때문이다. 또한 이는 마키아렐리가 공개적으로 불만을 표했듯 '영향력 있는 집단과 지역 네트워크의 양심 없는 배후 조종'[21]으로 명성 높은 프랑스 고인류학의 신용을 실추시켰다.[22]

사헬란트로푸스에는 이외에도 석연치 않은 점이 더 많이 있다. 이를테면 그의 출신과 나이 증명에 너무 많은 문제점이 존재한다.

수색단장 알랭 보빌랭이 한 논문에서 말했듯이[23] '토우마이'의 잔해는 그것이 원래 놓여 있었던 퇴적물에서 발굴된 것이 아니다. 그것은 특정한 생성 시기로 분명하게 분류할 수 있는 땅속의 지층에 있었던 게 아니다. 이 발견물은 다시 말해 전문가들의 용어로 제자리에in situ 있었던 것이 아니다. 그리고 이 점은 지금까지 브뤼네 팀의 모든 논문에 나와 있다. 두개골과 넓적다리뼈는 다른 동물 종들의 많은 뼈와 함께 모래언덕 위에 있었다. 그런 모래언덕은 강한 바람이 불과 며칠 전에 쓸어다놓은 것일 수도 있었다. 모래언덕의 높은 이동성 때문에(주라브 사막에 있는 모래언덕 중에는 매년 200미터까지 이동하는 것들도 있다) 그 안에 들어 있는 대상물들도 계속해서 이곳에서 저곳으로 옮겨진다. 알랭 보빌랭에 의하면 이는 그 지역 군대의 지뢰 수색단에게도 큰 골칫거리다.

그리고 이것은 사막에서 조사를 벌이는 고생물학자와 고고학자들에게도 작업을 어렵게 만드는 커다란 요인이다. 이들은 모래언덕 속이나 그 위에서는 신빙성 있는 발견물이 나올 수 없다는 것을 알고 있다. 이런 발견물은 한편으로는 시대적 분류가 불가능하며 다른 한편으로는 단단한 물체라면 무게가 많이 나가 곧 모래언덕 밑바닥 쪽으로 가라앉아버리기 때문이다. 프랑스 차드 고생물학 협력단의 수색 전략도 이런 점을 염두에 두고 있었기에 연구원들은 화석을 찾는 장소로 계곡을 더 선호했다.

보빌랭의 언급에 따르면 '토우마이'의 두개골과 그 넓적다리뼈는 양자를 연관시키도록 해줄 연대 측정이 가능한 암석이 전혀 없었다. 여러 개의 뼈가 정확히 메카 방향으로 향하고 있었기 때문에 그 지질학자는 유목민들이 그 뼈를 인간의 잔해로 여겨 이슬람 의식에 따라 묻었던 것일 수도 있다고 생각했다.[24] 즉 그 뼈들은 그 영토의 다른 지역에서 온 것일 수도 있다는 것이다. 그럼에도 브뤼네와 그의 연구원들은 여러 논문에서 사헬란트로푸스 차덴시스의 나이를 매우 상세히 제시했고 그때마다 2002년 그들이 최초로 측정한 나이가 맞는 것으로 반복해서 확인했다. 하지만 이들이 언급한 암석의 프로필은 발표하는 논문마다 차이가 났고 그럼에도 불구하고 항상 이 발견물을 '파낸' 자리가 언급되곤 했다.

이러한 부정확함 내지는 속임수가 토로스 메날라의 주목할 만한 고인류학적 결과물의 빛을 바라게 하다니 유감이 아닐 수 없다. 이런 방식으로라도 가장 오래된 선행인간이 아프리카에서 나왔다고 하는 저 이론은 옹호되어야 한단 말인가?

어찌 됐든 그래코피테쿠스가 사헬란트로푸스보다 더 오래되었다는 것에 있어서는 이견이 불가능하다. 피르고스의 '엘 그래코' 하악골이 파묻혀 있던 사하라 사막 먼지는 현재 토로스 메날라 땅속에 들어 있는 사막 퇴적물에서 나온 것이기 때문이다.[25] 세찬 바람은 700만 년도 더 전에 이 먼지를 지중해 건너 북쪽으로까지 실어 날랐다.

13장

선행인류에서 원인으로: 흔들리는 아프리카 유래설

최초의 선행인간에 관해 현재 우리가 알고 있는 정보가 얼마나 신빙성 있는 것인지는 경험 많은 전문가들에게도 판단하기 힘든 문제다. 꽤 많은 사실이 오로린 투게넨시스 종이 인간 진화 계통의 초기 개체일 가능성이 높다는 이론을 뒷받침해준다. 사헬란트로푸스 차덴시스가 계속해서 선행인간으로 분류될 수 있을 것인지는 앞서 설명한 이유들로 인해 별로 가망성이 없어 보인다. 440만 년 된 에티오피아에서 나온 종인 아르디피테쿠스 라미두스 *Ardipithecus ramidus*도 측정에 문제가 있는데 이 종은 인간의 걷는 발 대신에 대형 유인원과 유사한 움켜쥐는 발을 갖고 있기 때문이다. 발견된 이 종의 뼈는 그 크기와 형태 때문에 여자로 추정되었으며 학자들은 이 존재를 '아르디Ardi'라고 불렀다. 분명하게 간격을 두고 벌어져 있는 엄지발가락과 움켜쥐는 발이라는 특수한 형태, 강한 다리와 골반에 근거해 이를 조사한 연구자들은 '아르디'가 이따금 가지 위에서 똑바로 서서 균형을 잡았고 가끔 땅에서 두 발로 이동했다는 결론을 내렸다. 하지만 이것은 여태껏 충분히 증명되지 않았다.

현재 그래코피테쿠스와 트라칠로스의 발자국들에 대해 우리가 알고 있는 학문적인 자료들도 전세를 역전시킬 정도는 전혀 못 된다. 하지만 이런 자료들은 우리와 가까운 근척 계통에 대한 현재의 진화 모델을 재검토해야 할 충분한 이유를 제시한다.

현재 모든 회의적 시선을 불식시키며 제일 오래된 종, 인간의 원조 조상의 위치에 올라 있는 것은 오스트랄로피테쿠스 아파렌시스다. 이 종은 '루시'라는 유골과 함께 고생물학계의 아이콘이라 할 수 있는 지위에 도달했다.[26] 선행인류의 진화를 이해하는 데 이 종이 엄청나게 중요한 이유는 400점이 훨씬 넘는 발굴물로 다른 종들에 비해 월등히 연구가 잘 된 종이기 때문이다. 이 종의 화석은

아르디피테쿠스 라미두스의 움켜쥐는 발

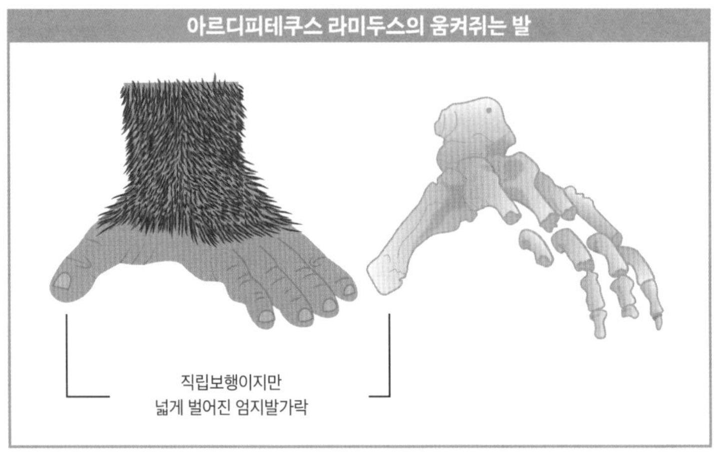

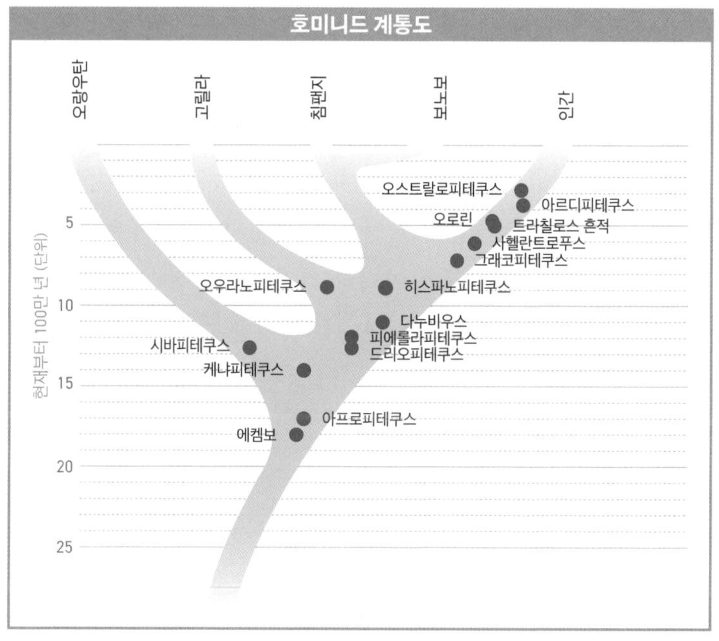

특히 에티오피아 아파르 지역과 탄자니아 라에톨리에서 많이 나왔다. 이 화석들의 나이는 370만 년에서 300만 년 사이이다.

현재 밝혀진 바로 '루시'의 동족들은 거의 모든 신체 부위에서 이족 보행을 위한 많은 변화를 거쳤다. 척추는 허리 부분에서 휘어 있으며 골반뼈는 짧아졌고 앞쪽으로 돌아갔다. X자형 다리와 완전히 펼 수 있는 다리가 형성되었다. 엄지발가락은 튼튼하고 다른 발가락들 옆에 가까이 붙었다. 충격을 완화하기 위해 발바닥 가운데에 움푹 들어가는 곳이 형성되기 시작한 흔적을 갖고 있다. 하지만 여전히 여러 원시적 특징도 존재한다. 그것은 '루시' 및 이와 비슷한 종들을 후대의 원인과 구분시켜주는 점이다. 비교적 긴 아래팔, 짧은 넓적다리, 구부러진 손가락과 발가락 마디, 뼈의 화석으로 재구성될 수 있었던 특수한 형태의 팔과 어깨 관절 근육 조직, 고관절과 골반의 특수한 형태 때문에 많은 전문가가 '루시'와 그 동족들은 아직 숙련된 보행자가 아니라 최소한 부분적으로라도 아직 나무 위에서 살았다는 데 동의한다.[27] 하지만 그녀의 해부학적 구조를 보고 보행에 어떤 제약도 없었다고 보는 연구자들도 있다.[28]

직립보행 사용

오스트랄로피테쿠스 아파렌시스는 어른 상태에서 뇌 용적이 약 450세제곱센티미터다. 몸의 크기와 뇌의 용적 비율로 볼 때 현재의 침팬지보다 약간 더 컸다. 아파르에서 온 남쪽 원숭이는 저항력이 강하고 뛰어난 적응 능력을 가진 종이었던 것 같다. 지금까지 발견된 화석들은 기후와 생태 시스템이 여러 번 크게 바뀌었음에도 불구하고 이들이 70만 년이 넘는 비교적 긴 시간 동안 존재했다는 것을 증명해준다. 이들의 화석은 땅속 지층에서 나왔는데 이 지층에서는 건조 기후에 적응한 영양의 화석도 발견되었다. 이런 점으로 미루어 이들의 생활 환경은 광활한 초원이나 관목사바나였을 것으로 추측된다. 그런데 이것이 다가 아니다. 나무 위에서 사는 진원류와 원인류原猿類*의 뼈가 발견된 곳 옆에서도 이들의 뼈가 발견되었기 때문이다. 이것은 이들이 습하고 나무가 더 밀집한 생활 환경에서도 살았다는 것을 말해준다.

오스트랄로 아파렌시스의 화석이 매우 다른 기후 지형에 모자이크 형태로 분포되어 있었다는 점은 인간 진화의 근본적인 문제를 건드린다. 그것은 직립보행이 왜 생겨났는가 하는 물음이다. 대형 유인원과 인간의 화석이 처음으로 발견되기 훨씬 전인 1809년에 프랑스의 자연 연구가 장바티스트 라마르크는 이미 이에 대한 놀라운 답을 내놓았었다. 그는 이를테면 침팬지처럼 네발로 걷는 동물이, 환경 변화 때문에 네발을 이용해 나무에 기어오르거나 나뭇가지 잡는 것을 포기하고 대신 몇 세대에 걸쳐 다리를 걷는 데에만 이용한다면 네발 동물은 두 발 동물이 되고 이들의 엄지발가락은 점차 다른 발가락들 가까이로 붙게 된다고 생각했다.[29]

찰스 다윈을 포함해 여러 세대의 학자들은 지난 210년간 이 이론적 사념을 인간 진화에서 가장 영향력 있고 내구성 있는 가설로 만들며 일명 사바나 가설을 구축했다. 이 가설에 따르면 현생인류의 조상은 건조 기후가 됐을 때 크기가 점점 줄어드는 숲의 나무 위에서 내려왔고 그 후 계속해서 사바나와 유사한 지형의 땅 위에서 살았다. 이 가설은 처음 제기된 이후로 계속 확장되고 정교해지

* 원숭이와 유인원을 제외한 영장류로 여우원숭이와 안경원숭이 등이 포함된다. 원숭이와 대형 유인원보다 더 원시적인 특징을 지니고 있다.

는 반면 그 근거에 대해 의혹이 제기되고 상대화되기도 했다. 하지만 이 이론의 기본적인 생각은 예나 다름없이 타당한 것으로 간주되고 있다.[30] 나무를 떠나 풀로 덮인 광야에서의 삶은 인류의 조상에게 새로운 도전과 위험을 가져왔다. 그러면서 동시에 새로운 생존의 기회와 식량 조달처도 생겨났다. 어떤 점에서는 수관樹冠의 미로 속 여건과 비교해 땅에서 사는 것이 더 유리한 점도 있었다. 그 결과 변화하는 환경에 더 잘 적응할 수 있도록 해부 구조, 신진대사, 행동 방식을 조절하는 유전자 변화가 선택적으로 선호되었다.

두 발로 걸으면서 손은 더 이상 이동에 필요하지 않았고 따라서 식량, 새끼, 유용한 대상물을 운반하는 데 사용될 수 있었다. 또한 섬세한 동작을 하는 능력도 발전될 수 있었다. 자유로운 손은 도구를 제작하고 불을 다룰 수도 있었다. 게다가 두 발로 걷는 것은 네 발로 걷는 것보다 효율적이었다. 두 발로 걷는 존재가 치타처럼 빠른 것은 전혀 아니지만 영양보다 더 오래 걸을 수 있고 거기다 무기까지 들 수 있다. 또한 그늘이 거의 없는 땅에서 직립보행은 체온의 과열을 막는 최고의 방법이었다. 햇볕에 노출되는 몸의 면적을 줄일 수 있었기 때문이다.

이처럼 매우 설득력 있는 주장에도 불구하고 여러 전문가는 사바나 가설에 의문을 제기했다. 무엇보다 그것은 여러 연구자가 '아르디'의 이동 방식을 해석하는 방식 때문이었다. 강력한 움켜쥐는 발을 가진 '아르디'가 실제로 나무 위에서 팔과 손의 도움을 받아 두 발로 서서 이 가지에서 저 가지로 걸을 수 있었다면 사바나 가설은 직립보행의 원인을 설명하는 이론으로 의미를 잃는 것처럼 보일 수 있다. 최소한 전문가들 중 일부는 그렇게 생각한다. 그러니 아르디피테쿠스 라미두스의 발견자 중 한 명인 팀 화이트가 사바나 이론의 가장 유명한 반대자인 것 그리고 그가 '아르디'의 골격에서 이족 보행의 시초를 찾는 것은 별로 놀라운 일이 아니다.

하지만 몸무게가 50킬로그램에 키가 1미터 20센티미터인 커다란 호미니드가 나뭇가지 위에 똑바로 서서 균형을 잡는 것은 그리 특별한 일이 아니다. 훨씬 더 오래전에 살았던 다누비우스 구겐모시, 즉 알고이에서 나온 우리의 '우도'도 그와 매우 유사한 이동 방식을 갖고 있었다. 그럼에도 다누비우스는 땅에서 긴 구간을 두 발로 계속 걷지는 못했을 것이다. 이런 점들을 고려하면 아르디피테쿠스가 움켜쥐는 발로 했던 직립보행이 걷는 발을 이용한 뚜렷한 이족 보행이 나타나기 바로 전 단계라는 시각은 논리상 결코 필연적인 귀결이라고 볼 수 없다. 트라칠로스의 600만 년이 넘은 걷는 발의 흔적도 이러한 시각을 반증한다. 이 흔적들은 '아르디'보다 거의 200만 년 앞서 있다. 이 흔적에 의하면 우리 인간을 특징짓는 걷는 발은 아르디피테쿠스보다 훨씬 더 전에 만들어졌다. 따라서 '아르디'의 특별한 역할은 사바나 가설의 타당성을 약화시키기에 충분치 않다. 내 생각에 아르디피테쿠스는 진화의 곁가지였고 이족 보행의 시작점에 있는 것은 아니다.

사바나 가설이 설득력 있는 또 다른 이유는 환경과 기후의 변화가 진화의 추동력으로 주목된다는 점 때문이다. 실제로 아프리카 선행인류 화석의 나이가 더 오래될수록 그리고 아프리카의 기후 역사가 더 정확히 재구성될수록 명확해진 사실은 직립보행하는 선행인류로 향한 발걸음이 내딛어지고 나서야 아프리카에서 사바나 기후가 광범위한 지역에 확산되었다는 것이다. 그럼에도 아프리카를 인류의 요람으로 고수하기 위해 몇몇 영향력 있는 고인류학자는 사바나 가설을 포기하고 처음에 대형 유인원의 적은 인구가 아프리카 열대의 주변부 지역에서 직립보행을 발달시켰을 것이라거나 직립보행은 나뭇가지 위에서 걸으면서 생겨난 것이라는 주장을 했다. 사바나 가설은 맞지만 우리 최초의 조상의 고향을 동아프리카로 위치짓는 것은 틀리다는 생각이 이들에게는 불가능해 보였다.

피케르미의 동물상의 나이가 740만 년에서 710만 년 사이이고 그래코피테쿠스는 약 720만 년 되었다는 점으로 볼 때 유럽과 중동 지방에서 사바나는 아프리카보다 훨씬 더 오래전에 퍼져 있었다. 아프리카에서 사바나가 형성된 것은 겨우 260만 년 전이었다. 인간 계통과 침팬지 계통의 분리가 아프리카가 아닌 유라시아에서 일어났다고 가정하면(그래코피테쿠스와 트라칠로스 화석은 바로 이 점을 증명해준다) 유전적으로 밝혀진, 700만 년 전에 일어났던 최종적 분지 시점이 사바나 지형이 형성된 시기와 불현듯 맞아떨어진다는 것을 깨닫게 된다(상세한 내용은 15장 참조).

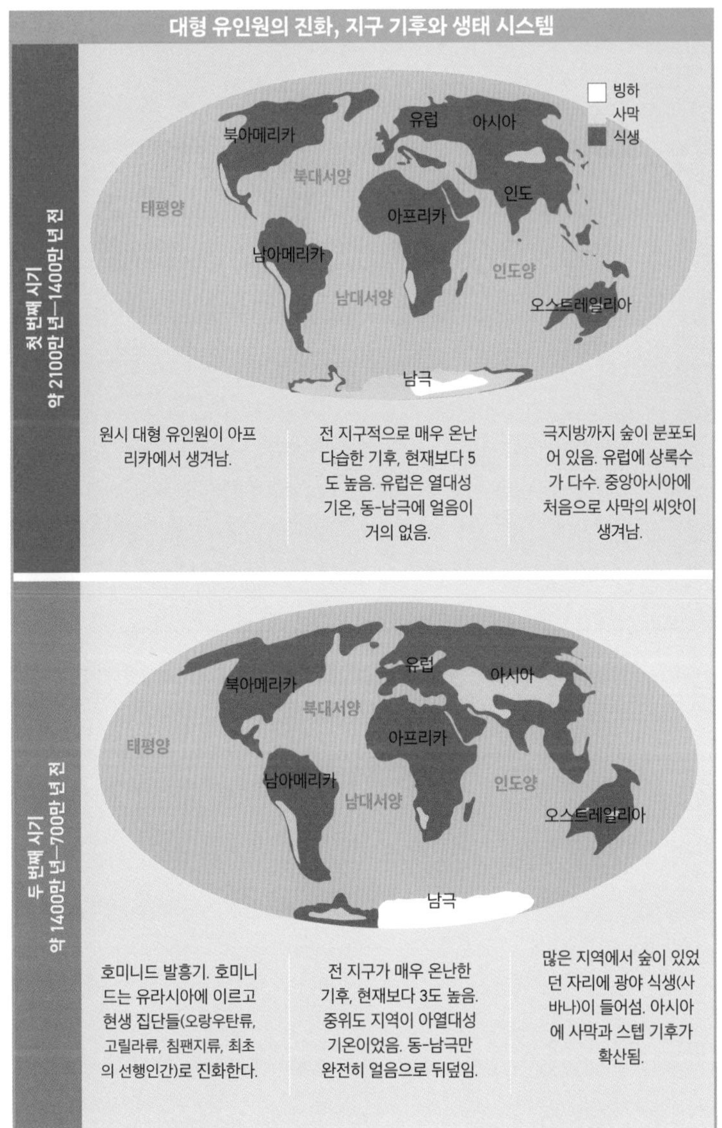
대형 유인원의 진화, 지구 기후와 생태 시스템
첫 번째 시기
약 2100만 년–1400만 년 전
빙하
사막
식생
북아메리카
유럽
아시아
북대서양
태평양
인도
아프리카
남아메리카
인도양
남대서양
오스트레일리아
남극
원시 대형 유인원이 아프리카에서 생겨남.
전 지구적으로 매우 온난 다습한 기후, 현재보다 5도 높음. 유럽은 열대성 기온, 동-남극에 얼음이 거의 없음.
극지방까지 숲이 분포되어 있음. 유럽에 상록수가 다수. 중앙아시아에 처음으로 사막의 씨앗이 생겨남.
두 번째 시기
약 1400만 년–700만 년 전
북아메리카
유럽
아시아
북대서양
태평양
아프리카
남아메리카
인도양
남대서양
오스트레일리아
남극
호미니드 발흥기. 호미니드는 유라시아에 이르고 현생 집단들(오랑우탄류, 고릴라류, 침팬지류, 최초의 선행인간)로 진화한다.
전 지구가 매우 온난한 기후, 현재보다 3도 높음. 중위도 지역이 아열대성 기온이었음. 동-남극만 완전히 얼음으로 뒤덮임.
많은 지역에서 숲이 있었던 자리에 광야 식생(사바나)이 들어섬. 아시아에 사막과 스텝 기후가 확산됨.

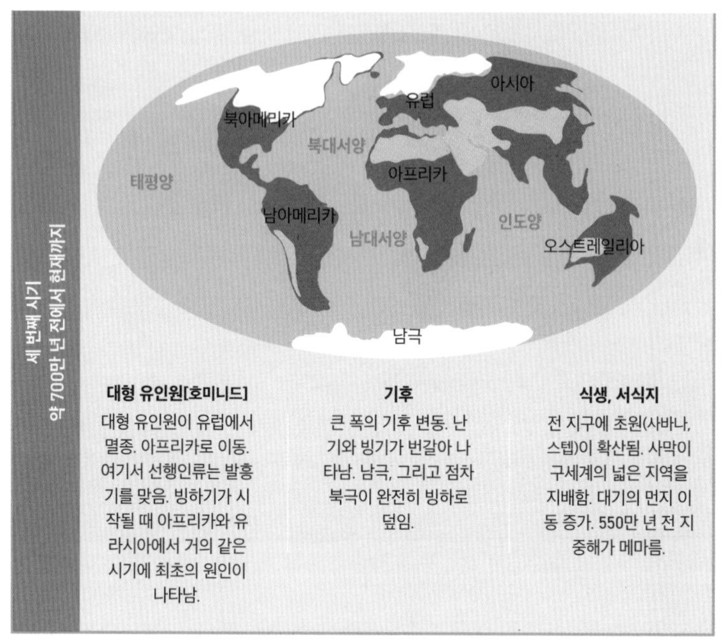

아프리카에서 기원?

유럽의 선행인류의 것으로 추측되는 화석이 유럽에서 사바나 지형이 형성된 시기와 맞아떨어진다는 것은 아프리카가 인류의 요람이라는 가정과 분명하게 모순된다. 인류의 진화 계통이 아프리카에서 생겨났고 인간은 그곳에서 전 세계로 퍼져나갔다는 생각에는 1980년 '아프리카 유래설Auf-of-Africa-Theorie'이라는 이름이 붙여졌다. 이 이름은 귄터 브로이어가 지은 것으로 그는 함부르크

대학에서 오랫동안 인류학 교수로 재직했다. 이 학자에게 이 이름을 짓도록 영감을 불어넣었던 것은 영화 「아웃 오브 아프리카」였다. 「아웃 오브 아프리카」는 카렌 블릭센의 원작 소설 이름이기도 하다.

현재 이 모델의 옹호자들은 시간상으로나 공간상으로나 독립된 두 개의 이동 경로를 생각한다. 먼저 아프리카 유래설 I 모델은 '엘 그래코' 후 거의 500만 년이 지나서야 원인이 확산되었다고 설명한다. 아프리카 유래설 II 모델은 더 나중에 현생인류인 호모 사피엔스가 확산된 것이라고 설명한다.

인간의 진화에 있어 어떤 생각을 선호하든 간에 분명한 점은, 호모속의 진화는 이 행성에서 약 270만 년 전에 시작된 빙하기의 극적인 기후변화와 밀접하게 연관되어 있다는 것이다. 거의 정확히 빙하기 시작 시기에 인류 진화에서 획기적인 발전이 일어났는데 호모속의 가장 오래된 화석들이 이 시기에서 나왔기 때문이다. 이 화석들은 최초의 원시적 원인의 잔해였다. 그런데 이들은 후대에 자신들의 유골만 남긴 것이 아니었다. 그들은 손으로 만든 도구들도 함께 남겼다.

이 최초의 원인들의 화석 나이는 260만 년에서 190만 년으로, 그중 아프리카에서 발견된 유골의 수는 현재로서는 매우 적은 양만 있다. 에티오피아, 케냐, 말라위에서 발견된 이 화석들[31]이 하나의 종에 속하는지 아니면 여러 종에 속하는지는 아직 완전히 밝혀지지 않았다.[32] 또 이 원인들과 오스트랄로피테쿠스와의 친척 관계에 대한 문제도 격한 학문적 논쟁의 대상이다.[33] 학계의 용어상의 혼란을 피하기 위해 고인류학자들은 종의 이름을 확정짓지 않고 단순하게 '초기 호모'라는 단어를 사용한다. 최초의 원인은 선행인류와 달리 타원형 대신 둥근 치아틀을 갖고 있고 특히 600~850세제곱센티미터의 훨씬 더 큰 뇌 용적을 갖고 있다. 이는 우리 뇌 크기의 약 절반에 해당된다. 훨씬 더 커진 뇌는 영양 섭취 방식이 변화되었음을 의미하며 이것은 가령 도구 제작에 필수적인 더 복잡한 인지과정을 위한 중요한 선결 조건이었음이 분명하다.

오늘날 생존하는 침팬지들이 그러하듯이 선행인류도 이미 도구를 이용할 수 있었는지 모른다. 하지만 호모속에 속한 존재들은 그들이 발견한 어떤 대상물을 그냥 갖다 쓴 것만이 아니라 목적의식을 가지고 아주 특정한 용도에 사용되는 도구를 제작했다. 이 도구들을 학계에서는 인공물이라 부른다. 이 돌을 다듬어 만든 석기는 초기 원인의 특별한 특징이며 이들의 제작 기술은 올도완 문화라고 불린다. 올두바이 협곡에서 메리 리키와 루이스 리키에 의해 처음 발견된 자갈 도구는 아주 단순하게 깎은 뾰족돌이었다. 이 종류의 석기 중 가장 오래된 것은 동아프리카에서 나왔고 나이는 260만 년이다. 즉 초기 원인의 최초의 유골 잔해와 시기상 잘 들어맞는다.

날로 정교해지는 시대 측정법으로 인해 현재는 빙하기 시작 시기에 일어났던 사건들에 대해 점점 더 정확한 그림을 그릴 수 있다. 그럼에도 불구하고 많은 질문이 해결되지 않은 채 남아 있을 수밖에 없는데 원시적 도구들을 식별해내는 것 자체가 간단하지 않기 때문이다. 이것들은 자연적으로 생긴 도구와 유사하게 생긴 대상물로부터 구별하기가 거의 불가능하다. 예를 들어 산의 시냇물 바닥에 있는 자갈들은 서로 부딪치는데 어떤 쪼개진 파편들은 올도완 석기하고 놀랍도록 비슷해 보인다. 이런 경우 지질학적 출처와 화석화된 대상물의 공간적 관계를 정확히 분석해야만 이 도구가 인간에 의해 제작된 것임을 증명할 수 있다.

수십 년간 아프리카 유래설 I 모델을 의심하는 사람은 거의 없었다. 이 모델에 따르면 도구를 생산하는 호모속의 원인들이 200만 년도 더 전에 동아프리카에서 생겨났고 호모 에렉투스로서, 즉 똑바로 일어선 인간으로서 100만 년도 훨씬 더 후에 유라시아를 정복했다. 하지만 동아프리카 외의 지역에서 나온, 지중해권 지역[34]과 아시아에서 발견된 새로운 도구들은 아프리카 유래설 I 시나리오의 저간을 흔들어놓고 만다.

아시아에서 나온 반박할 수 없는 흔적들

도구 문명이 오직 아프리카에서만 발견된다는 생각에 의문을 제기한 것은 무엇보다 인도에서 발견된 놀라운 발굴물이었다. 2016년 동료 학자들은 펀자브주 마솔 지방에서 지금까지 아시아에서 나온 것으로는 가장 오래된 손으로 만든 도구를 발견했다.[35] 이들은 조사를 거쳐 이 도구들이 260만 년 전에 사용되었다고 결론 내렸다. 이것이 사실이라면 아시아에서 가장 오래된 이 원인이 사용했던 도구는 최소한 아프리카에서 나온 가장 오래된 올도완 유적만큼이나 유래가 깊은 것이 된다. 이 소식은 국제 학계를 혼란스럽게 만들었다. 많은 동료가 여기에 전혀 반응하지 않거나 매우 소극적인 반응만 보였다. 하지만 프랑스와 인도 학자들에 의해 발견된 이 증거물들은 훌륭했다. 이들은 인도의 저 산간 지방 협곡에서 약 250점의 도구와 아주 많은 양의 화석화된 뼈를 발견했던 것이다. 그 뼈들은 누군가 도구로 가공한 듯한 형태를 띠고 있었다. 하지만 이 화석들은 일단 퇴적층에서 발견된 것이 아니었기 때문에 연구자들은 계속해서 발굴을 진행했다. 결과는 성공적이었다. 연구자들은 연대 측정이 쉬운 퇴적층 속에서 더 많은 뼈와 도구를 발견할 수 있었기 때문이다.

계속해서 아프리카 유래설 I 모델의 기반을 흔들어놓는 또 다른 연구 결과가 중국에서 나왔다. 다년간 중국에서는 200만 년이 훨씬 넘는 인간 주거지가 있었다는 단서가 점점 늘어나고 있었다. 가장 연구가 잘된 중국의 발굴지는 쓰촨성에 위치한 2000미터 고도 카르스트 지형 산맥에 있는 룽구포 동굴龙骨坡遗址이다. 이 동굴은 물살이 거센 양쯔강의 가파른 협곡에서 750미터 위로 올라간 곳, 울창한 산림 속에 있다. 중국과 프랑스 학자들은 20미터 되는 두터운 동굴 퇴적층 가운데 12미터를 파냈고 그곳의 풍부한 동물상으로부터 수천 점의 화석을 발견했다. 이 동물상에는 대왕판다, 코끼리 비슷하게 생긴 스테고돈, 마카이로두스도 있었다. 학자들은 총 27개의 지층에서 1미터마다 손으로 제작한 석기를 찾아냈다. 이렇게 극도의 주의를 기울이며 이제껏 1000점이 넘는 도구가 발굴되었다. 이 도구들은 단순한 자갈석기와 올도완 유형의 타제석기였다.[36] 지금까지 도구가 발견된 지층 가운데 가장 오래되고 가장 깊은 지층의 연대를 측정하니 나이가 248만 년이라는 결과가 나왔다. 동굴 퇴적층의 나머지 아래 8미터는 아직 발굴 작업에 들어가지 못하고 있다.

학자들은 동굴 퇴적층에서 대형 유인원의 주목할 만한 잔해도 발굴했다. 오랑우탄과 친척관계에 있는 2미터가 넘는 거대한 한 존재가 남긴 이빨들이 한 줌 발견되었고[37] 또 인간의 것과 비슷한 치아, 즉 두 개의 어금니가 달린 하악골 일부와 상악골의 앞니 한 개가 발견되었다. 중국 학자들은 이 두 점의 화석을 당시 새롭게 등재된 우산 원인으로도 알려진 호모 우산넨시스*Homo wushanensis*에 속하는 것으로 분류했다.

미국의 인류학자들도 1995년 이 연구 대상물을 연구할 기회를 얻었다.[38] 이들은 우산 원인이 인간속 아래 단계의 초기 호모라는 결론에 이르렀고 중국 동료들이 내린 결론을 대부분 인정했다.

이 발견은 기존의 아프리카 유래설 I 이론의 입지를 다시 한번 위태롭게 했다. 이 이론에 따르면 아프리카 땅을 떠난 것은 원시적 초기 호모일 수 없고 상당히 진화한 원인이었기 때문이다. 또한 이로써 호모속의 형성에서 아프리카가 지니고 있던 시간상 먼저라는 지위가 일시에 무너져버렸다. 왜냐하면 아시아에서 발견된 유적은 260만 년에서 248만 년으로 사실 아프리카 유적의 나이와 거의

같았기 때문이다. 그런데 2009년 미국 학자들 중 한 명이 느닷없이 14년 전에 내렸던 결론을 철회하는 일이 벌어진다. 그는 『네이처』에 기고한 한 에세이에서 오류를 저질렀다고 고백한다.[39] 학문적 희소가치에 눈이 어두워 저지른 오류라는 것이다. 그는 호모 우산넨시스를 '미스터리한 아시아 진원류'라고 칭했다. 그러면서 그는 그때 발견되었던 도구들에 대해서는 전혀 언급하지 않았다. 그가 의견 철회에 대한 중요한 근거로 들었던 것은 치아의 원시적 형태였다.

우산 원인의 치아는 실제로 비교적 작은 크기였다. 이 치아들은 키가 고작 1미터인 알고이의 '우도'의 것과 같은 크기였고 치근의 형태는 심지어 발칸의 '엘 그래코'보다 약간 더 원시적이기까지 했다. 하지만 얼마 전에 발견된 필리핀의 호모 루소넨시스*Homo luzonensis*(이에 대해서는 19장에서 자세히 설명할 것이다)도 이와 비슷하게 원시적 치근에 작은 크기의 치아를 갖고 있었다. 게다가 이러한 치아의 특징은 1995년에 이미 알려졌던 바이고 이 특징들은 선행인류와 가장 오래된 원인으로 용인 가능한 변수 내에 있었다. 또 그 시기에 중국에서는 발굴 작업을 통해 우산 원인의 존재를 뒷받침해주는 '물샐틈없이' 확실한 많은 증거물이 발견되었다. 그렇다면 어째서 이처럼 극적인 철회 사건이 있어야 한단 말인가? 아프리카 유래설은 위기에 처해서는 안 된단 말인가?

숨이 멎도록 아름다운 양쯔강의 호도협虎跳峡.

1995년에서 2009년 사이에 밝혀진 고인류학의 발견들은 기존에 알려졌던 이론에서 벗어나는 것이었기에 동료들은 불안을 느꼈을 수 있다. 특히 현대적 연대 측정 방법으로 인해 아시아의 가장 오래된 원인의 나이가 여러 번 수정되어야 했고 그때마다 나이는 더 먼 과거로 거슬러 올라갔다.

그 후 2004년 인도네시아의 플로레스섬에서도 매우 원시적 특징을 가진 키 작은 원인이 발견된다. 그의 이름은 호모 플로레시엔시스*Homo floresiensis*로 '호빗'이라고도 불린다. 이 원인은 인류 진화에 있어 아프리카가 중심이라는 생각에 반하는 또 다른 근거를 제공했다. 그는 그 전의 잘 알려진 아시아 원인 호모 에렉투스보다 더 원시적인 형태를 띠었기 때문이다. 호모 에렉투스는 기존 이론에 의하면 호모로서는 처음으로 아프리카를 떠났다고 간주되는 종이다.

산산이 부서진 패러다임

현재 동아프리카, 지중해 지역, 아시아에 존재했던 가장 오래된 원인 및 도구 문명들은 시간상 커다란 차이가 없다. 아프리카와 유라시아에서 증거물은 모두 260만 년 전 빙하기 시작 시기로 거슬러 올라간다. 다시 말해 아프리카 유래설 I 패러다임은 더 이상 유지될 수 없다.

이것이 의미하는 바는 유라시아의 원인 호모 에렉투스가 동아프리카 종인 호모 에르가스테르에서 나왔다고 하는 통념을 다시 검토해봐야 한다는 뜻이다. 오늘날 밝혀진 바로는 오히려 몸의 골격에서 매우 비슷한 두 종은 동시대에 살았다. '투르카나 소년'이라 불리는 아프리카 원인 호모 에르가스테르 유골 중 보존 상태가 매우 좋은 유골의 나이는 155만 년 전으로 측정되고 그 밖에 보존 상태가 좋지 않은 다른 유골 파편들을 조사해보면 이 인간 종이 투르카나 호수 지역에서 그보다 앞선 170만 년 전에 살았다는 결론을 내릴 수 있다. 기존의 잘 알려진 아시아의 원인인 인도네시아 자바섬에서 나온 호모 에렉투스는 나이가 160만 년에서 150만 년 사이로 측정된다.[40] 학자들은 중국에서 나온 호모 에렉투스의 이빨의 나이를 무려 170만 년으로 보았고[41] 마찬가지로 중국에서 나온 직립보행하는 인간의 두개골 나이는 163만 년으로 계산했다.[42]

또한 이 두 원인 종의 해부 구조로 봤을 때 이 둘을 진화 관계로 볼 설득력 있는 추론은 존재하지 않는다. 이들이 사용했던 도구에 대해서도 마찬가지다. 단순한 올도완 석기를 가지고 있었던 아주 초기의 호모 종들과 달리 이 두 종은 훨씬 더 섬세하게 제작된 도구를 이용했다. 더 공들여 제작된 다양한 주먹도끼가 있었던 이들의 도구 문명은 아슐리안 문화라고 불린다.

학자들은 이러한 주먹도끼 중 가장 오래된 것을 아프리카 투르카나 호수에서 발견했는데 이것은 나이가 176만 년 되었다.[43] 당시 아시아의 호모 에렉투스 발굴지에서는 주먹도끼가 발견되지 않았다. 하지만 연구자들은 아조프해와 흑해 사이의 타만반도에서 올도완으로부터 아슐리안 문화로 이행하는 문화를 발견했다. 이 문화는 160만 년 전으로 거슬러 올라간다.[44] 전통적인 아프리카 유래설 I 모델은 초기 호모와 유라시아 및 아프리카에서 발견된 기존의 우리에게 잘 알려진 원인이 동시에 출현했다는 사실을 설명할 수

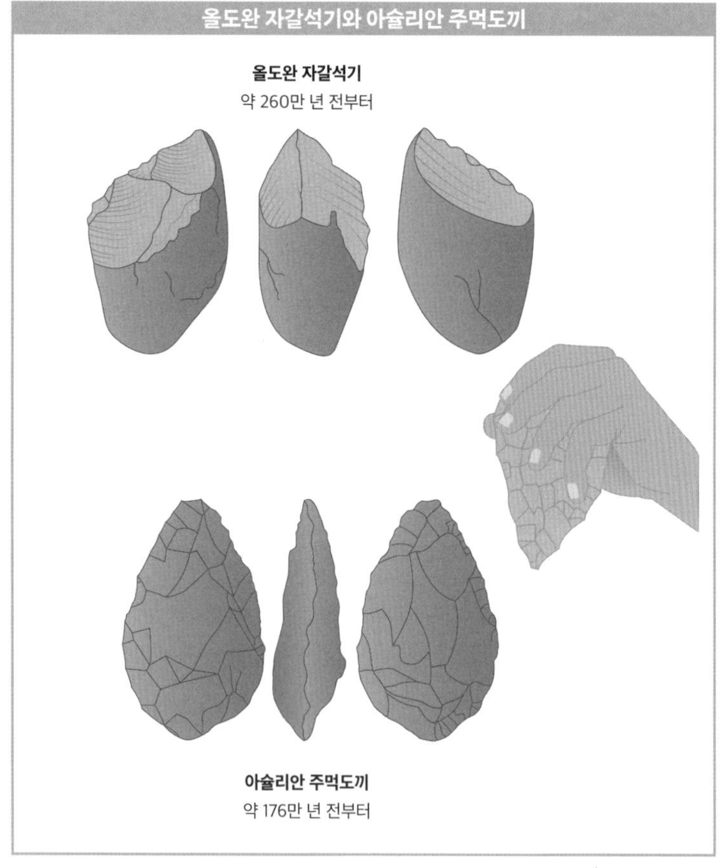

없다. 인류의 기원을 한 나라, 한 지역 또는 하나의 대륙으로만 특정 지으려는 시도는 실패한 것일 수 있다는 얘기다. 아프리카는 분명 인류의 유일한 요람이 아니며 아시아와 유럽 또한 인류 진화에서 커다란 역할을 했다. 따라서 고인류학에는 최신의 수집된 정보들을 의미 있게 구성해줄 새로운 가설이 시급하다.

새로운 설명의 시작점은 프란츠 바이덴라이히의 다지역 기원 모델에 근거해야 할지도 모른다. 그는 1943년에 이미 다음과 같이 생각해볼 만한 말을 남겼다. '인간의 진화는 하나의 특정한 지리적 중심지에 국한되는 것이 아니라 매우 넓은 지역에서 일어났다. 그것은 어쩌면 구세계 전체에서 일어났을 수도 있다.'

앞서 설명했듯이 화석화된 종이 생겨난 지리적 장소를 특정 짓기는 힘들다. 가장 큰 이유는 많은 종이 알려지지 않은 넓은 영토에서 살았기 때문이고 또 종의 형성 과정은 매우 드문 경우에서만 직접 연구될 수 있기 때문이다. 대부분의 화석화된 포유류 종들은 그들이 발견된 지역에서 태어난 토종이 아니라 다른 곳에서 이주해온 것으로 나타난다. 이것은 화석 발견 장소와 발굴 작업을 통해 나오는 정보가 대부분 시간상으로나 공간상으로나 서로 연결되지 않기 때문이다. 이에 관한 하나의 전체적인 그림이 그려지려면 개별 정보가 아주 많이 모아져야 한다.

4부

진화의 동력, 기후변화

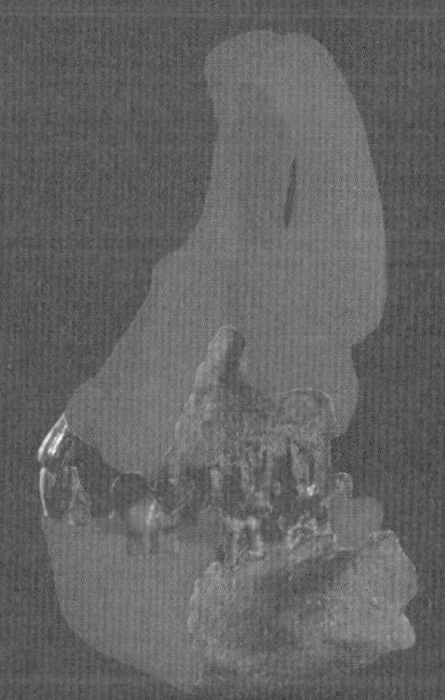

14장

뼈만 중요한 것이 아니다: 진화를 이해하기 위한 열쇠, 환경의 재구성

인간 진화의 연구는 위대한 발굴과 황홀한 발견의 역사다. 여기서 관심을 차지하는 것은 거의 늘 주목을 끄는 화석들이다. 이를테면 우리에게 말 그대로 조상의 얼굴을 보는 듯한 느낌을 주는, 고대적 색채를 간직한 유골처럼 말이다. 대개 연구자들도 특히 호미니드 화석을 직접 발견해서 조사하는 것에 초점을 맞춘다. 이해할 만한 일이긴 하다. 우리는 이런 화석을 통해서만 우리 조상의 해부 구조가 시간과 더불어 어떻게 변화했는지 알 수 있으니까. 이 화석만이 현대 고인류학에서 가장 중요한 정보원 중 하나인 오래된 게놈을 담고 있으니까.[1]

하지만 진화 과정을 정말로 이해하기 위해서는 화석을 훨씬 뛰어넘는 흔적들을 찾을 필요가 있다. 치아와 뼈는 멀고 먼 과거의 퍼즐 한 조각에 불과하다. 고생물학자와 고인류학자들은 도대체 어떻게 연구 결과를 얻는 것일까? 어떤 방법으로 이들은 얼마 안 되는 대부분 빈틈투성이의 발견물을 가지고 우리 조상들의 세계를 재구성해낼 수 있는 것일까? 연구의 중심에 있는 것은 늘 철저한 나이 규정이다. 정확한 연대 추정 없이는 아무것도 아니다! 하지만 왜 하필 나이 규정에 그렇게 많은 함정이 도사리고 있는지는 다음의 인상적인 예를 보면 수긍이 갈 것이다.

저 '루시'가 살았던 지질 시대인 플리오세 시대에 2000년이라는 기간에 여섯 번의 결정적인 사건이 일어났다고 가정해보자. 소행성 하나가 지구와 충돌했고 큰 화산 폭발이 일어났고 거대한 사막이 형성됐고 우리 조상의 수는 급격히 줄어들었고 남아 있는 선행 인류는 새로운 생활 공간을 찾아야 했고 많은 수의 대형 포유류 종은 멸종했다고. 우리가 이러한 사건들을 약 100년 단위까지 정확히 연대 측정할 수 있다고 하더라도(현실은 이와 전혀 다르지만) 이 사건들은 동시간대에 일어난 듯 보일 것이다. 이럴 때 인과적 연쇄고리, 즉 원시 시대의 지구의 재난 사건들을 재구성하는 일을 맡는 것은 '학문적 상상력'일 것이다. 학문적 상상력을 발휘하자면 역사는 다시 다음과 같이 구성될 수 있다. 소행성의 충돌이 있었고 이로 인해 거대한 화산 폭발이 일어났다. 그 결과 전 세계적으로 급격한 기후변동이 일어났다. 이는 많은 지역에서 생활 조건을 악화시키는 결과를 가져왔고 수많은 동물 종이 멸종했다. 우리의 초기 조상들도 생존을 위해 분투했다. 이들이 원래 살았던 생활 공간에는 사막이 확산되었고 이들 중 다수가 환경 위기의 희생자가 되었다. 하지만 생존한 이들은 계속 이동했고 새로운 지역에 성공적으로 안착했다. 이 시나리오는 설득력을 가질 수 있는 듯 보인다.

하지만 나이 규정에 대한 우리의 기술은 플리오세 시기에서 수백 년의 시간 차이를 구분하기에는 충분히 정확하지 않기 때문에 이 사건들이 서로 전혀 연관되지 않았을 가능성도 똑같이 존재한다. 이를 증명해주는 것이 현재로부터 2000년 전이라는 동일한 기간을 어떻게 보느냐 하는 시각 차이다. 이 기간에 실제로 6개의 비슷한, 하지만 서로 독립적인 사건이 일어났다. 1908년 6월 시베리아에 퉁구스카 행성이 떨어졌다. 인도네시아의 탐보라 화산 폭발이 일어난 후 1816년에 유럽인들은 '여름 없는 1년'을 겪으며 처참한 흉년을 맞았고 많은 사람이 굶주림에 직면해 북아메리카로 이민을 떠나야 했다. 14세기에는 유럽 인구의 약 3분의 1이 흑사병에 희생되었다. 9세기에는 유럽에서 사자가 멸종했고 1627년에는 오록스가, 1936년에는 태즈메이니아 주머니늑대[2]가 멸종했다. 4세기에서 6세기까지 중앙아시아의 모든 부족이 민족 이동을 시작해 유럽으로 이주했으며 마지막으로 약 2000년 전 북아프리카에서의 장기간의 고갈 현상 이후 오늘날의 형태를 띤 사하라 사막이 형성되었다.

이 모든 사건은 정확히 날짜를 추정할 수 있으며 심지어 대부분 문자 기록으로 증명이 가능하다. 하지만 이들 사이에 인과관계는 성립되지 않는다.

그렇다면 수백만 년 전에 있었던 진화 역사의 국면들은 어떨까? 더 먼 과거일수록 시간적 명료함이 불분명해지기 때문에 책임질 만한 어떤 판단도 내릴 수 없는 것일까? 아니다, 내릴 수 있다. 오늘날 우리는 먼 과거일지라도 나이와 환경 조건을 재구성할 수 있는 다양한 방법을 가지고 있고 또 중요한 사건들이 위에서 든 예에서처럼 항상 가깝게 붙어서 일어난 것은 아니기 때문이다. 특히 자연재해 때문에 생긴 것이 아닌 기후변화들은 흔히 오랜 시간에 걸쳐 일어난다. 학자들은 어떤 방법으로 인간 진화의 시기, 방법, 이유를 알아내는 데 성공한 것일까?

잘 고안된 연대 측정법

가장 중요한 시간 측정 방법으로 꼽히는 것에 일명 방사능 연대 측정법이 있는데 이 방법들 중 가장 잘 아려진 것이 방사선 탄소 연대 측정법이다.[3] 이 방법은 화석 또는 암석에 있는, 'C'라는 기호로 표시되는 화학 원소인 탄소를 분석하는 것을 기본으로 한다. 탄소의 원자핵은 보통 6개의 양성자와 6개의 중성자로 구성되어 있다. 그래서 이를 C_{12}라고 한다. 하지만 지구의 대기에는 6개가 아닌 8개의 중성자를 가진 탄소의 이형(동위원소), 즉 C_{14}도 존재한다. 이 탄소 형태는 대기 중의 우주 방사선으로 인해 지속적으로 새로 만들어진다. 하지만 약한 방사성 원소인 C_{14}는 불안정하기 때문에 일정한 비율로 원래 구성 성분으로 분해된다. 식물은 살아 있는 기간에 광합성을 하면서 공기 중의 이산화탄소에서 정기적으로 C_{14}를 흡수해 C_{12}와 함께 식물 조직에 저장한다. 그래서 식물과 이 식물을 섭취한 동물 안에는 C_{14}와 C_{12}의 비율이 일정하게 유지된 채 존재한다. 하지만 유기체가 죽은 후 일종의 핵 시계가 돌아가기 시작한다. 이때 C_{14}만이 더 이상 '보충'되지 않기 때문에 C_{14}의 비율은 방사능 붕괴를 통해 계속 감소한다. 이 감소과정은 100퍼센트 균일하게 진행되므로 시간으로 환산될 수 있고 나이 규정을 위해 이용될 수도 있다.

하지만 방사선 탄소 연대 측정법은 한 가지 결점을 가지고 있다. C_{14}는 비교적 빨리 분해되기 때문에 화석 안의 이 동위원소의 비율은 5730년마다 반씩 줄어든다. 그래서 5만 년 후에는 아주 소량만 남아 정확한 연대 측정에는 충분치 않게 된다.

이런 이유로 더 먼 과거를 조사하고 싶은 고생물학자들은 다른 방사능 측정법을 함께 사용한다. 우라늄에서 토륨으로 붕괴되는 과정을 통해 가령 화석과 암석은 50만 년까지도 나이를 정확히 추정할 수 있다. 또한 더 긴 반감기를 가진 우라늄도 있다고 한다. 다른 방법, 예를 들어 우라늄-납 연대 측정 또는 칼륨-아르곤 방법을 이용하면 훨씬 더 먼 과거도 측정할 수 있다. 그렇다고 방사능 측정이 항상 가능한 것은 아니다.

유물이나 유물이 박혀 있는 암석이 가령 필요한 원소를 포함하고 있지 않으면 다른 방법을 써야 한다. 그런 방법에는 이미 언급했던 암석의 자기적 성질을 분석하는 자기층위학 같은 것이 있다. 이 방법에서는 아주 작은 자기를 띤 암석 파편의 방향을 측정한다. 이 파편에는 '화석화된 나침반'처럼 암석이 생성되던 시기의 지구 자기장의 방향이 저장되어 있다. 지구 자기장은 수백만 년이 지나는 동안 항상 변해왔고 심지어 여러 번 방향이 완전히 뒤집힌 적이 있기 때문에 이 방법은 암석과 그 속에 포함된 화석의 나이에 대해 정확한 시간대를 제공해줄 수 있다. 우리는 그래코피테쿠스의 연대를 측정할 때 다른 방법들과 함께 이 자기층위학 방법도 사용했다.

또 다른 방법으로는 정확한 간격으로 순환하는 주기를 이용하는 것이 있다. 그것은 낮-밤 또는 여름-겨울 주기일 수도 있고 태양복사 에너지의 변화일 수도 있다. 태양복사 에너지는 태양계의 인력 때문에 지구 위 모든 지점에서 주기적으로 서로 달라진다. 이 주기의 길이는 저위도와 중위도에서 2만 년, 극지방에 가까운 고위도에서는 이것의 두 배다. 태양복사 에너지는 기후에 영향을 미치는 중요한 동력이기 때문에 자연적 기후의 변화 또한 곧잘 주기성을 띤다. 이러한 자연적 기후 변동은 암석의 특성 속에 반영되어 기록된다. 예를 들어 따뜻한 기후에서는 추운 조건에서와는 다른 퇴적층이 쌓인다. 이 때문에 암석의 나이를 규정하기 위해 기후에 따라 변화되는 암석의 성질이 이용될 수 있다.

요약하자면 우리는 현재 매우 다양한 연대 측정법을 이용할 수 있다. 이 방법들은 올바르게 사용되면 나이 규정의 변동 폭을 1퍼센트 미만으로 줄여준다. 100만 년 전의 사건을 1만 년 단위까지 정확히 측정할 수 있다는 뜻이다. 달리 말해 어제 있었던 일을 15분 단위로 정확히 재구성할 수 있다.

대형 사건들의 아주 작은 흔적들

하지만 화석을 진화사적으로 분류하기 위해서는 유물의 정확한 연대 측정만으로는 충분치 않다. 이와 함께 똑같이 중요시되는 것은 암석에 담긴 다른 유기체적·비유기체적 흔적들을 가지고 당시의 환경을 재구성해내는 일이다. 물론 화석 자체가 특별히 크고 눈에 띄는 유기체 잔해물이기도 하다. 하지만 암석에는 이것들 외에도 다른 수많은 정보원이 있는데 이런 정보원들은 연구에서 소홀히 다뤄지기 십상이다. 하지만 극소 화석들이 커다란 뼈들보다 과거에 대해 더 많은 것을 말해주는 일은 드물지 않다. 예를 들어 단세포 조류藻類의 잔해는 과거 시대의 수질에 대한 정보를 전해주며 아주 작은 동물성 플랑크톤 유기체의 석회 뼈대에는 원시 해양의 온도, 소금 함량, 조류의 방향이 기록되어 있다. 현재는 암석에 있는 몇몇 유기체 분자조차 그 흔적을 찾아낼 수 있다. 이 흔적들이 지구상에 유일하게 남아 있는 가장 최초의 생명 형태의 흔적일 때도 곧잘 있다. 또 다른 뛰어난 정보원은 화석화된 식물의 꽃가루다. 꽃가루를 통해 개개 식물의 종류를 확인할 수 있을 뿐만 아니라 당시 생태 시스템의 전체 식생을 재구성할 수 있다.

민감한 유기적 꽃가루가 퇴적층 속에 보존되어 있지 않다면 우리에겐 아직 작은 석영 파편 조각이 남아 있다. 이 조각은 분석을 위해 현미경을 사용해 볼 수 있다. 대부분의 식물 세포 안에는 이 파편 조각이 들어 있는데 이를 식물석Phytolith이라고 한다. 식물석은 꽃가루보다 내구성이 더 강해서 오랜 시간을 더 잘 견딘다. 불에 탄 식물의 구성 성분도 많은 정보를 전해줄 수 있다. 아주 작은 목탄 조각이라 하더라도 예컨대 수백만 년 전 이 지역이 얼마나 자주 화재로 쑥대밭이 되었고 당시 어떤 식물들이 화염에 희생되었는지를 알아낼 수 있다.

마찬가지로 원시 시대 인간이 만든 도구나 용기들에 달라붙은 유기적 잔해물도 신빙성 있는 정보를 줄 수 있다. 우리는 이로부터 우리 조상들이 석기를 가지고 곡식을 갈았는지 고기를 가공했는지, 또는 토기에 피, 우유, 꿀, 포도주, 심지어 치즈를 보관했는지 여부를 알아낼 수 있다. 이를 아는 데는 대부분 작은 토기 파편이면 족하다.

암석의 비유기적 구성 성분들을 조사하면 과거로 향하는 또 다른 문이 열린다. 개개의 암석 조각의 크기, 형태, 층위는 예를 들어 퇴적층이 바다에서 형성된 것인지 아니면 호수에서 형성된 것인지, 바람이 퇴적물을 사막에서 실어가지고 온 것인지 아니면 퇴적층이 울창한 숲이 자라는 땅에서 형성된 것인지, 물살이 거센 계곡물에 닦인 것인지 아니면 천천히 흐르는 강에 의한 것인지를 보여준다. 미세한 먼지 알갱이조차 현미경 아래서는 표면에 난 특수한 긁힘 자국으로 인해 폭풍이 이 먼지 알갱이를 날려버렸는지 여부가 밝혀진다. 이에 대해서는 그래코피테쿠스의 생활세계를 다루는 다음 장에서 더 자세히 밝혀질 것이다.

암석의 광물성 부분의 화학적 조합 또한 원시 세계에 대한 귀중한 정보를 전달해준다. 예를 들어 축축한 땅에는 박테리아의 신진대사로 인해 미세한 자력을 띤 산화철 파편이 축적되어 있을 수 있다. 이것은 자력계로 측정되며 그 당시 강우의 집중도에 대한 정보를 제공한다. 또 방해석 광물에서 다양한 산소 동위원소들의 관계를 조사하면 아주 오래전 지질 시대의 땅의 온도와 빗물의 화학적 조합을 읽어낼 수 있다. 그 속에는 그 광물이 당시 자리 잡고 있었던 지대의 높이에 대한 정보까지 저장되어 있다.

이 모든 방법은 오늘날 우리가 학문적 발굴을 진행하는 방식을 전폭적으로 바꾸어놓았다. 이제 유물의 연관관계, 즉 화석을 지질학적 맥락 속에 위치시키는 작업은 매우 중요한 의미를 띠면서 정확히 기록되어야 하는 대상이 되었다. 그런 까닭에 화석을 땅속에서 떼어내기 전에 그것의 위치를 태키미터 측량기[4*]로 측정한다. 또한 우리는 많은 암석 표본을 채집해 유물의 위아래 층위관계에 대해서 정확히 조사한다. 화석이 원래 위치, 즉 발견 위치에 있을 때의 상태를 사진으로 찍어야 하는 것은 물론이다. 깨지기 쉬운 유물들은 땅속에 있는 채로 석고를 씌워 연구실로 갖고 온 후에야 조심스럽게 그 보호막을 걷어내곤 한다. 레이저 스캔과 같은 새로운 방법 덕분에 크레타섬의 발자국처럼 컴퓨터를 이용해 발견 위치를 시뮬레이션할 수도 있다. 발굴에서의 모든 세세한 부분, 모든 관찰이 훗날 중요한 정보가 될 수 있다. 기록되지 않은 것은 영영 소실

* 거리 및 높낮이 측정기.

된다. 발굴될 때 유물과 발굴 장소의 연관관계는 어쩔 수 없이 손상되기 때문이다. 진지한 발굴 작업은 대부분의 경우 신나는 화석 사냥 모험과는 거리가 멀다.

모든 디테일이 중요하다

현대적 발굴 기술을 사용한다는 점에서는 멸종된 생물을 연구하는 학자인 고생물학자들이 인간의 문화유산을 연구하는 고고학자들로부터 배울 것이 많다. 고고학적인 발굴은 대개 훨씬 더 조심스럽게 진행되기 때문이다. 박물관과 연구소의 수많은 화석 수집물은 우리 조상과 우리 친척들이 남긴 것이라고는 이빨뿐이고 그저 가끔가다 하악골을 남겼다는 인상을 준다. 이것은 이빨이 단단한 치아 법랑질 때문에 그보다는 덜 단단한 뼈보다 내구성이 훨씬 더 강하고 따라서 오랜 시간 더 잘 견딜 수 있기 때문이다. 내가 추측하기로 우리가 알고 있는 약 100종의 화석화된 인간과 대형 유인원 중 몸체의 유골이 여태 존재하는 것은 전체의 4분의 1 정도다.

하지만 내 경험에 의하면 많은 경우 이러한 빈틈은 잘못된 현장 작업에서 비롯된다. 내가 보기엔 고생물학에서의 현재 발굴 상황은 '슐리만식 수법'[5]으로 보물을 찾던 19세기 고고학자들의 수준과 비슷하다. 이 때문에 고생물학자들을 가리켜 영어에서는 아직도 화석 사냥꾼이라는 단어가 사용된다. 그리고 실제로 사냥꾼이 자신의 사냥감을 주관적으로 정하듯이(예를 들어 사슴 중에서 뿔이 여섯 개인 사슴만 고른다든지), 화석 사냥꾼들도 대상물을 정하고 결국 자신이 찾는 것만 발견하며 다른 것은 전혀 찾으려고 하지 않는다.

이런 방식에서는 사냥의 노획물만 중요할 뿐이다. 그리고 여기서는 사냥의 대상물도 각기 아주 다른 가치를 지닌다. 치아 한 점은 뼈 한 점보다 더 많이 우대받고, 원숭이 화석은 말 화석보다 더 중요하며 포유류는 물고기나 식물보다 더 소중하다. 암석이나 퇴적층은 목록의 가장 밑에 있다. 이런 주관적 선택은 이후의 분석을 불가능하게 만든다. 또한 이것은 몸체의 유골 가운데 중요한 뼈들이 발견되는 것을 막는다. 알고이의 우리 원숭이 '우도'의 경우 우리는 정강이뼈, 자뼈, 척추뼈뿐만 아니라 무릎뼈, 손목뼈, 손가락 관절을 발굴했다. 보통은 발굴에서 나온 이런 작은 뼈나 뼛조각들은 즉시 분류가 불가능하다. 연구실에서 대상물을 깨끗이 청소하고 정확한 해부학적 조사를 거친 후에야 이 작은 손목뼈가 사슴의 것인지 원숭이의 것인지, 또 무릎 연골과 손가락 관절이 맹수의 것인지 그렇지 않은지 말할 수 있다. '우도'의 커다란 자뼈와 정강이뼈도 실험실에 가지고 가서야 그것이 무엇인지 알아낼 수 있었다.

우리가 쇠망치대장간 발굴지에서 발견한 것에는 갓 태어난 아기 코끼리의 엉덩이뼈도 있었다. 그것은 그런 부류로는 세계 최초의 것이었다. 그 화석은 손바닥만 했고 발굴할 때 우리는 그것을 거북이 등껍데기의 일부이리라 생각했다. 그럼에도 우리는 그 깨지기 쉬운 뼈를 조심스럽게 파냈다. 이후 그 뼈는 코끼리의 다른 해골 부분들과 함께 이 종의 귀중한 생물학적 정보를 전해주었고,

나아가 사망 원인에 대한 단서도 제공해주었다.

이런 이유에서 나는 화석을 찾기 위한 학문적 발굴에서는 몇 가지 핵심 원칙이 중요하다고 생각한다. 가장 중요한 것은 두말할 필요 없이 화석에는 좋은 화석도 나쁜 화석도 없다는 것이다. 모든 화석은 발굴하고 기록할 때 온갖 주의를 기울여야 한다. 이에 더해 나중을 위해 발굴 현장을 관찰하는 것이 중요할 수 있고 기록까지 해두는 것이 좋다. 집중 발굴 조사는 사냥은 물론이고 광범위하지만 덜 집중적인 조사보다 항상 더 우선시되어야 한다. 발굴 작업이 이 원칙들을 따를 때 인간 진화사의 그림이 얼마나 다채롭고 구체적으로 그려질 수 있는지, 그래코피테쿠스의 생활 환경을 구체적으로 재구성한 결과에서 확인할 수 있다.

15장

시간의 먼지 속에 가라앉다: '엘 그래코' 시기의 지형과 식생

먼 과거로 상상의 도보여행을 떠나보자. 이 여행은 7,175,000년 전 어느 봄날 오후 현재의 아크로폴리스 바위산에서 시작된다. 기온은 섭씨 30도로 덥고 해안으로부터 가벼운 산들바람이 불어온다. 구름 한 점 없는 파랗게 빛나는 하늘 아래로 나중에 아테네가 되는 분지를 향해 장관이 드리워져 있다. 우리 발아래에는 나무와 관목이 듬성듬성 나 있는 초원의 평야가 펼쳐져 있다. 구불거리는 띠 모양의 개울들이 어두운 색을 띠고 해안 쪽을 향해 대지를 가르며 흐른다. 양쪽 개울변에는 갈대가 촘촘히 자라 있다. 멀리 솟아오른 지형이 보인다. 석회암과 대리석으로 이루어진 연이은 산들은 높이가 1000미터에 달하며 이 분지를 삼면에서 감싸고 있다. 산에는 몇 그루의 소나무만이 듬성듬성 나 있어 그 민둥한 모습이 주변의 지형과 커다란 대조를 이룬다.

산발치에는 어두운 색의 띠를 둘러놓은 듯 조밀한 너도밤나무 숲들이 자라고 있다. 마치 자연공원과 비슷한 광경이다. 그렇게 이

곳은 작은 공간에서 여러 다른 높이에 걸쳐 다양한 식생이 조화롭게 공생하고 있다. 갑자기 시원한 바람이 불어오고 빛이 붉게 물든다. 남쪽에서 바다로부터 위협적인 구름이 몰려오며 폭풍을 예고하는 것이 보인다. 아크로폴리스산에서 내려가 빨리 근처를 둘러봐야 할 시간이다. 아래로 내려오자 바위산 발치에서 많은 샘물과 마주친다. 산을 이루는 석회암을 이고 있는 이곳에는 물이 통과하지 못하는 편암층이 자리 잡고 있다. 그래서 산의 균열된 곳과 갈라진 곳으로 스며든 빗물이 지하로 흘러들지 못하고 지층의 경계에서 퐁퐁 솟아나오고 있다. 건기에도 작동하는 일종의 자연 수조다.[6]

샘에서 아주 많은 양의 물이 흘러나오는 바람에 산 주변으로 늪지가 형성되었다. 이 늪지대를 횡단하기 위해 우리는 작은 동굴에서 흘러나오는 커다란 계천을 따라간다. 우리는 의도치 않게 거대너구리(독일어로 RIESENSCHLIEFER) 한 마리가 놀라 도망치도록 만든다. 잎사귀를 먹고 사는 이 무해한 동물은 킁킁거리며 소택지의 울창한 숲속으로 총총걸음을 치며 사라진다. 이 동물은 현재 살아 있는 아프리카 나무타기 너구리와 바위너구리의 조상이다. 이 동물들은 외형이 마멋과 비슷하지만 사실은 코끼리와 바다소의 친척이다. 이 동물들의 크기는 집토끼만 한 반면 그리스의 이 거대너구리[7] 크기는 돼지만 하다.

우리는 계속해서 계천의 얕은 물속을 점벙점벙 걸어간다. 개울변에는 부들이 너무 빽빽하게 자라 있어서 뚫고 들어갈 수 없고 평야 쪽도 들어갈수록 부들이 서식하는 곳이 더 넓고 더 철통같이 막고 있기 때문이다. 이 갈대숲 뒤쪽의 경치는 어떻게 생겼을까? 우리가 잠시 멈춰 섰을 때 근처에서 나는 이상한 소리가 우리 귀를 잡아끈다. 바스락 바스락 꿀꿀. 돼지가 틀림없다. 다행히 돼지들은 우리를 보지 못했다. 미크로스토닉스*Microstonyx*의 다 자란 수컷은 오늘날의 멧돼지보다 크고 금세 공격성을 띨 수 있다. 이 동물들은 맛 좋은 부들 뿌리를 찾느라 부드러운 땅을 파헤쳐놓는 데 정신이 팔려 있는 게 분명하다. 우리는 조심스럽게 다시 전진한다. 2킬로미터쯤 더 간 후에 우리는 드디어 계천 바닥이 거의 드러나는 지점에 다다른다.

매머드보다 더 큰 코끼리

이곳에서는 동물들이 꾸준히 개울을 건너거나 물을 마시러 온다. 개울가 갯벌엔 동물들이 쿵쾅거리며 밟아댄 발자국 천지다. 특히 눈에 띄는 것은 직경 50센티미터인 크고 둥근 자국들이다. 이 발자국들은 의심할 바 없이 그 시대의 가장 큰 포유류 데이노테리움,* 학명으로 데이노테리움 프로아붐*Deinotherium proavum*의 것이다. 어깨 높이가 4미터 넘고 무게가 15톤 이상인 이 동물은 오늘날 생존하는 아프리카 코끼리나 빙하 시대의 매머드보다 훨씬 더 크다.[8]

* 독일어로 송곳니코끼리Hauerelefant.

이 동물의 이름은 아래로 휜 송곳니같이 생긴 엄니 때문에 붙여졌다. 이 엄니는 하악골에 붙어 있고 길이가 1미터 넘는다. 하지만 우리가 발견한 대부분의 발자국은 유제동물*의 것이다. 가젤은 3센티미터가 채 안 되는 가냘픈 자국만을 남겼다. 이곳에 서식하는 수많은 영양의 발자국은 5~8센티미터로 그보다 조금 더 크다. 10종이 넘는 영양이 이 아테네 분지에서 서식하고 있는데 그중 어떤 종들은 특이하게도 포도주 병따개같이 생긴 뿔을 가졌다.

우리와 멀리 떨어진 곳, 갈대숲 단지 가장자리에는 작은 무리의 론영양**이 풀을 뜯어 먹는 데 열중하고 있다. 건장한 체격과 길고 휜 칼처럼 생긴 뿔은 현재의 오릭스***를 연상시킨다. 말영양들은 자신의 이름이 갖는 명예를 지키기라도 하려는 듯 바로 옆에서 많은 히파리온-말들****이 신선한 풀로 배를 채우고 있는 것에 조금도 동요하지 않는다. 멀리서 보면 히파리온은 당나귀 또는 회색 얼룩말 같을 수 있다. 하지만 개펄 진흙에 있는 발자국들은 이 동물들의 정체를 밝혀준다. 발굽이 하나인 오늘날의 말, 당나귀, 얼룩말과 달리 히파리온은 잘 발달된 중간 발굽과 두 개의 측면 발굽을 갖고 있다. 이 측면 발굽으로 인해 히파리온은 안정적으로 서 있을 수 있지만 바로 그 때문에 말이나 얼룩말처럼 빠르게 달릴 수

* 발굽이 있는 포유류.

** 사바나 영양의 일종, 독일어로는 말영양Pferdeantilope이라고 한다.

*** 영양의 일종.

**** HIPPARION은 그리스어로 조랑말이라는 뜻이다.

없다.

혹시 그래코피테쿠스도 이 얕은 강바닥에 자신의 흔적을 남기지 않았을까? 그의 발이 어떤 형태를 띠고 있는지, 그가 이미 두 발로 걸을 수 있었는지 아니면 오늘날의 침팬지처럼 이동했던 것인지 알았으면 정말 좋겠다. 우리는 한동안 그 흔적을 찾아보지만 행운이 따르지 않는다. 그래도 어쩌면 '엘 그래코'가 있었다는 다른 표시들이 있을지 모른다. 가령 부러진 나뭇가지라든가 모아놓은 돌들, 충돌로 다친 뼈 등. 우리는 집중해서 눈으로 바닥에 반원을 그려가며 흔적을 찾아본다. 의식하지 못하는 새 우리는 한 걸음 한 걸음 개울에서 멀어져가고 있다. 갑자기 우리는 생각에서 깨어난다. 우리에게서 30미터도 채 안 떨어진 곳에 큰 소리로 씩씩거리는 자연산 풀깎기 기계가 서 있다. 이 동물은 키가 약 1미터에 길게 뻗은 원통 모양의 몸체 그리고 원통 모양의 아주 짧은 다리를 가지고 있다. 이 고대 동물은 우리를 보고 엄청나게 넓은 주둥아리로 씩 하고 미소를 짓는 것만 같다. 입가에 달린 두 개의 칼처럼 날카로운 송곳니가 이 기괴한 광경에 오싹함을 더한다. 우리는 킬로테리움*Chilotherium*, 즉 짧은 다리 코뿔소가 풀을 뜯어 먹는 것을 방해한 게 분명하다. 이 동물은 다리가 짧아 머리가 간신히 바닥에 닿지 않는 정도이지만 이 키야말로 송곳니 그리고 표면이 꺼끌꺼끌하고 강력한 혀를 큰 낫처럼 이용해 풀을 베어 먹는 데 이상적인 높이다.

그 시기에 아테네 분지에는 킬로테리움 말고도 두 종류의 코뿔소가 더 서식하고 있었다. 이들은 현재의 검은코뿔소의 친척이다. 하지만 이들은 짧은 다리 코뿔소와 반대로 코에 진짜 뿔을 달고 있는데, 그날은 유감스럽게도 눈에 띄지 않았다. 그 대신 저 멀리 새끼들과 함께 있는 짧은 목 기린 팔레오트라구스*Palaeotragus*가 보인다. 이 동물은 현재의 오카피*의 선조다. 이 동물은 약 2미터의 키에 주로 낮은 가지에 달린 잎사귀들과 허브를 먹는다. 아테네 분지의 더 높은 나무는 다른 종 기린들 차지다. 특히 현재의 기린과 비슷하게 생긴, 키가 4미터에 달하는 긴목기린인 보흘리니아 아티카*Bohlinia attica*는 40센티미터 되는 혀로 수관樹冠에 자라는 어린 싹과 도토리 열매를 솜씨 좋게 따 먹는다. 도대체 여기에 얼마나 많은 초식동물이 살고 있는 것일까 하고 놀랄 따름이다. 하지만 이 동물들을 사냥할 맹수들은 여태껏 흔적조차 볼 수 없다.

우리가 본 유일한 육식동물은 멀리 하늘에서 원을 그리고 있는 한 쌍의 대머리수리다. 아마도 이들은 신선한 사냥감 하나를 발견하고 차례가 올 때가지 기다리는 중인 듯하다. 여기서 동물의 사체는 부족할 일이 없다. 하지만 이 지역에는 세 종의 마카이로두스아과가 서식한다. 그들 중 가장 큰 종인 마카이로두스는 크기가 사자만 하고 보기만 해도 무서운 근육질의 사냥꾼이다. 그 밖에 우리의 도보여행에 위협적인 동물로는 하이에나가 있다. 하지만 하이에나

---

* 기린과에 속하는 동물. 기린과 달리 키가 작고 등이 어두운 색이며, 다리에는 얼룩무늬가 있다.

는 다른 많은 고양잇과 동물들이 그러듯 낮에는 대부분 숨어 있다. 강여울 근처에 있었던 물어뜯긴 뼈는 하이에나의 짓일지도 모른다.

유감스럽게도 다시 돌아가 자세히 들여다볼 시간은 없다. 그사이 비구름이 가까이 다가왔다. 머리 위로 험상궂은 구름이 층층이 쌓여 하늘을 어둡게 한다. 이제 몇 분 후면 비가 쏟아져 내리고 대지는 알 수 없는 붉은 먼지층으로 뒤덮일 것이다. 이제 다시 21세기로 돌아가면 우리는 이 먼지층이야말로 이 가라앉은 세계를 이해하는 데 결정적인 열쇠임을 확인하게 될 것이다.

붉은 먼지의 비밀

약 200년 전 아테네의 피케르미에서 화석을 발견했던 첫 번째 발굴자들에게도 이 뼈들이 붉은 벽돌색의 가느다란 알갱이 물질 속에 들어 있다는 것이 눈에 띄었다. 이들은 이 퇴적물을 옛날 호수와 강이 침전된 것으로 보고 테라로사, 즉 붉은 흙[9]이라는 이름을 붙였다. 1944년 부르노 폰 프라이베르크가 피르고스 바실리시스에서 발견했던 화석들도 이 특징적인 붉은색의 암석 퇴적층 속에 들어 있었다. 그리고 거기에는 그래코피테쿠스의 하악골도 포함되어 있었다.

이 암석층들이 응고된 먼지 퇴적물로 이루어졌고 대형 포유류의 뼈들이 모두 먼지 속에 매장되었다는 것이 가능한 일일까? 그렇다면 이것은 그래코피테쿠스의 생활 조건과 관련해 어떤 결과를 가져왔던 것인가? 호머는 이미 고대 그리스 시기 『일리아스』에서 '피처럼 뚝뚝 떨어지는 비',[10] 먼지 조각에 의해 핏빛으로 물든 비에 대해 쓴 바 있다. 그가 살던 시대에 그러한 '핏물 같은 비' 사건은 흔히 재앙을 가져오는 신의 징표라고 여겨졌다. 하지만 오늘날 우리는 이 현상의 기원이 사하라에 있는 먼지폭풍이라는 것을 알고 있다.[11] 이 현상은 현재까지도 지중해에서 정기적으로 일어나며 1년에 제곱미터당 약 20그램의 사막먼지를 그곳에 쌓아놓는다. 이렇게 사하라 먼지가 이 지역의 붉게 물든 흙의 중요한 구성 성분이 된다.[12] 그렇다면 이와 비슷한 현상이 700만 년 전에도 있었던 것일까?

내가 붉은 퇴적층을 강과 호수의 퇴적층으로 해석하는 데 의구심을 가졌던 것은 2014년 피케르미 발굴지를 처음 방문했을 때부터다. 이 퇴적층을 더 자세히 관찰해보니 붉은 암석 물질은 그 입자가 매우 미세하긴 했지만 호수 퇴적물이라고 하기에 충분히 작은 크기는 아니었기 때문이다. 지질학자들은 현장에서 퇴적물의 알갱이 크기를 탐지하는 좋은 촉을 발달시켰다. 이 감에 의지하는 측정은 효과가 있다. 돋보기로는 보이지 않더라도 입안의 이빨 사이에서 퇴적물이 갈리면 알갱이 크기가 6~60마이크로미터인 실트다. 이 입자는 가늘게 빻은 밀가루 입자보다 10배 더 작지만 사막 먼지로는 일반적인 크기의 파편이다. 피케르미의 붉은 흙은 이 사이에서 갈리는 데다 짠맛까지 났다! 내가 느끼기로는 버터 바른 빵에 뿌려도 될 정도로 짰다. 처음에 나는 가까운 곳에 위치한 에

피케르미 개울 바닥의 붉은 실트층. 개울 바닥이 얕은 곳에 형성되는 자갈밭에 이어져 있다.

게해의 비말飛沫이 그곳 지표면에 소금을 쌓이게 했을 것이라고 생각했다.

하지만 이 퇴적층을 더 깊이 파자 석고같이 생긴 소금과 염화나트륨, 즉 요리할 때 쓰는 소금이 나왔다. 우리는 이 소금이 이온 상태로 보아 바다 소금일 수 없고 염호가 고갈되는 등의 이유로 육지에서 형성된 소금이 분명하다는 것을 알아냈다.[13] 게다가 먼지 파편은 5~30마이크로미터로 바람이 먼 거리까지 아주 잘 운반할 수 있는 크기였다.[14] 하지만 이 먼지가 정말로 사하라에서 왔는지는 이것만 가지고 알아낼 수 없었다. 우리는 이 먼지의 소금이 아닌 부분들을 검사했고 그렇게 해서 이 먼지가 특징적인 지질학적 표식을 갖고 있다는 것을 밝혀냈다. 거의 모든 파편이 정확히 600만 년 되었고, 또한 팬 아프리카 조산 운동 기간에 형성되었던 암석의 전형적인 특징을 가지고 있었다. 이 먼지들은 다시 말해 북아프리카의 원시 산맥의 잔해로부터 나온 것이다. 이로써 아테네 근방의 이 붉은 퇴적물은 사하라의 먼지로 이루어졌다는 것이 증명되었다.[15] 그런데 이 퇴적물은 그저 얇은 층이 아니라 35미터에 달하는 두터운 층이었다. 이 퇴적층이 형성되었을 당시 폭풍은 매년 제곱미터당 약 250그램의 사막 모래를 남쪽의 그리스로 실어 날랐다. 이것은 현재 지중해 지방 먼지 피해의 열 배 이상 되는 양이고 아프리카 사헬 지대에서 날아오는 양과 비슷한 수치다.[16] 이 결과에 따르면 '엘 그래코'와 우리가 가상의 도보여행에서 만난 모든 사바나 동물의 생활 환경에는 먼지가 매우 많았을 것이 확실하다. 봄이면 정기적으로 이런 먼지폭풍이 나타나 '핏물 비'로 대지 위에 내려앉았다. 이런 시기면 이 지역은 먼지 속으로 가라앉은 것처럼 보였다. 그래코피테쿠스는 화석화된 먼지 퇴적층에서 발견된 최초의 선행인류일 수 있다.

그래코피테쿠스의 생활 공간과 비교해볼 때 현재 대형 유인원의 고향에는 먼지가 거의 없다. 아직 생존해 있는 또 하나의 고등 영장류만이 그러한 먼지 피해에도 그래코피테쿠스처럼 잘 적응해 살고 있는데 그것은 다름 아닌 우리 인간이다. 많은 먼지에도 불구하고 그래코피테쿠스가 살던 세계는 건조한 기후가 아니었다. 이 사실은 내가 아테네 근처의 화석화된 토양을 조사했을 때 밝혀낼 수 있었다. 이 토양은 약 700만 년 전 먼지 퇴적층이 풍화되고 유기 물질들이 분해되면서 형성되었고 그 후 새로 생긴 암석층 아래 묻혀 보존되었다. 당시 기후를 재구성하는 데 있어 이 고대 시대 토양은 귀중한 정보원이다. 예를 들어 토양의 습도는 광물의 형성을 조정하고 그 구조를 바꾸어놓는다. 이런 특징들로부터 강우량을 계산할 수 있다. 당시 아테네 분지에는 1년에 제곱미터당 최대 600리터의 비가 주로 겨울과 봄에 내렸다. 현재 이곳의 연간 평균 강수량은 400리터로 당시보다 30퍼센트가량 적다. 당시의 기온 또한 연평균 기온이 섭씨 22도로 현재의 그리스보다 4도가량 높았다.[17]

다양한 종류의 지중해성 관목사바나

'엘 그래코' 시대의 식생에 대해서는 어떻게 알 수 있었을까? 먼지층에는 잎사귀나 나무줄기와 같은 화석화된 식물 잔해가 남아 있지 않았고 꽃가루도 거의 발견되지 않았다.[18] 하지만 식물석, 즉 식물세포로 이루어진 유리와 비슷한 비유기적 구성물이 퇴적물 속에 오랜 시간 다량으로 보존되어 있었다. 우리는 이것들의 도움으로 야자수, 사이프러스 나무, 떡갈나무, 플라타너스 나무의 존재를 증

명할 수 있었다. 우리가 시간여행에서 본 바에 따르면 아테네 분지에서 이 나무들은 큰 군집을 이루어 숲을 만드는 게 아니라 공원에 심어진 나무들같이 간격을 두고 떨어진 채 작은 무리를 지어 자라고 있었다.[19] 이 지형에서는 관목들도 잘 자랐다. 감탕나무속 식물들, 도금양나무, 위성류가 그 증거다. 하지만 종류가 더 풍부한 것은 풀과 허브들이었다. 허브는 예컨대 미나릿과에 속하는 왜방풍과 여러 종류의 엉겅퀴류 식물들이 대표적이다. 풀은 식물상을 장악하고 있었는데 특히 기장류의 긴 풀과 잔디를 만드는 짧은 풀이 많았다. 이 풀들은 볏과 식물에 속하며 오늘날 열대와 아열대 사바나 기후에서 전형적으로 볼 수 있는 식물이다.[20] 유럽에서는 오늘날 이 식물들을 더 이상 거의 찾아볼 수 없다. 학계는 심지어 지금까지 이런 풀들이 유럽 대부분의 지역에서 서식했던 적이 없다고 생각했다. 하지만 우리가 찾아낸 화석들은 그 반대를 증명해주고 있다. 이상을 종합해보면 '엘 그래코' 시대 식생은 허브와 풀이 자라는 넓은 초원 사이로 나무와 관목의 군락들이 여기저기 자라는 반半 초원형 지형이었다. 오늘날의 생태 시스템에서 이런 식생은 발견되지 않는데 우리는 이것을 지중해성 관목사바나라 부를 수

'엘 그래코' 생활 환경의 재구성. 현재 그래코피테쿠스 프레이베르그기의 생김새는 거의 알려지지 않았지만 이 지형의 재구성은 학문적 데이터에 근거해 있다. 뒷배경으로 리카비토스Lykabettos와 아크로폴리스의 석회암 산 및 여러 마리의 기린(보흘리니아*Bohlinia*), 코끼리(아난쿠스*Anancus*), 가젤, 히파리온 말, 그리고 코뿔소 한 마리가 보인다. 하늘은 사하라 먼지로 이루어진 구름이 다가오면서 어두워지고 있다.

있을 것이다. 이런 해석은 피케르미 근방에서 관목림에 불이 자주 났었다는 흔적과도 일치한다. 우리는 붉은 먼지 속에서 목탄 조각을 발견할 수 있었는데 이 조각은 현미경으로 봐야 관찰되는 작은 크기의 입자에서 육안으로도 확인할 수 있는 크기까지 다양했다. 그것은 건기에 화마가 늘 이 지역을 휩쓸었음을 증명해준다. 이것은 사바나 기후의 전형적인 특징이기도 하다.

이러한 지형은 우리가 시간여행에서 만났던 동물들 그리고 피케르미 발굴지를 200년 전부터 유명하게 만든 동물들과도 잘 부합한다. 이 동물들을 보면 현재 아프리카 사바나에 살고 있는 동물들이 강하게 연상되는데 이 뚜렷한 유사성 때문에 피케르미의 최초 발굴자인 앨버트 거드리 또한 양자를 비교해서 살펴봤다.[21] 당시의 기후, 식생, 화재의 역할에 대한 우리의 조사 결과는 1862년 그가 내린 해석의 유효성을 다시금 확인해준다. 이렇게 해서 우리는 그래코피테쿠스 프레이베르기가 오늘날의 대형 유인원과 같이 순전히 숲에 서식하는 동물이었다는 가정은 제외시킬 수 있다. 숲이 있으려면 초목의 성장을 위해 훨씬 더 많은 강우량이 필요하며, 특히 열대-아열대 기온에서는 더 그렇다. 그리고 숲에서는 그런 두꺼운 먼지 퇴적층이 형성되지 않는다. 이에 반해 사바나의 풀들은 먼지를 아주 잘 머금고 있을 수 있다.[22] 이런 점에서 아테네 분지의 지질과 당시의 동식물계는 한 가지 분명한 메시지를 전해주고 있다. 가장 오래된 선행인간일 수 있는 '엘 그래코'는 유럽식 사바나 기후에서 살았다는 것이다. 이것이 우리에게 뜻하는 바는 전통적인 사바나 가설이 인간의 진화사를 설명하는 데 여전히 유효하다는 것이다.

'엘 그래코'의 식단

그런데 그래코피테쿠스는 그 기후 조건에서 무엇을 먹고 살았을까? 아테네 분지에서 그가 특히 더 편안하게 지냈던 곳을 재구성하는 것이 혹시 가능할까? 그에게 매우 중요한 역할을 했던 것은 당연히 마실 물을 얻을 수 있는 곳이다. 현재도 사바나 지역에서 물은 가장 귀중한 자원이다. 건기가 되면 아프리카에서는 많은 사바나 동물이 신선한 풀과 마지막 물구덩이를 찾아 늘 길고도 위험한 여행길을 떠난다. 가장 유명한 예는 세렝게티에서 볼 수 있는 저 환상적인 동물 무리의 이동이다. 당시 아테네 분지에서의 상황도 이와 비슷했을 것이라고 상상할 수 있다. 현재까지도 그곳에서는 인근 산에서 나오는 대부분의 물이 이곳의 유일한 작은 강 키피소스로 모인다. 이 강은 그동안 대부분의 구간에서 강 위로 건축물을 짓는 바람에 더 이상 육안으로 볼 수 없게 되었다. 하지만 강이라기보다는 개울에 가까운 이 하천은 그래코피테쿠스 시대에도 존재했다. 그리고 그래코피테쿠스가 발견된 피르고스 바실리시스는 현재의 키피소스강에서 서쪽으로 불과 500미터 떨어진 곳에 있다. 브루노 폰 프라이베르크가 1944년 하악골을 발견한 그 붉은 암석층 위에서는 심지어 강의 자갈층을 확인할 수 있다. 이것은 강이 나중에 물줄기를 한 번 바꿨을 때 퇴적되어 생긴 것이다.

이와 더불어 우리는 암석층 속에서도 가까이에 하천이 있었다는 단서를 발견했다. 우리를 올바른 흔적으로 인도해준 것은 이번에도 식물석이었다. 이번에는 사초속에 속하는 식물들, 골풀속에 속하는 식물들, 부들속에 속하는 식물들, 즉 연중 내내 습한 땅을 필요로 하는 식물들이 발견된 것이다. 사초, 골풀, 부들이 개울가를 따라 쭉 펼쳐져 있고 여기저기 나무와 관목 군락이 자라고 있는 풀과 허브로 뒤덮인 대지가 이 개울을 감싸고 있는 곳, 이것이 '엘 그래코'가 살던 고향의 모습이다. 그곳에서 그는 연중 내내 마실 물과 식량을 얻을 수 있었다. 하지만 그는 정확히 무엇을 먹고 살았을까?

하악골에 붙어 있는 그래코피테쿠스의 이빨들을 관찰해보면 그가 이 이빨로 얼마나 심하게 음식물을 씹었는지 금방 알 수 있다. 이런 사실은 비단 치아와 음식물이 맞닿는 표면뿐만 아니라 이빨 사이의 공간에서도 확인할 수 있다. 고생물학자 구스타프 하인리히 랄프 폰 쾨니히스발트도 1972년 에를랑겐에서 처음으로 그래코피테쿠스를 조사하면서 이런 점에 놀라움을 드러냈다. 그는 이에 관한 발표 자료에서 그런 치아의 형태는 현재의 대형 유인원에게서든 화석화된 유인원에게서든 본 적이 없다고 적어놓고 있다. 그

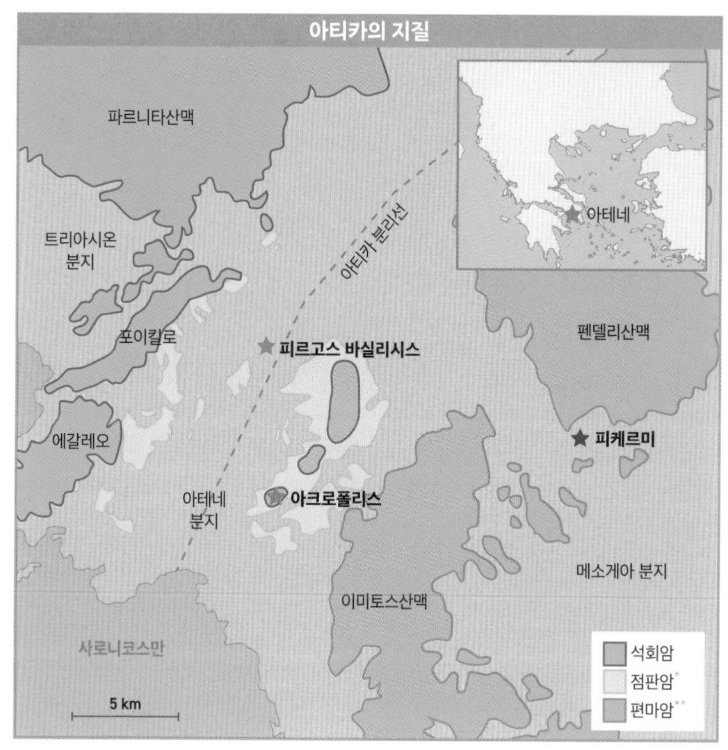

래코피테쿠스의 치아는 치아 사이의 공간이 완전히 사라져 치아가 다른 치아 안쪽으로 밀고 들어간 것처럼 보였다고 한다. 하지만 인류학자들에게 이런 발견은 그리 놀라운 일이 아니다. 그들은 그런

---

* 슬레이트 석판, 벼룻돌 따위에 사용하는 돌.

** 기존 암석이 고온 고압의 변성과정을 받아 생기는 암석 중 하나.

마모된 치아를 수렵채집자들의 경우로부터 이미 알고 있었다. 특히 이런 이를 가진 수렵채집자들은 사바나 지역에 살았는데 이들은 질기고 거친 섬유질의 식물성 식량을 굉장히 자주 씹었다. 이때 서로 인접한 치아들은 교대로 위아래로 움직이는데 마치 피아노 건반이 차례로 눌러지는 것과 같은 이치다. 이렇게 해서 시간이 지나면 한 치아가 옆에 있는 치아 안쪽으로 밀고 들어간다. 그래코피테쿠스는 나이가 그리 많지 않았지만 벌써 이런 상태가 매우 뚜렷이 나타나 있었다.

'엘 그래코'는 이빨이 그렇게 되도록 도대체 뭘 늘 씹어댔던 것일까? 피르고스 바실리시스가 제공할 수 있는 가장 맛난 것은 분명 부들이었다. 아주 먼 옛날부터 인간 또한 4미터까지 자라는 갈대 비슷한 이 식물을 중요하게 여겼다.[23] 이 식물은 싹, 줄기, 잎, 꽃, 꽃가루, 뿌리 할 것 없이 식물 전체[24]를 먹을 수 있고, 맛있는 데다 영양가가 풍부하기 때문이었다. 뿌리는 심지어 전분을 많이 함유하고 있고 싹과 꽃가루는 단백질, 비타민, 당분, 즉 필수 영양소를 모두 제공한다. 동유럽에서는 현재까지도 봄이면 신선한 부들 줄기를 '카자크 아스파라거스' 또는 '들野 아스파라거스'라고 해서 별미로 시장에서 팔고 있다. 게다가 부들은 어디서 자라든 번성해 개체수를 늘린다. 이 식량원은 고갈되는 법이 없다. 하지만 날것으로 즐기기엔 싹, 줄기, 뿌리가 질기고 섬유질이 거칠어 매우 열심히 씹어야만 한다. 그래코피테쿠스의 하악골은 바로 이 점을 잘 보여준다.

부들이 비록 '엘 그래코'의 가장 중요한 기본 식량이었다고 해도 그는 분명 그의 생활 환경에 있었던 다른 식량 자원도 이용했을 것이다. 겨울철에는 전분을 함유한 도토리 열매가 있었고 딸기나무에는 비타민과 당분이 풍부한 열매들이 열렸다. 이에 반해 봄여름에는 수영, 왜방풍, 별꽃과 식물들, 바위꽃, 레세다과 식물들, 엉겅퀴류, 비름과 식물, 사초속 식물과 같은 채소 종류들이 그의 식단을 풍성하게 했다. 우리는 피르고스 바실리시스 화석에서 이 식물들의 존재를 증명할 수 있었다. 이 식물들은 현재는 거의 잊혔지만 옛날 밭에서 났던 채소이며 독일에서도 볼 수 있었다.[25] 하지만 그래코피테쿠스가 비건식 식사만 했을 확률은 거의 없다. 곤충이나 죽은 동물들의 골수에서 나온 동물성 단백질과 지방 또한 분명 폭넓게 이용할 수 있었을 것이다. 그가 실제로 이 식량 자원을 이용

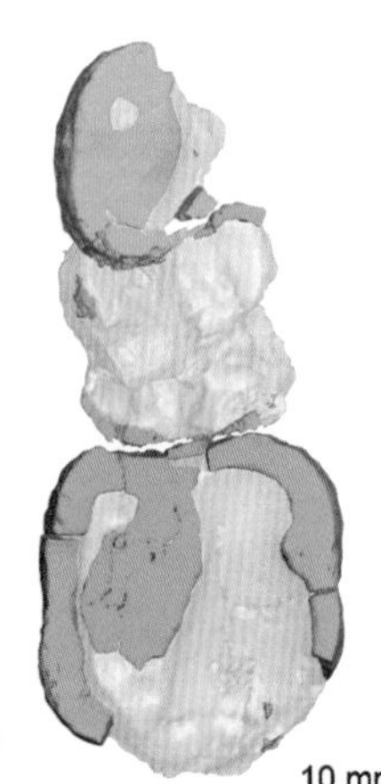

'엘 그래코'의 마모된 치아. 이빨 사이 공간이 없어지고 치아 하나가 다른 치아를 누르며 밀고 들어간 모습.

했을지를 정확히 증명할 순 없지만 여하간 이 추측이 설득력 있는 것은 사실이다. 종합해서 볼 때 그의 식량 스펙트럼은 심지어 일부 연구자가 오스트랄로피테쿠스 또는 그보다 앞선 '호모'에 대해 가정했고 일부 증명도 했던 스펙트럼과 비슷하다고 볼 수 있다.[26] 그래코피테쿠스는 영양 섭취 면에서는 확실히 오늘날 살아 있는 모든 진원류보다 우리 인간과 더 가까웠다.

16장

커다란 장벽:
거대한 사막이 넘을 수 없는 장애가 되다

그래코피테쿠스의 생활 환경을 재구성해보면 사하라의 역사가 그동안 사람들이 생각했던 것보다 훨씬 더 오래되었다는 것을 알게 된다. 하지만 이 거대한 사막은 수백만 년 전 생명의 진화에 어떻게 영향을 미쳤던 것일까? 이에 대한 답에 다가가기 위해서는 현재의 사하라와 그곳에 사는 생물들을 더 정확히 관찰할 필요가 있다. 그럴 때라야만 모래, 먼지, 바위로 이루어진 생명 적대적인 이 사막이 왜 먼 옛날부터 그 경계를 훨씬 넘어서까지 동식물의 분포에 막대한 영향을 미치는 장애물인지를 이해할 수 있다.

사하라 사막은 열대-아열대 건조 사막 기후에 속하며 이곳에서 태양은 연중 내내 천장* 가까이에 머문다. 이곳의 집중적인 태양 복사광은 지표면을 너무나 뜨겁게 달군 나머지 땅에서 가까운 곳의 온도가 어떤 곳에서는 섭씨 60도 이상이다. 그에 반해 비는 거

* 관찰자의 머리 위 꼭대기.

의 내리지 않아 연간 평균 강우량이 제곱미터당 10리터 될까 말까 한다. 이 양은 독일의 연간 평균 강우량의 약 80분의 1에 해당된다. 이런 극한의 조건 속에서 생존할 수 있는 소수의 식물은 극소량의 물을 이용하는데 차가운 밤공기가 응결해 아침에 맺히는 이슬이 그 예다. 이 극도로 건조한 지역에서는 물 한 방울 한 방울이 귀중하다. 이 때문에 사하라에는 식물계라고 할 만한 것이 오아시스 또는 그나마 습도가 더 높은 사막의 가장자리 지역에나 존재한다. 이 사막의 중심부에 있는 대부분의 지역에는 거의 식물이 살지 않는다고 볼 수 있다.

사하라에는 동물도 거의 없다. 그나마 볼 수 있는 동물은 곤충, 거미, 전갈, 뱀, 도롱뇽이 대부분이다. 많은 종이 해질 무렵이나 밤에 활동한다. 낮의 열기를 피하기 위해 땅속에 숨어 있거나 모래에 몸을 파묻고 있다. 사막에 사는 포유동물은 드물다.[27] 이들도 보통 몸집이 작고 해질 무렵이 되면 은신처에서 밖으로 나온다. 하지만 예외가 하나 있으니 사막의 법칙이 통하지 않는 듯한, 진화사적으로 독특한 동물, 즉 낙타다.[28] 더위와 건조함은 이 사막 주민에게는 별문제가 되지 않는다. 그는 어떤 동물 종들과도 다르게 진화과정에서 이 극한의 환경에 완벽하게 적응했기 때문이다. 낙타는 유제동물이긴 하지만 발굽이 소실되었다. 사막에서는 그것이 필요 없기 때문이다. 그 대신 낙타는 두 개의 강력한 발가락을 갖고 있는데 그 아랫면에는 커다랗고 둥근 굳은살이 박혀 있다. 이것은 모래에 깊이 빠지지 않고 걷기 위한 이상적인 조건이다. 그래서 사람들은 낙타를 굳은살의 보행자라고 부르기도 한다.

낙타는 이것 말고도 물 부족을 해결하는 또 다른 환상적인 전략을 개발했다. 낙타는 필요한 수분 양의 대부분을 직접 마시지 않아도 먹이를 통해서 해결할 수 있다. 게다가 낙타는 뜨거운 사막 기후에서의 수분 손실을 상당량 줄일 수 있다. 낙타의 신장은 오줌을 아주 진하게 농축시키고 소화기관은 배출시키기 전 똥에서 물을 최대한 빼낸다. 낙타의 코는 심지어 숨을 내쉴 때 코의 점막에서 공기를 응결시켜 몸으로 다시 흡수하도록 만들어져 있다. 또한 낙타는 낮에 열기를 많이 저장했다가 밤에 다시 열을 내도록 체온을 조절할 수 있다. 이런 메커니즘 때문에 낙타는 거의 땀을 흘리지 않는다. 이렇게 무장했기에 낙타는 힘들이지 않고 하루 종일 물도 마시지 않은 채 사막을 건널 수 있다.

그러다 마침내 물을 발견하거나 물을 마실 수 있는 곳으로 인도되면 낙타는 짧은 시간 안에 매우 많은 양의 물을 마실 수 있다. 하지만 낙타의 혹은 순수한 지방 저장고다. 이처럼 엄청난 적응력에도 불구하고 낙타도 인간을 만나고 나서야 '사막의 배'가 되었다. 이 사막의 배는 거대한 크기의 건조지역을 횡단해 아프리카, 아라비아, 아시아 사막의 가장 멀리 떨어진 구석까지 나아갈 수 있다. 유전자 조사는 이러한 사실을 증명해준다. 이 조사는 현재의 모든 단봉낙타가 가축화된 동물이며 이들은 원래 아라비아반도의 동남부에 서식하던 야생종의 후손이라는 것을 밝혀냈다.[29] 그곳에서 인간은 약 3000년 전 처음으로 낙타를 특정한 목적에 이용했고 유목

생활이라는 새로운 생활 형태의 초석을 놓았다. 뒤이어 이 생활 형태는 북아프리카, 아라비아, 아시아에 있는 구세계의 사막지대 전체로 전파되었다. 이런 전파 과정에서 낙타는 사하라에도 다다랐는데 그것은 약 2000년 전에야 가능했다.[30] 이집트 파라오 시대에도 낙타는 전혀 운송 수단으로 이용되지 않았다. 이집트 왕국은 기다란 녹색의 나일 강가를 따라 펼쳐져 있었고 정착생활을 했던 주민들은 짐을 운반하는 동물로 주로 당나귀를 이용했다. 생명에 적대적인 사하라 사막에 가는 일은 드물었다.[31] 그러니까 이 드넓은 땅덩어리의 역사에서 뒤늦게나마 이 거대한 사막이 생물학적으로나 문화적으로 얼마간 침투 가능해진 것은 낙타와 유목생활의 조합이 이루어지고 나서였다.

더 과거로 거슬러가보면 '엘 그래코' 시대에 구세계 사막의 영향은 훨씬 더 막대했다는 것을 알 수 있다. 그것은 넘을 수 없는 장벽이었기 때문이다. 이런 사실은 '엘 그래코'에게도 영향을 미쳤다. 지금까지 발견된 그래코피테쿠스 화석은 모두 아테네의 피르고스 바실리시스와 불가리아 중심부의 아즈마카에서 나왔다. 불가리아의 화석의 나이는 724만 년으로 그리스 화석보다 약 8만 년 더 오래되긴 했지만 우리가 알고 있는 대로 그것은 진화사에서는 짧은 시간에 불과하다. 그러므로 두 발견 장소에서 그래코피테쿠스와 함께 발견된 동물 종들이 동일하다는 것은 놀라운 일이 아니다. 하지만 아테네의 피케르미, 그러니까 피르고스 발견 장소와 아주 가까운 그곳에서는 왜 다른 동물세계가 나타났던 것일까? 피케르미 화석들은 나이가 734만 년으로 불가리아 화석들보다 '단지' 10만 년 더 오래되었을 뿐인데. 하지만 피케르미에서는 그래코피테쿠스가 묻혀 있었던 좀더 후대의 피르고스와 불가리아 지층들에서 발견된 많은 동물 종이 보이지 않았다.

불가리아에서 발견된 멸종된 포유류의 많은 화석 뼈는 바로 이 10만 년 동안의 이행 시기에 많은 동물 종이 유럽으로 이동해왔다는 것을 증명해준다. '엘 그래코'의 가장 눈에 띄는 '새로운' 동시대 종족은 아난쿠스*Anancus*, 즉 현재 코끼리의 조상이며 최초의 원조 코끼리로 알려진 동물이다. 연구자들은 피케르미에서도 코끼리의 조상을 발견하긴 했지만 이 종들은 더 원시적인 특징과 위턱에 두 개, 아래턱에 두 개, 총 네 개의 송곳니를 갖고 있었다. 이 때문에 학자들은 이 동물을 그냥 '유사 코끼리'라고 부른다. 이에 반해 아난쿠스는 오늘날의 코끼리처럼 상악골에만 두 개의 송곳니가 있다. 이 송곳니는 곧은 형태에 3미터까지 자라는 것이 가능했다. 하지만 정말 중요한 것은 아난쿠스의 원래 고향이 아시아, 더 정확히 말해 인도 아대륙이고 유럽에서는 이 존재가 신참이었다는 점이다.[32] 그렇다면 '엘 그래코'도 이민자로서 이주해온 그 동물들과 함께 유럽으로 들어왔던 것일까?

원시시대 기후 이주민

실제로 바로 이 시기에 고대 사하라와 다른 구세계 사막들의 확장이 최정점에 달했다. 북아프리카에서 아라비아반도를 거쳐 중국 고비 사막에까지 퍼져 있는 여러 거대한 건조지역이 서로 연결되어 거대한 사막 벨트 지역을 형성했다. 이 벨트 지역은 길이가 1만 킬로미터로 구세계를 세로로 단절시키는 형세였다(172쪽 그림 참조). 이 두터운 장벽은 그래코피테쿠스를 포함한 동물 공동체 전체를 원래의 생활 공간으로부터 간단히 몰아내고 유럽으로 향하도록 만들었을 수 있다. 나는 이 가설이 정말 설득력 있다고 생각한다.[33] 그래코피테쿠스가 살았던 시기, 초기 사하라 시기가 70만 년 동안 특히 오래 지속되었다는 것도 이 시나리오를 뒷받침한다.[34] 이 기간은 사막 때문에 두 개 집단으로 분리된 동물 종이 진화적으로 갈라지기에도 충분한 시간이다. 이런 식으로 유전적으로 서로 고립되면 그 동물 종은 새로운 종으로 발전할 수 있다. 이것은 오늘날 사하라에서 북쪽 지역과 남쪽 지역에 서로 가깝지만 상이한 아프리카 코끼리땃쥐 친척들이 서식하는 이유에 대한 설명이 될 수 있다. 이 코끼리땃쥐 친척들은 원래 한 개체 집단에 속했었다.[35] 또한 사하라의 이러한 영향은 민물고기와 식물에서도 확인된다.[36]

시간이 지나고 최초의 사하라 시기가 끝났을 때 어떤 일이 일어났을까? 현재 밝혀진 바에 따르면 지난 수백만 년 동안 북아프리카 전체는 기후 변동으로 인해 녹색의 사바나 지대가 되었던 시기들이 있었다. 이런 것을 보면 구세계 사막 벨트 지역은 맥박이 뛰는 동맥과 비슷하다고 볼 수 있다. 크기가 줄었다 늘었다를 반복하니 말이다. 확장기는 항상 수축기인 녹색 시기보다 더 오래 지속되었다. 그래서 오늘날도 주의력 깊은 관찰자라면 사하라의 여러 곳에서 습도가 높았던 시기의 잔해를 발견할 수 있다. 줄지어 있는 육중한 모래언덕 사이로 바람에 쓸린 넓고 평평한 땅이 드러난다. 일견 이 평야는 끝없는 회색 콘크리트 면 같다. 하지만 땅 위를 살펴보면 놀라운 것을 드물지 않게 발견할 수 있다. 물집같이 생긴 독특한 구조의 작은 뼈들, 크기가 큰 뼛조각들, 심지어 거북이 해골도 있다. 그 옆으로는 돌로 만든 막자사발과 규석으로 만든 화살촉이 있다.

이 모든 것이 여기에 있는 이유는 오늘날 사방으로 지평선 끝까지 끝없는 사막이 이어지는 이곳이 한때는 커다란 호수였기 때문이다. 이곳에서는 8000년 전까지도 독특한 모양의 대가리 뼈를 가진 공기주머니 메기와 자라가 살고 있었다. 호숫가에는 신석기 시대 농사꾼과 가축 사육자들이 일군 밭과 목초지가 있었다. 당시 아프리카의 몬순 기후는 여름에 내리는 비를 북쪽으로까지 날려보냈다. 당시 강우량은 현재 독일과 비슷했다. 그렇기 때문에 사하라 중간에 있는 암석 벽화에 기린, 코끼리, 물소와 같은 현재 수천 킬로미터 남쪽으로 더 가서야 볼 수 있는 사바나 동물들이 그려져 있는 것도 놀라운 일이 아니다.[37] 아프리카에서 있었던 마지막 다습한 시기는 1만4000년 전 빙하 시대 말에 시작해 4200년 전에 끝났다.[38]

더 먼 과거의 화석들을 살펴보면 녹색의 사바나 시기 유럽과 아프리카 동물 종들 사이에 활발한 교류가 있었다는 것을 알 수 있다. 그렇게 해서 670만 년 전 아프리카에서 토끼가 처음 출현했다.

토끼는 원래 유라시아에 서식했던 동물이다.[39] 토끼는 그래코피테쿠스가 살던 시기에 최초의 건기가 끝난 후 이주한 첫 번째 동물 중 하나다. 또 차드에서는 650만 년 된 기린 보흘리니아의 화석이 발견됐다. 우리는 이 동물을 피케르미 발굴물에서 봤었다.[40] 이 시기 또 다른 유라시아에서 온 이민자들로는 물영양, 현재도 아프리카에서 서식하는 몸집이 큰 영양 종, 염소와 양의 조상들이 있다.[41] 차드에서도 그리고 에티오피아에서도 아프리카에 새로 들어온 이 많은 동물 종이 잠재적 선행인류인 사헬란트로푸스 및 아르디피테쿠스와 같은 시대에 살았던 생물이다.

그렇다면 이 선행인류도 유라시아에서 온 이민자들이었던 걸까? 아니면 이들은 이미 그 전에 아프리카에서 진화해 있었고 새로운 전입자들이 들어온 후 이들과 생활 공간을 나눠 쓴 것일까? 앞으로의 화석 유물만이 이 물음에 대한 최종적인 대답을 해줄 수 있을 것이다. 하지만 최초의 선행인류들이 여러 다른 기후가 교체되는 환경 속에서 최상의 삶의 조건을 찾아다녔고 그때 현재 그어진 대륙 간 경계에 정주하지 않았다는 가정은 설득력을 얻는다. 이에 더해 이들의 이주가 한 번 이상 이루어졌고 또 아프리카의 다습한 시기가 아닌 기간에도 이동의 기회가 있었다는 것을 증명해주는 또 다른 사건이 있다. 이 환상적인 사건은 600만 년 전 지중해 지역에서 일어났다.

17장

염호가 분포되어 있었던 회백색의 사막: 말라버린 지중해

여러분이 마요르카섬의 한 호텔에서 해변가를 향해 걷고 있다고 생각해보자. 하지만 시원한 산들바람이 불어오는 파란 지중해는 나오지 않고 대신 여러분은 깊은 협곡들로 갈라진 끝없이 펼쳐진 사막을 마주한다. 한 계곡으로 이어지는 길을 따라가면 반짝거리며 빛나는 공허, 백색의 불모지가 나온다. 이곳에는 소금 결정이 땅을 뒤덮고 있다. 어떤 것은 사람만 한 크기다. 여러분 앞에 입을 벌리고 있는 심연은 2킬로미터는 족히 되는 깊이다. 온도는 섭씨 50도가 넘고 생명체는 어디에도 보이지 않는다. 이 광경은 재난 시나리오가 아니라 실제로 560만 년 전 '메시나절 염분 위기'[42]가 최고조에 달해 지중해가 메말라버렸을 때를 묘사한 것이다.

지질학자들이 이 막대한 영향을 미친 지질 시대의 최초의 흔적을 발견한 것은 1970년대 초였다. 학자들은 해양 탐사선 '글로마 첼린저'호에서 지중해 바닥에 깊게 구멍을 뚫다가 전혀 뜻밖에도 두꺼운 소금층을 발견하게 된다.[43] 소금층이라는 이 현상은 무척 특이한 것이었는데 왜냐하면 지중해의 소금은 보통 용해된 상태로 있어서 바닥에 쌓이지 않기 때문이다. 소금물에서 결정이 생성되도록 바닷물이 엄청난 양으로 증발한 경우를 제외한다면 말이다. 곧 많은 연구자가 이 현상을 연구하기 시작했다. 하지만 이 염분 위기가 정확히 어떻게 발생했는지를 학계가 더 잘 알게 된 것은 불과 10여 년 전부터다.[44] 대체 어떤 자연의 위력이 마이오세 말엽 바다 전체가 대부분 사라지도록 만들었단 말인가?

이 위기는 지구 내부 지각 구조가 움직이는 힘 때문에 일어났다. 아프리카 대륙판은 북쪽으로 이동하면서 1억 년보다 더 오래전부터 유럽과 아프리카 사이의 해저 바닥을 유라시아 대륙판 아래로 밀어넣었다. 이것은 한편으로는 대륙들이 계속해서 서로 가까워지도록 움직이게 하는 결과를 가져왔고 다른 한편으로는 바다가 점점 줄어드는 결과를 가져왔다. 이 지역의 서쪽에서는 아프리

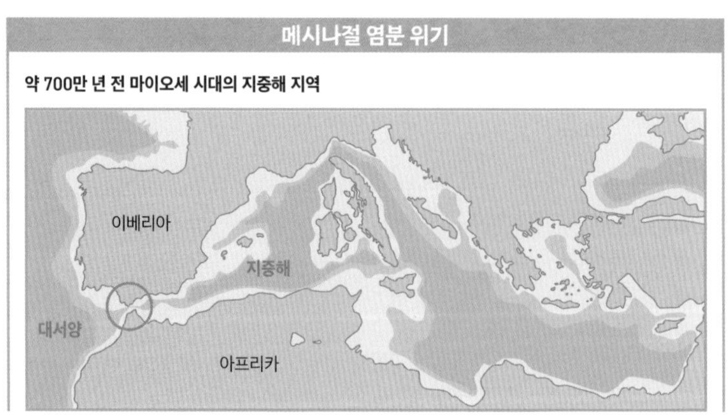

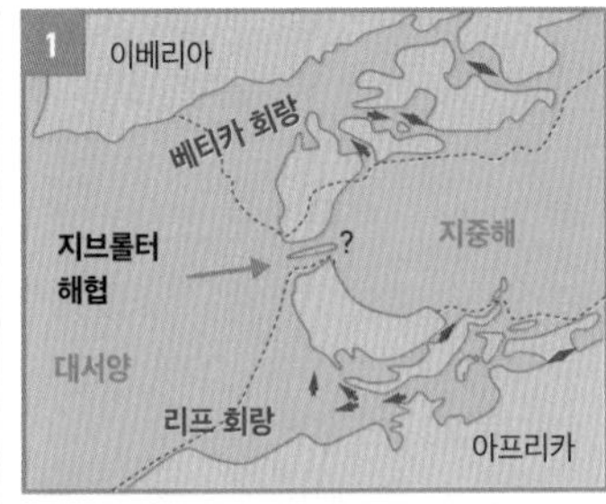

1. 약 700만 년 전 토르토나절 후기
대서양과 지중해에 두 개의 연결 회랑이 있었다.

2. 약 630만 년 전 초기 메시나절
베티카 회랑 물이 고갈됨. 모로코 쪽 해협을 통해서는 아직 바닥물이 흐름.

3. 약 560만 년 전 후기 메시나절
리프 회랑도 고갈됨.

4. 약 530만 년 전 잔클레절
대서양과 지중해는 지브롤터 해협으로만 연결됨.

지중해가 고갈된 후 몇 개의 염호만이 남아 있는 모습

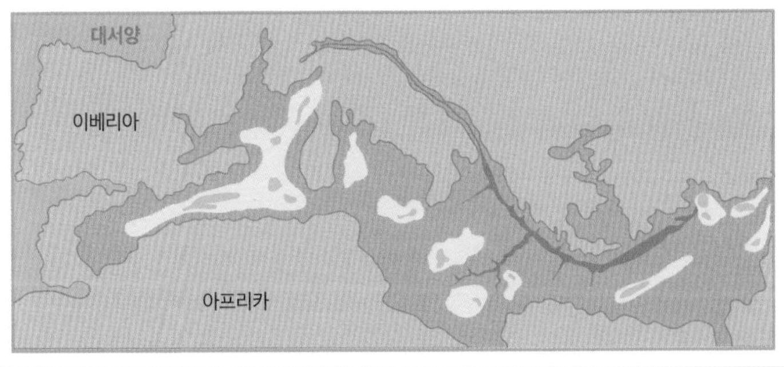

카와 유럽이 서로 가까워져 이미 마이오세 시대에 지중해와 대서양 사이의 연결 지점이 흡사 병목 모양을 형성하게 되었다. 현재는 스페인과 모로코 사이에 지브롤터 해협만이 존재하지만 당시에는 두 개의 가느다란 해협이 있었는데 하나는 스페인 쪽의 베티카 회랑이고 다른 하나는 모로코 쪽의 리프 회랑이다. 이 두 해협은 수심이 낮고 연안은 산호로 둘러싸여 있었다. 현재의 지브롤터 해협 아래는 해저 바닥의 암석이 녹아서 만들어진 커다란 마그마 저장고로 채워져 있었다. 이 때문에 육지의 표면은 부풀어 올라 있었고 화산 폭발이 자주 일어났다. 630만 년 전 해수면은 추운 기후의 영향으로 수 미터 낮아졌고 베티카 회랑에는 물이 말라버렸다. 그보다 더 깊은 수심의 리프 회랑만이 바다를 연결하는 통로로 남아 있게 되었다. 그 결과 대서양 바닷물이 지중해로 유입되는 양은 급격히 감소했고 이는 막대한 결과를 초래하게 된다.

해저에서 농축된 소금물

지금까지도 지중해는 강과 강우만으로는 수분의 증발을 상쇄시킬 만큼의 충분한 수분을 공급받지 못한다. 마이오세의 아주 더운 날씨에는 더했다. 해수면은 천천히 내려가기 시작했고 염분 농도는 올라갔다. 이렇게 해서 30만 년 만에 지중해에서의 생활 조건은 결국 모든 해양 유기체가 멸종될 정도로 심각하게 악화되었다. 이 시기에 크레타섬의 트라칠로스에 살던 저 미지의 두 발로 걷는 존재는 모래에 자기 발자국을 남겼다. 그는 해수면이 천천히 내려가고 있다는 것을 알았을까? 몰랐을 게 분명하다. 이 과정은 연간 1밀리미터 분의 알파 정도의 속도로 아주 천천히 진행되기 때문이다. 하지만 해수면의 하강으로 인해 형성된 해안의 커다란 석호들은 그의 관심을 끌었을지 모른다. 이곳에서 그는 597만 년 전 염분 위기가 본격적으로 시작되기 전에 지중해의 마지막 해산물을 채집했을 수도 있다.[45] 이 시기 리프 회랑은 폭 1킬로미터, 수심 10미터 크기가 되었고[46] 이것은 결국 파국적 상황을 불러왔다. 이 좁은 해협으로는 수분 증발을 상쇄시킬 정도로 충분한 대서양 바닷물이 더 이상 지중해로 흘러들어올 수 없었기 때문이다.

그렇다 해도 해수면의 하강 속도를 지연시키고 동시에 지중해로 더 많은 소금[47]을 운반하기에는 충분한 양이었다. 이렇게 해서 해저에는 농축된 소금물이 쌓였다. 소금물의 농도가 얼마나 높았던지 이 시기에 이미 석고*가 침전되어[48] 스페인에서 이탈리아를 거쳐 그리스 쪽까지 지중해 곳곳에 퇴적되었다. 지중해 바닥의 지질학적 단면도를 봤을 때 이 석고층은 염분 위기를 보여주는 가장 오래전에 형성된 흔적이다. 지중해의 염분 농도는 이후 계속 상승했고 결국 물은 포화 상태가 되어 해저 석고층 위에 암염이 쌓이기 시작했다. 소금층 위에는 또다시 소금층이 쌓였고 결국 어떤 곳에서는 놀랍게도 3~5킬로미터로 두꺼운 염암층이 형성되었다. 오늘

* 황산염 광물을 말함.

날 지중해를 완전히 증발시켜버린다면 30미터 높이의 두꺼운 소금층만 남을 것이다. 그렇게 시간이 지나면서 리프 회랑을 통해 수백 배의 소금이 대서양에서 지중해로 흘러들어왔다.

이 두꺼운 소금층들은 무게가 엄청났다. 소금은 물보다 두 배 무겁다. 소금층은 해저 바닥을 800미터 이상 깊이 아래로 내리눌렀다.[49] 그 결과 지중해 해안 지역이 18미터까지 융기하기에 이르렀다. 주먹으로 케이크 반죽을 꾹 눌렀을 때와 같은 효과다. 이 융기 활동은 리프 회랑 지역에도 영향을 미쳐 결국 560만 년 전 이 지역은 고갈되어버렸다. 지중해는 이제 대서양으로부터 완전히 분리되었고 염분 위기는 점점 더 최고조를 향해 다가가고 있었다. 더운 기후일 때 지중해의 해수면은 론강과 나일강 같은 큰 강이 담수를 공급한다 해도 연간 1미터 정도씩 낮아졌다. 그렇게 조금씩 조금씩 지중해는 사라져갔다. 현재의 해수면보다 2000미터 아래의 가장 깊은 해저에서만 호수 형태로 남은 고농도로 농축된 소금물을 볼 수 있었다. 마침내 호수의 바닥에 마지막 염암이 쌓였고 그렇게 지중해는 사실상 고갈되었다.

지중해 지역에서 새로 만들어진 지형은 어떤 모습을 띠고 있었을까? 이탈리아 북부에는 반半사막 식물들이 퍼지기 시작했다.[50] 이 건조한 기후를 견딜 수 있는 풀들은 지중해 주변 지역에서 잘 자랄 수 있었던 몇 안 되는 식물이었다. 공기 온도는 바다의 높이에 좌우되기 때문에 아마도 이 소금 가마의 밑바닥은 평균 여름 기온이 섭씨 50도쯤 되었을 것이다. 이렇게 뜨거운 공기는 많은 양의 수분을 증발시킬 수 있다. 특히 속이 깊은 이 찜통의 북쪽과 동쪽에서는 뜨거운 공기가 위로 올라갔다가 냉각되면서 중유럽과 동유럽 위로 엄청난 집중호우를 몰고 왔다. 발칸반도에서 두드러졌던 이 세찬 강우는 높은 기온과 쌍을 이루며 아주 강력한 열대성 풍화작용을 일으켰다. 오늘날에도 이 흔적이 남아 있는데 이 지역의 진한 적색으로 물든 흙은 풍화작용의 결과로 철광석이 생성되어 나타난 현상이다. 또한 기후 모델을 만들어보면 메시나절 염분 위기가 전 지구에 영향을 끼쳐 풍계風系와 폭풍우가 더 잦아졌다는 것을 확인할 수 있다.[51] 폭풍우는 지중해 동쪽 지역에서 발생해 수천 킬로미터까지 대량의 먼지와 소금을 멀리 실어 날랐다. 그렇게 해서 이를테면 오늘날 이란의 자그로스산맥 기슭에서 150미터나 되는 두터운 소금 먼지층을 볼 수 있다. 이것은 고갈된 지중해에서 날아와 형성된 것이다.

강우의 일부는 하천을 통해 다시 지중해로 흘러들었다. 많은 양의 물이 반쯤 빈 상태로 있는 바다 분지로 쏟아져 들었고 분지 가장자리를 침식시키면서 땅을 지하로 깊숙이 파이게 했다. 그렇게 해서 거대한 협곡이 생겨났다. 현재 이 협곡들은 다시 퇴적물로 채워졌지만 지구물리학적 방법을 사용하면 협곡들의 모습을 볼 수 있다. 이에 따르면 론강과 나일강의 협곡들은 2킬로미터까지 깊었다. 즉 미국에 있는 그랜드 캐니언보다 더 깊었다. 나일강은 상류로 900킬로미터 이상 더 들어가는 아스완에서도 지하 770미터 깊이로 땅을 파냈다.[52]

소나기가 내린 직후 자그로스산맥(이란) 발치의 소금 가루 퇴적층에서 소금 결정이 '만개한' 모습.

그것은 분명 숨을 멎게 하는 경관이었을 것이다. 눈길 닿는 곳마다 침식작용으로 생긴 절경과 소금이 펼쳐져 있었을 것이다. 이와 비슷한 경관은 현재 사해 가장자리 지역에서 볼 수 있다. 하지만 이 메시나절 소금과 협곡 지형이 지속되었던 것은 10만 년이 채 안 되는 기간 동안만이었다. 10만 년이란 지질학적 차원에서 보자면 눈 깜빡할 사이밖에 안 된다. 그 후 첫 번째 변화가 나타난 것은 여러 강이 북쪽에서부터 말라 있는 에게해로 흘러들어가 마찬가지로 그곳에 깊숙이 땅을 파놓아 결국 현재의 보스포루스 해협에서 인접한 흑해로부터 물이 흘러나오도록 만들었을 때였다. 그 결과 소금을 약간 함유한 다량의 흑해 바닷물이 에게해를 거쳐 메마르고 뜨거운 소금 분지로 흘러들어갔다. 이 소금기가 있는 물에는 조개와 미역이 들어 있었다. 드디어 아주 약간의 생명체가 지중해로 되돌아온 것이다. 이렇게 해서 커다란 호수가 생겨났는데, 이름은 라고 마레Lago-Mare였다.

하지만 이 상태 또한 10만 년도 지속되지 못했다. 지브롤터 근처의 분지 서쪽에서도 침식작용이 일어나 지형이 변형되기 시작했던 것이다. 처음에는 작은 강이 단층애* 위로 폭포처럼 쏟아져 내리는 것으로 시작했다. 이 강은 그 후 서쪽 대서양 방향으로 점점 더 깊이 땅을 팠다. 그러다 533만 년 전 마침내 이 강은 바다까지 뚫고 나가는 데 성공했다. 지브롤터 해협이 생겨난 것이다. 이제 대서양 바닷물은 다시 지중해로 쏟아져 들어왔다. 이 홍수는 하지만 재난이 아니라 반대로 약 3000년 만에 처음으로 지중해가 다시 물로 채워지는 사건이었다. 이렇게 해서 메시나절 염분 위기는 667,000년 만에 드디어 막을 내렸다.

---

* 경사면이 일직선이 아닌 단면으로 봤을 때 ㄴ자 모양의 형태를 띤 지형.

아프리카 사바나 거주자들의 이주 배경에 대하여

염분 위기가 시작되기 얼마 전 저 미지의 두 발로 걷는 존재는 크레타반도의 모래 위에 발자국을 남겼다. 그가 속한 종에 어떤 일이 일어났던 것일까? 이 종은 기후와 지형의 저 엄청난 변화들을 다 극복했던 것일까? 저 견디기 힘든 폭염과 사막에 버금가는 조건들도? 우리는 알지 못한다. 하지만 추측은 할 수 있다. 이 선행인류가 지중해에 바로 인접한 지역에 살았다면 생존할 기회는 전혀 없었으리라는 것을. 아마도 이들은 그곳을 떠났을 테고 어쩌면 아프리카 방향으로도 움직였을 것이다. 하지만 이것은 순전히 막연한 추측일 뿐이다. 이에 반해 밝혀진 것은 메시나절 염분 위기로 인해 많은 동물 종이 유라시아와 아프리카 사이를 이동하게 되었다는 점이다. 우크라이나의 흑해에서 현재의 낙타와 타조의 조상이 발견된 것이 그 예다. 이 두 동물 종은 원래는 중앙아시아의 반半사막이 고향이었다.

불가리아에서도 우리는 아시아에서 온 이민자의 화석을 발견했다. 키와 몸집이 큰 소기린*이 그것이다. 이 동물은 원래는 지중해의 반사막으로부터 멀리 떨어진 숲에서 살았다. 그곳에서는 개코원숭이 크기를 가진, 그때까지 알려지지 않은 원숭이와 체구가 작

---

* 독일어로 RIDERGIRAFFE, 학명은 *SIVATHERIINAE*. 기린과에 속하는 고대 세계 동물로 소와 기린을 합친 것 같은 모습이다.

은 유럽 긴꼬리 원숭이인 메소피테쿠스*Mesopithecus*가 같이 살았다. 후자는 피케르미 발굴지에서도 이미 그 존재가 증명된 적이 있다. 이 시기 아프리카에서 온 이주자들이 지중해 서부 지역에 나타났다. 이베리아반도와 아프리카 사이의 해협이 말라버리자 처음에는 하마와 나일악어가 유럽으로 이주해왔다. 이 두 종의 화석은 발렌시아시 근처의 유적지에서 마카크 원숭이 및 낙타의 화석과 함께 발견되었다.[53] 아프리카 동물세계도 동물들의 이주로 인해 변화가 일어났다. 낙타[54]가 처음으로 북아프리카에 모습을 드러냈고 유라시아의 영양 그리고 곰과 울버린[**]과 같은 맹수도 동부, 나아가 서부 아프리카 생태 시스템에까지 편입되었다. 이런 모든 것은 구세계 동물상에서 매우 활발한 교류가 있었다는 것을 증명해준다. 그런데 이 교류는 이미 그 전부터 시작되고 있었고 그러는 한편 메시나절 염분 위기는 최고점에 달하게 된다. 이렇게 교류가 활발해진 데에는 대륙 간에 새로운 지름길 이동 루트가 열린 것 외에도 생태 시스템의 경계와 규모가 바뀐 탓도 있었다.

종합해볼 때 현재의 연구 결과는 아프리카 사바나의 동물세계가 유럽의 피케르미 동물상에서 만들어졌다는 것을 보여준다.[55] 사바나 지형의 기원은 실제로 유럽, 즉 '엘 그래코' 당시의 생활 공간이다. 우리가 전형적인 아프리카 동물이라고 생각하는 현재 아프리카 사바나에 살고 있는 거의 모든 대표적인 동물은 그 기원이 유

** 족제빗과의 동물로 독일어로 대식가란 뜻의 필프라스Vielfraß로 불린다.

라시아에 있다. 사자, 하이에나, 얼룩말,[56] 코뿔소, 기린, 가젤, 영양. 영양은 아프리카로 이주한 후에 아프리카에만 있는 새로운 많은 종으로 진화했다. 사자와 하이에나 같은 종들은 계속해서 아프리카와 유라시아를 넘나들었다.[57] 아프리카 사바나[58]의 동물상이 500만 년 전 유라시아에 그 뿌리를 두고 있는 것이라면 선행인류는 왜 이 '규칙'에서 예외가 되어야 한단 말인가? 아프리카 유래설 I 이론과 완전히 반대로 초기의 유인원 또한 양 대륙을 왕래했다는 것이 오히려 더 설득력 있지 않은가? 실제로 아시아에서 나온 놀라운 발견 자료들은 새로운 생활 공간으로의 이동과 정복이 지금까지 생각했던 것보다 훨씬 더 전부터 우리 인간 진화사의 일부였다는 것을 증명해준다. 어쩌면 다른 지역으로의 이주와 호기심은 원래부터 우리 안에 자리 잡고 있는 것들이 아닐까? 인간을 인간으로 만드는 특성 중 하나가 아니겠는가 말이다.

5부

인간을 인간 되게 하는 것

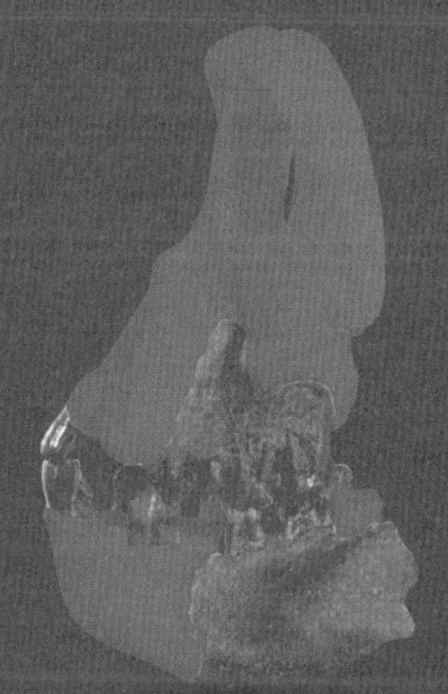

18장

자유로운 손: 창의력을 위해 넓혀진 가능성

지금 여러분의 손을 유심히 봐주길 바란다. 후회하지 않을 것이다. 왜냐하면 그것은 진화가 만들어낸 대작이니까. 한 손을 들어서 유심히 그것을 관찰해보라. 손을 펼쳤다 오므려보라. 손가락을 요리조리 움직여보라. 엄지손가락으로 다른 네 개의 손가락 끝을 차례로 만져보라. 손목을 한번 돌려보라. 어렵지 않게 180도 돌릴 수 있는가? 좋다, 그렇다면 이제 손으로 주먹을 쥐고 검지, 중지, 약지 아래를 엄지손가락으로 한데 감싸보라. 원숭이는 이것을 못한다.

관절과 인대로 연결된 27개의 뼈, 33개의 근육, 3개의 주요 신경 가지, 결합 조직, 혈관, 고도로 민감한 촉각 센서가 촘촘히 퍼져 있는 피부는 더할 나위 없이 섬세하게 세공된, 다재다능한 쥐고 만지는 도구를 만들어낸다. 이것은 진화가 지금까지 만들어낸 결과물이다. 손바닥은 튼튼한 널힘줄*에 의해 보호를 받고 있고 대상을

* 막처럼 되어 있는 넓은 힘줄.

센 힘으로 쥐는 것을 가능하게 한다. 손가락은 날씬하고 가냘프며 섬세하다. 왜냐하면 손가락에는 근육이 없기 때문이다. 손가락은 마리오네트처럼 마치 실로 움직이듯 원격 조정으로 작동한다. 다만 실에 의해서가 아니라 더할 수 없이 유연하면서도 하중을 지탱할 수 있는 힘줄에 의해서다. 이 힘줄은 손바닥 그리고 팔의 아랫부분, 나아가 어깨까지 근육으로 연결되어 있다. 이러한 장치 그리고 복잡한 뇌와의 연결을 통해 우리는 이 행성의 그 어떤 다른 생물체가 할 수 없을 일을 할 수 있다. 불을 피우고, 아주 가는 곡식 알갱이를 땅에서 주워 모으며, 바느질을 하고, 대상물을 깎고 다듬고, 그물을 만들고, 아주 작은 나사를 박아넣고, 키보드를 입력하고, 핸드볼을 하거나 악기를 연주한다.

거기서 특별한 역할을 하는 것은 우리의 엄지손가락이다. 우리는 이 손가락을 힘들이지 않고 다른 네 손가락과 마주 보게 만들 수 있다. 이렇게 할 수 있기 때문에 대상물을 잡고, 더듬어 만져보고 쥐고 단단히 붙잡을 수 있다. 엄지손가락 안관절*은 구관절**처럼 유연하다. 우리의 엄지손가락은 우리의 가장 가까운 친척인 대형 유인원들보다 훨씬 길고 힘이 세며 더 잘 움직여진다. 그렇기 때문에 섬세함이 요구되는 핀셋을 잡는 동작도 힘을 요하는 집게

---

* 마주 보는 관절면이 말안장을 포개어놓은 것같이 생긴 관절.

** 한쪽 관절면은 절구 같고 다른 쪽은 공이 같아 절구 속에서 공이가 움직이듯 운동이 일어나는 관절.

를 잡는 동작처럼 잘할 수 있다. 침팬지도 엄지손가락과 검지 사이에 작은 대상물을 집을 수 있지만 훨씬 힘이 약하고 손가락 끝에 '느낌이 들어가'지 않는다. 그래서 엄지 끝부분과 다른 손가락들을 이용해 못이나 나사와 같은 도구를 정밀하게 집어서 이동시킬 수 없다.[1]

대형 유인원들은 나뭇가지 같은 더 큰 도구들을 감싸 쥐는 것이 아니라 손바닥으로 눌러서 잡고 있는 것이기 때문에 대상물이 팔뚝과 직각이 된다. 그런 탓에 도구를 잡는 방법이 한정되어 있다. 우리는 침팬지나 고릴라와 달리 운동성이 뛰어난 손목 관절을 갖고 있어서 이를 이용해 대상물을 팔뚝이 연장된 것처럼 잡을 수 있다. 이렇게 하면 대상물로 무언가를 칠 때 그 힘이 훨씬 더 강하게 작용한다. 또한 적이나 위협적인 동물들로부터 거리를 취할 수 있고 지렛대의 힘을 잘 이용하면 뼈를 박살낼 수도 있다.

인간의 손을 특별하게 만드는 점은 엄지손가락으로 다른 손가락을 모두 만질 수 있는 유동성에만 있는 것이 아니다. 대상을 느끼고 만져서 감각을 지각하는 뛰어난 능력 또한 손의 특별함이다. 손은 거의 독자적인 감각기관처럼 사용될 수 있다. 우리는 손가락으로 바람과 물의 온도를 느끼고 어두울 때도 손의 도움을 받아 목표물인 열쇠 구멍에 정확히 열쇠를 꽂아 넣는다. 또 손가락 끝으로 육안으로는 볼 수 없는 고르지 않은 평면을 발견해낸다. 경험이 좀 있으면 눈을 감고도 손가락 끝으로 진짜 비단과 싸구려 인조 비단을, 진짜 가죽과 인조 가죽을 구분할 수 있다. 만지는 행위에는 수

용체와 신경섬유들로 이루어진 촘촘한 연결망이 척수와 뇌로 전달해주는 섬세한 감각들이 가득 실려 있다. 그렇다, 우리 손가락은 심지어 지각기관인 눈을 대체할 수 있다. 세 살 때 시력을 잃은 네덜란드의 고생물학자 게이라트 페르메이가 이를 증명해준다. 해양 조개와 생태 시스템의 권위 있는 전문가인 그는 화석을 본 적이 한 번도 없다. 그는 조개의 복잡한 형태상의 구조와 심지어 현장에서의 전체 암석층의 상관관계를 손으로 더듬어 알아낸다. 그는 육안으로 보는 많은 학자에게 숨겨져 있는 것들을 자신의 손가락으로 '본다'. 최소한 이런 점에서 한 가지는 확실하다. 우리 손은 진화상 더할 나위 없는 감각기관이라는 것.

감각세포가 어떤 신체 부위에서 자극을 인지하느냐에 따라 인지된 신호들은 각기 다른 대뇌피질의 영역에 도달한다. 대뇌피질은 몸감각 피질somatosensorischer Cortex이라고도 불리는데 한쪽 관자놀이에서 다른 쪽 관자놀이에 이르는 납작한 띠로 되어 있다. 인간의 신체 표면의 각 지점은 뇌에서 다시 재현된다. 피부의 다른 모든 부분처럼 손도 뇌에서 신경들로 이루어진 일종의 '복사된' 지점을 갖는 것이다. 신경섬유들은 뇌에 들어갈 때 교차돼서 들어가기 때문에 우측 뇌에는 몸의 왼쪽, 좌측 뇌에는 몸의 우측이 재현되어 나타난다. 신체에서 곁하고 있는 부위들은 대뇌피질에서도 곁하고 있다. 신체 부위는 정수리에서 발가락과 발바닥에 상응하는 구역으로 시작해 관자놀이쯤에서 입술, 혀, 목구멍에 상응하는 구간으로 끝난다.

하지만 복사 지점의 크기가 실제 신체 부위 면적에 상응하는 것은 아니다. 손가락이나 입처럼 감각세포들이 집중되어 있는 신체 부위는 차지하는 영역이 더 크다. 이렇게 해서 픽셀 수치가 더 높은 카메라가 더 선명한 사진을 찍는 것처럼 이 영역들은 더 높은 해상도를 갖고 있다. 동작이 섬세하게 조응되지 않거나 그다지 민감하지 않은 다른 신체 부위들은 비교적 대뇌피질의 작은 면적만을 차지한다. 대뇌피질에 지도처럼 그려진 신체 부위의 대응 지점들을 가지고 신체의 표면적을 재구성하면 기괴하게 변형된 인체 그림이 나타난다. 소위 호문쿨루스Homunkulus*라 불리는 이 구성물은 왜소한 신체에 거대한 손과 엄청나게 큰 엄지손가락을 갖고 있다. 피부 부위가 더 많은 감각을 갖고 있을수록, 우리가 그것을 더 많이 이용할수록 그 부위는 뇌에서 더 큰 면적을 차지하는 것으로 재현된다. 그래서 피아노를 정기적으로 치는 사람들은 손가락의 지각과 조절을 위한 뇌 영역이 다른 사람보다 더 크다.[2] 원숭이의 감각적 호문쿨루스를 그려보면 훨씬 더 작은 손과 상대적으로 아주 작은 엄지손가락으로 나타난다.

우리 손을 해부학적 가능성의 차원에서 그렇게 예민하고 유능한 기관으로 만든 것은 무엇보다 우리의 뇌다. 우리가 팔, 등, 엉덩이, 다리에 있는 특정한 근육의 도움을 받아 손으로 아주 정확하게 물체를 던질 수 있는 것은 섬세한 감각지각, 운동 능력, 뇌의 복잡

* 작은 사람이라는 뜻.

한 운동 조절 능력이 협력한 덕분이다. 침팬지는 나뭇가지, 오물, 배설물을 던지는 것을 좋아하긴 하지만 몇 미터 떨어진 곳에서 농구 골대에 농구공을 던질 수 있는 섬세함은 연습을 아무리 많이 해도 가질 수 없으며 어쩌다 된다 해도 그것은 우연일 뿐 의도한 것이 아니다. 인간 진화의 과정에서 처음에는 돌, 그다음에는 창을 손으로 정확히 던지는 능력은 점점 더 중요한 일이 되었다. 그것은 우리 조상들에게는 사냥꾼으로서의 성공적인 커리어를 위한 선결 조건이었다.

인간 손의 기원

그런데 어떻게 인간의 손과 같은 정밀한 기관이 발달될 수 있었던 걸까? 그것은 인간 진화에 있어 최소한 직립보행만큼이나 결정적인 역할을 했다. 당연히 진화의 이 중요한 한 걸음이 떼어졌던 결정적인 순간은 두 발로 걷게 되면서 손이 더 이상 이동을 위해 필요 없어졌던 때다. 손은 이제 훨씬 더 자주 더 다양한 다른 활동들을 위해 사용될 수 있었다. 식량과 새끼들을 들거나 물을 뜨고 보금자리를 짓기 위한 재료들을 가지고 오며 사물을 한 손으로 잡고 다른 손으로 **조작**, 다시 말해 의도적으로 가공할 수 있었다. 손을 더 익숙하게 사용하면 할수록 우리 원시 조상들은 더욱더 성공을 거두었고 그래서 더 많은 후손이 생존할 수 있었다. 이렇게 해서 손의 구조에서 유리한 혁신들은 진화적 자연선택을 통해 살아남았다.

이때 뇌의 발달과 해부 구조의 발달은 맞물려서 일어났다. 손뼈, 힘줄, 근육, 신경은 더욱 섬세하게 조응했고 손은 더욱더 예민한 지각 능력을 얻었으며 뇌는 훨씬 더 잘 다듬어진 운동 조절 능력을 갖게 되었다. 또한 뇌 자체는 크기와 복잡성이 증가했다.

우리는 우리 손의 진화를 7000만 년 전 영장류 계통수의 가장 윗부분까지 거슬러 추적할 수 있다. 영장류의 손은 원래는 땅 위에서 살던 작은 몸집의 영장류 조상에서부터 발달하기 시작한 것 같다. 이 영장류의 조상들은 하지만 점점 열매, 싹, 잎사귀, 곤충 등을 풍부하게 제공하는 매력적인 생활 공간인 나무우듬지를 자신들의 터전으로 삼았다. 더 작은 것도 잡을 수 있었던 영장류들이 확실히 더 유리했다.

하지만 우리 손의 발달에서 결정적인 분기점이 된 것은 인간 계통이 침팬지 계통으로부터 떨어져 나온 시점이었다. 어쩌면 최초의 선행인류의 대상물을 쥐는 기관은 '우도'의 손과 유사성이 없지 않았을 것이며[3] 현재의 침팬지의 손과는 분명히 다르게 생겼을 것이다. 왜냐하면 침팬지의 비율상 훨씬 더 긴 손가락과 더 짧은 엄지손가락은 나중에 나무 위에서의 생활에 적응한 결과물이기 때문이다.[4] 대형 유인원들은 나무 위에서 일명 갈고리손을 더 선호해 사용했다. 갈고리손으로 대상을 잡으면 엄지손가락은 움직이지 않은 채로 있고 나머지 네 손가락이 갈고리 모양으로 구부러진다. 그러면 나뭇가지에서의 이동이 쉬워진다. 긴 엄지손가락은 방해만 될 뿐이다.

오랫동안 학계는 우리가 익히 알고 있는 인간 손의 해부학적 형태가 처음으로 나타난 것이 호모속의 초기 대표 개체들에게서였다고 가정했다. 이러한 견해는 1960년대 초에 발견된 세간의 이목을 끌었던 아프리카의 여러 화석 발견물에 기인한다. 1964년 5월 영장류 연구가인 잔 러셀 나피어, 고인류학자 필립 토비아스, 그리고 루이스 리키는 탄자니아의 올두바이 협곡에서 수년에 걸쳐 최초의 도구를 만든 인간의 잔해를 발견했고 거기에는 다수의 손뼈가 있었다고 발표했다. 이들은 이 뼈들이 '호모 사피엔스의 뼈와 비슷'하다고 서술했는데 그 이유는 이들이 낱개의 조각들로 재구성해서 만든 손이 아주 강한 손목뼈와 발달된 엄지손가락을 갖고 있기 때문이었다.[5] 180만 년 된, 인간과 비슷한 손에 대한 보도는 당시 엄청난 센세이션을 일으켰다.

학자들이 이 유골을 키가 최대 1~2미터인 원인의 것이라고 계산한 가장 중요한 이유 중 하나는 이 손의 뼛조각들 때문이었다. 학자들은 이 원인을 호모 하빌리스, 즉 손재주 있는 사람이라고 불렀다. 하지만 이것은 현재까지도 이론이 분분하다. 이 존재가 가진 치열이 오스트랄로피테쿠스속의 선행인간에 더 부합하기 때문이다. 하지만 이 존재가 갖고 있었던 손뼈로 볼 때 그가 비교적 크고 잘 움직이는 엄지손가락이 달린, 인간과 매우 유사한 손을 가지고 있었다는 점에는 이견이 없었다. 잔 나피어는 그의 책 『손』에서 이에 대해 다음과 같이 썼다.[6] '엄지손가락이 없는 손은 최악의 경우 살아 있는 삼지창이고 최선의 경우 제대로 입을 여물 수 없는 집게 그 이상도, 그 이하도 아니다. 엄지손가락이 없으면 손은 진화 이론적으로 봤을 때 6000만 년 전의 상태로, 즉 엄지손가락이 독립적으로 움직이지 못하고 다른 손가락들과 매한가지였던 상태로 되돌아갈 것이다.'

많은 모순점이 있었지만 상당히 진화된 그 손의 형태는 올두바이 협곡에서 발굴된 도구들과 잘 들어맞았다. 거칠게 깎아 만든 이 도구들의 나이는 그 손하고 비슷했다. 손재주 있는 원인이 되었든 손재주 있는 선행인간이 되었든 여하튼 올두바이에 살았던 이 주민들은 거의 200만 년 전에 망치돌로 한쪽 면의 모서리를 날카롭게 만든 자갈 도구를 제작했다. 이 주민들의 뇌는 우리 뇌의 약 반 정도 크기이고 손의 기능성도 아직 원숙하게 발달한 것은 아니었지만 그것이 더 이상 순수한 원숭이의 손이 아니었던 것은 확실하다.

그들이 당시 살았던 사바나와 비슷한 지형에서 그들은 잘 움직이는 손과 단순한 형태의 돌날을 가지고 새로운 생태적 지위, 즉 시체 청소부의 지위를 차지할 수 있었다. 넓은 초원에는 수많은 유제동물과 대형 포유류가 살았고 이들은 흔히 맹수의 먹잇감이 되었다. 맹수들이 이 동물들을 먹고 난 후에도 대부분은 영양가 많은 살이 아직 충분히 뼈에 붙어 있었다. 이 존재들은 모서리가 날카로운 석기를 이용해 가능하면 하이에나나 대머리수리가 달려들기 전에 재빨리 뼈에서 이 살을 떼어낼 수 있었다.

이게 정말 가능한지 미국의 고고학자 캐시 시크와 니컬러스 토스가 동아프리카 사바나 현지에서 실험해봤다. 그곳에서 이들은 즉시 원시적인 석기로 수십 마리의 동물 사체를 자르는 데 착수했다. 그중에는 심지어 코끼리 두 마리도 있었다. 그들은 이 절단 과정에 대해 '어떻게 조그만 용암 조각이 코끼리의 강철 같은 회색빛이 도는, 거의 3센티미터나 되는 두꺼운 피부를 가르고 영양가 많은 붉은 살을 수도 없이 발라낼 수 있는지 놀라울 따름이었다. 한 번 이 결정적인 장애물인 두꺼운 피부를 뚫고 나면, 대형 뼈와 근육에 붙어 있는 질기고 튼튼한 힘줄, 인대는 별로 장애가 되지 않았다.'[7] 최소한 현생인류의 손으로는 원시적인 석기 도구를 가지고 쉽고 빠르게 고기를 잘라낼 수 있었다. 고기가 식단의 중요한 부분을 차지하게 된 것은 인간으로의 진화의 길목에서 매우 중요한 한 걸음이었다. 그때까지 선행인류는 주로 식물성 식량을 섭취했던 것으로 보이기 때문이다. 더 많은 단백질의 섭취는 분명 전체적으로 건강 상태를 개선시켰을 것이고 장기적으로는 뇌 발달에 긍정적인 영향을 미쳤다.

지난 수년간 인간과 유사한 최초의 손은 200만 년도 훨씬 더 전으로 거슬러 올라간다는 단서가 여러 번 나타났다. 2010년 학자들은 에티오피아에서 340만 년 된 동물 뼈를 발견했는데 그 뼈에 분명 패인 자국이 나 있었다는 발표를 한 적이 있다. 그것은 살을 자르거나 긁어낼 때 생긴 자국처럼 보였다.[8] 하지만 이 패인 자국을 물어뜯어서 생긴 것이라고 해석하는 전문가들도 있었다. 1년 후 학자들은 동아프리카 투르카나 호수 서쪽에서 330만 년 된 돌을 발견했는데 이 학자들의 해석에 따르면 이 돌은 누군가에 의해 가공된 것이었다.[9] 그 돌들은 올두바이 협곡에서 나온 다른 자갈 도구보다 더 크고 더 거칠게 만들어진 것이었다. 하지만 100만 년도 더 후대에 제작된 올도완 석기도 지질학적 고고학의 발견 맥락 없이는 자연적으로 생성된 자갈 조각과 구분이 안 되었던 마당에 이 훨씬 더 오래된 물체의 신빙성은 그만큼 더 불확실할 수밖에 없었다.

라이프니츠 진화 고고학 막스 플랑크 연구소와 켄트대학의 학자들은 새로 개발된 방법을 가지고 인간, 침팬지, 선행인간의 손뼈의 내부 구조를 비교했다. 뼛속에 들어 있는 수세미처럼 생긴 조직은 한 개체가 일생 동안 어떤 하중을 받느냐에 따라 계속해서 변형되기 때문에 이로부터 이 개체가 주로 어떤 동작을 취했는지를 어느 정도 신빙성 있게 읽어낼 수 있다. 연구 결과 오스트랄로피테쿠스의 엄지손가락과 손 허리뼈의 내부 구조는 현생인류와 비슷하게 생긴 것으로 나타났다. 학자들은 이를 근거로 나이가 300만 년에서 200만 년 사이인 아프리카 남부에 살았던 이 선행인류 종이 엄지손가락과 다른 나머지 손가락의 도움을 받아 대상물을 세게 쥐고 움켜잡는 능력을 가졌다고 판단했다.[10] 그리고 이런 능력은 도구 사용을 위해 필요했다는 것이다. 이 학자들이 추정하는 바에 의하면 '인간속의 탄생은 완전히 새로운 행동 방식이 생겨난 데 기인하는 것이 아니라 도구의 제작과 고기 섭취 등 오스트랄로피테쿠스부터 이미 가졌던 특징들이 강화된 데서 생겨났고 이에 대한 증거는 점점 더 많이' 나타나고 있다고 한다. 이들 학자 중 한 명인 라이프니츠 막스 플랑크 연구소의 장자크 후블린의 말이다.

'파악把握'*에서 몸짓언어로

인간 진화의 한 가지 중요한 측면은 손이 만지고, 제작하고, 던지고, 싸우는 데 소용 있을 뿐만 아니라 이해하는 기능도 있다는 사실이다. 몇 가지 점이 손의 진화가 언어 능력의 성립에 막대한 영향을 미쳤다는 것을 확인시켜준다. 이에 대한 직접적인 증명은 없지만 우리와 가장 가까운 친척관계 동물을 관찰하거나 말을 처음 하기 훨씬 전에 손짓으로 하고 싶은 것을 보여주는 어린아이가 언어를 습득하는 과정을 연구함으로써 간접적으로 추론될 수 있다.

인간에게 몸짓은 표현의 중요한 일부다. 몸짓은 언어에 선행하고 언어에 동반된다. 즉 몸짓은 발화된 언어를 강조하고 감정을 전달한다. 그것은 거절의 신호를 보내거나 환영의 인사를 건넬 수 있으며 위협이나 호의의 감정을 표현할 수 있고 무언가를 요구하거나 가리킬 수 있다. 청각장애인들의 수화에서 몸짓은 대부분의 발화 언어를 대체할 수 있다. 많은 학자가 몸짓과 음성은 수백만 년의 시간 동안 조금씩 조금씩 점점 더 복잡해지는 의사소통 형태로 발전해나갔고 상호 간에 지원과 보완이 있었다고 본다.[11]

침팬지, 보노보, 고릴라, 오랑우탄도 몸짓으로 의사소통을 할 수 있다. 하지만 매우 제한된 범위 안에서만 그럴 뿐이다. 영국 학자들이 새로운 현지 조사를 통해 2000개의 사례를 관찰한 결과 자연

* 손으로 쥐어봄으로써 잘 이해한다는 의미.

에서 사는 보노보는 33개의 다른 몸짓을 갖고 있다고 한다. 이 몸짓들은 '이리 줘!' '가까이 와!' '털 청소해줘!' '섹스하고 싶어!' '멈춰, 그만해!'와 같은 간단한 요구가 거의 전부였다. 연구자들은 이러한 의미를 담고 있는 몸짓의 대부분을 침팬지, 고릴라, 오랑우탄에게서도 발견했다.[12] 하지만 이 육체 언어 중 학습되어야 사용할 수 있는 비율이 얼마고 원래 태어날 때부터 할 수 있는 비율이 얼마인지는 설명되지 않았다.

라이프니츠 막스 플랑크 연구소의 미하엘 토마셀로는 20년도 더 전부터 팀원들과 함께 언어의 기원을 찾고 있다. 인간의 행동을 진원류의 행동과 비교한 많은 실험에서 이 학자들은 인간의 몸짓이 갖는 의미는 대형 유인원들의 간단한 요구의 몸짓을 훨씬 넘어선다는 것을 발견했다. 진원류의 언어는 자신들에게 직접적으로 필요한 것만을 지시한다. 인간의 몸짓은 사회적 연관성을 갖는 경우가 많다. 인간의 몸짓은 다른 사람들에게 필요할 수 있는 것들을 가리키거나 공동체를 위해 중요한 감정과 태도를 표현한다.[13]

언제인지 말하기는 힘들지만 인간 진화 역사의 어느 시점에서 순전히 이기적인 동기로 행해졌던 몸동작에 경험, 의도, 관심, 규칙을 공유하는 것을 목표로 하는 신호가 추가되었다. 토마셀로는 '시작은 무엇인가를 가리키는 것이었다. 그것이 우리의 의사소통의 기원이다'[14]라고 확신한다. 사람들은 방금 물려 죽은 동물의 시체 위를 선회하는 대머리수리를 가리켰다. 이 시체에는 영양가 많은 고기가 들어 있을 터였다. 또 땅속에 영양 만점의 뿌리가 숨어 있는 곳을 가리키거나 아니면 주변을 둘러보느라 집단에서 너무 멀리 벗어나는 어린아이를 가리켰다.

처음에 가리키는 몸짓은 사냥이나 아이를 돌보는 것처럼 함께 하는 활동에서 협동이 더 잘 이루어질 수 있도록 해주었고 시간이 지나면서 이로부터 점점 더 복잡한 기호들이 발달해 개념이 생겨났을 것이다. 훨훨 나는 동작으로 새를 가리킨다든지 팔을 요람처럼 만들어 아기를 가리키는 것이 그 예다. 그러고는 결국 몸짓언어는, 토마셀로의 견해에 따르면, 소리를 내는 언어에 의해 보완되고 확장되기에 이른다. 이러한 견해는 미국의 심리언어학자인 데이비드 맥닐이 '몸짓은 기본적으로 동작으로 옮겨진 생각 또는 이미지다'라고 보는 견해와 일치한다. 이런 점으로 볼 때 손의 자유는 언어가 오늘날과 같은 형태로 발달할 수 있었던 필요조건이었다.

19장

돌아다니고 싶은 욕구: 미지의 세계에 대한 호기심

호기심과 확장에 대한 욕구는 현생인류에 와서야 생겨난 특징일까? 아니면 수백만 년 동안 지속된 진화사의 일부분일까? 현재 전체 육지 면적의 5분의 1만이 여전히 얼마간 손대지 않은 상태로 남아 있으면서, 전적으로 그렇지는 못하다 해도 '야생'이라는 이름값을 하고 있다.[15] 나머지 땅엔 크든 작든 인간의 숨결이 선명하다. 남극이라는 예외를 빼고 인간은 지구의 가닿기 어려운 지역까지 거의 다 옮겨가 거주하고 있다. 그것도 우리가 생각하는 것보다 훨씬 전부터.

오랫동안 사람들은 우리 선조들이 빨라야 수십만 년 전에야 멀리 떨어진 바다의 외딴섬에 가닿았다고 생각했다. 큰 뇌를 가진 해부학적 현생인류인 호모 사피엔스만이 기술적으로 그리고 지능적인 면에서 배를 만들어 바다에서 항해하는 능력이 있었다고 추측했다. 최초의 인간 형태가 그렇게 복합적인 문화적 능력을 가졌을 리 없다고 생각했다. 고고학적 유물들도 일단 이러한 가정을 확인해주는 것으로 보였다. 그도 그럴 것이 세계에서 가장 오래된 배인 중석기 시대 페세 통나무 배*는 약 1만 년밖에 되지 않았으니까 말이다.[16] 하지만 이 배는 늪지에 있는 작은 면적의 수면에서만 사용되었던 것이지 바다를 항해할 수 있을 정도는 안 되었다.

그런 와중에 아시아에서 발견된 일련의 물건들은 호모 사피엔스가 최초의 바다 항해자이자 발견자라는 생각을 뒤흔들어놓았다. 이 물건들은 바닷길을 건너는 능력이 심지어 100만 년 전의 호모속 초기 개체들에게까지 거슬러 올라갈 수 있다는 것을 시사하고 있었기 때문이다! 이 호모속 초기 개체들 중 가장 널리 알려진 것은 2003년 인도네시아 플로레스섬에서 발견된 것으로, '호빗'이라는 이름으로 세계적 명성을 얻었다. 학명으로 호모 플로레시엔시스*Homo floresiensis*로 불리는 이 존재는 그때까지 알려진 적 없는 인간 종일 뿐만 아니라 많은 점에서 인간 진화의 일반적인 이론과 전혀 일치하지 않았다.[17] 그것은 나에게 이 수수께끼의 사람족을 직접 알아보고 싶은 충분한 이유가 되었고 그렇게 나는 2015년 봄 우기가 끝난 직후 인도네시아로 향했다.

원조 '호빗족' 방문기

플로레스섬은 위도상 적도에서 남쪽으로 불과 8도 떨어진 곳에 위

---

* 네덜란드 페세 마을 근처에서 발견되었기에 붙여진 이름.

코모도섬의 사바나 지형.

치해 있다. 이 섬은 지각의 구조운동에서 지구에서 가장 활동적인 지역 중 하나에 속하며 활발한 화산활동으로 인해 생겨났다. 오스트레일리아 대륙판이 연간 6~7센티미터의 속도로 유라시아 대륙판의 동남쪽 모서리 아래로 밀려들어가면서 인도네시아 남쪽에 수천 킬로미터가 넘는 길이의 장대한 열도를 형성시켰다(264쪽 그림 참조). 화산활동과 함께 계절마다 바뀌는 몬순 바람은 플로레스섬의 지형과 식생에 큰 영향을 끼쳤다.

그 결과 아주 다른 지형이 혼합되어 열대 밀림과 작은 초원의 사바나 지형이 교차되며 나타난다. 후자의 지형에서 그늘을 만들어주는 것은 어쩌다 있는 야자수뿐이다. 이러한 기후들이 나타나는 이 섬의 서쪽 지역에서는 현재까지도 길이가 최대 3미터에 달하는 코모도왕도마뱀이 서식하고 있다. 이 도마뱀은 지구에서 현존하는 가장 큰 도마뱀이다. 이 도마뱀의 이름은 플로레스섬 서쪽에 위치한 작은 섬 코모도의 이름을 따라 붙여졌지만 실제 이 도마뱀의 분포 지역은 더 넓다. 들소도 해치울 수 있는 이 '살아 있는' 화석과의 만남만으로도 여행은 가치가 있을 것이었다.

하지만 내 흥미를 가장 일깨운 것은 플로레스섬 내부의 '호빗' 발견지인 리앙부아Liang Bua 동굴이었다. 이 동굴에 가기 위해서 나는 자동차 모험 여행을 감행해야 했다. 섬의 도로망이 그리 잘 구축되어 있지 않았기 때문이다. 그나마 얼마 되지 않는 포장도로 구간에서는 픽업트럭이 경주를 벌였다. 목표는 하나다. 최대한 빨리 바닷가의 신선한 생선을 내륙으로 운송하는 것. 하지만 이 도로

'살아 있는 화석' 코모도왕도마뱀.

에서 벗어나면 상황은 급속도로 바뀌었다. 울퉁불퉁한 비포장도로에서 자동차는 빨리 달릴 수 없었고 덕분에 나는 플로레스섬의 환상적인 경치를 구경할 수 있었다. 이 섬은 곳곳에 전통적인 전원의 특징을 간직하고 있었으며 관광지라 할 만한 곳은 얼마 되지 않았다. 특히 윤기 나는 녹색의 논들이 언덕에 거미줄 같은 형태를 이루며 완벽하게 자리 잡고 있는 모습이 인상적이었다. 그런 것은 플로레스에서만 볼 수 있는 광경이다. 이 논들은 이 지역이 오랜 독자적인 벼농사 전통을 갖고 있음을 보여준다.

약 세 시간의 주행 끝에 드디어 갑자기 사문석*이 더 자주 눈에 띄었고 우리는 약 50킬로미터 이어지는 화산 산맥을 오르기 시작했다. 화산의 정상까지는 거의 2400미터였는데 나이가 300만 년이 채 안 되는 이 섬으로는 특기할 만한 높이다. 하지만 플로레스섬은 판구조 운동과 화산활동으로 인해 지금도 매년 거의 0.5밀리미터씩 융기하고 있다.[18] 드디어 우리는 이 산맥의 북부 능선에 있는, 빽빽한 밀림이 들어서 있는 석회암 산에 도착했다. 이곳의 포장되지 않은 길들은 지난번 내린 비로 진흙탕이 되어 있었다. 100미터 아래에는 원시림의 왜라캉강이 바위로 된 지하를 파고들며 흐르고 있었다. 이 지방의 중심지에는 작은 마을이 드문드문 떨어져 있었는데 다른 나무들보다 높이 안테나처럼 솟아나는 베텔팜** 때문에 멀리서도 그곳에 마을이 있다는 것을 알 수 있었다.

나는 동행들과 족히 네 시간은 걸어 이 땅을 횡단했고 마침내 가느다란 금속으로 만든 다리에 이르렀다. 이 다리 아래에는 왜라캉강이 흐르고 있었다. 300미터쯤 더 가자 다 쓰러져가는 나무로 만든 작은 건물이 나왔고 거기엔 '미니mini 리앙부아 박물관'이라고 쓰여 있었다. 나는 이게 '리앙부아 난쟁이의 박물관'이라는 뜻인지 아니면 이 건물이 작다는 뜻인지 도무지 알 수 없었지만 알아볼 시간이 없었다. 입구에서 이미 박물관장 코르넬리스 야만이 우리를

---

* 감람석이나 휘석이 물과 반응하여 생긴 규산염 광물.

** 야자과에 속하는 키가 25미터 이상 되는 나무.

기다리고 있었기 때문이다. 코르넬리스는 2001년부터 리앙부아 동굴의 거의 모든 발굴 조사에 참여하고 있었고 발굴 작업이 없을 때는 방문객들에게 박물관 동굴을 소개하는 데 열심이었다.

왜라캉강에서 고도 40미터가 채 못 미치는 곳, '미니 박물관' 바로 뒤 산등성이에는 커다란 암석이 자리 잡고 있고 그 속에는 높이 25미터의 아치형 동굴 입구가 장엄한 모습으로 입을 벌리고 있다. 동굴 입구 주위로는 식탁보 끝에 달려 있는 술처럼 종유석이 치렁치렁 늘어져 있다. 하지만 더 숨 막히게 하는 것은 동굴 안의 모습이다. 리앙부아는 산속으로 깊이 들어가는 석회암 동굴 지형이 아니라 직경이 40미터가 채 안 되는 얕은 동굴이다. 석회암으로 된 종 모양의 이 동굴은 원시림의 초록빛이 동굴 깊숙이까지 비추고 있어 마치 교회 내부를 연상시킨다. 종유석 위에는 이끼와 조류藻類가 자라고 먼지가 쌓인 평평한 동굴 바닥은 갈색빛을 띠고 있다. 코르넬리스는 바닥의 정사각형으로 꺼진 부분을 가리켰다. 그곳은 LB1, 즉 호모 플로레시엔시스의 해골이 지하 6미터에서 발견된 장소다. 이 화석이 지금까지 한 번도 발견된 적 없는 종의 것임이 알려지기까지는 오래 걸리지 않았다. 하지만 이 유물의 발견과 더불어 인간 진화 역사에서 '호빗'이 차지하는 위치에 대한 논쟁도 시작되었고 이는 현재진행형이다.

이 논쟁에 대한 전체적인 줄거리를 이해하고 호모 플로레시엔시스가 갖는 의미에 대해 알려면 먼저 이 화석의 특별한 해부학적 특징에 주목하고 이와 함께 '호빗'이 살았을 당시 플로레스섬의 독특한 구세계 환경에 대해서도 알아볼 필요가 있다. LB1 해골은 여자이고 키가 약 1.06미터밖에 되지 않으며 몸무게는 약 30킬로그램 나간다. 이 수치는 동아프리카의 '루시'와 비슷하고 알고이에서 발견된 '우도'와도 비슷하다. 또한 LB1은 약 400세제곱센티미터의 적은 뇌 용적으로 선행인류, 침팬지와 공통점을 갖는다.[19] 해골의 다른 특징들 역시 이 '호빗'이 인간 진화의 첫 단계에 있다는 것을 시사한다.[20] 엉덩뼈와 손목 관절도 '루시'를 연상시키며 여러 면에서 '호빗'에게서는 족궁이 아직 발달되지 않은 것으로 여겨진다. 이 또한 아주 초기 인간 형태의 특징이다.[21] 그에 더해 두개골의 덮개 뼈는 현생인류보다 훨씬 더 두껍다. 어깨 구조도 마찬가지인데 호모 에렉투스와 가장 닮은 형태를 보인다.[22] '호빗'의 팔은 다른 선행인류나 원인보다 길고 원숭이에 훨씬 가깝다.

'호빗'이라는 별칭과 어울리게 호모 플로레시엔시스는 눈에 띄게 큰 발을 갖고 있다. 그것은 놀랍게도 넓적다리뼈 길이의 70퍼센트나 된다. 참고로 현생인류의 발은 허벅지 길이의 약 50퍼센트 정도다. 키가 1미터 70센티미터 되는 호모 플로레시엔시스가 있었다면 발이 32센티미터나 됐을 것이다. 이것은 오늘날 키가 2미터 넘는 사람들만이 신는 치수다. 발이 이렇게 크니 호모 플로레시엔시스는 걸을 때 다리를 힘들여 들어올려야 했고 현생인류와 비슷한 속도로 뛸 수 없었을 것이다. 이에 반해 '호빗'의 치아, 치근, 턱뼈의 골격은 오스트랄로피테쿠스 그리고 세계적으로 유명한 발굴지인 조지아의 드마니시에서 발견되어 지금까지 많은 수수께끼를 던지고 있는 저 고대의 원인과 유사성을 보인다. 전체적으로 봤을 때 '호빗'은 아프리카와 유라시아에서 발견된 다른 많은 유물들의 모자이크 같다.

사람들은 여러 특징이 이처럼 이상하게 혼합된 것을 설명할 수 없었고, 그러자 처음에는 호모 플로레시엔시스가 병으로 인해 변형된 현생인류일 것이라는 의견을 제기했다. 이 가설의 옹호자들은 의학에서는 유전이 잘 되는 많은 질병이 있으며 이런 질병들은 왜소증, 작은 뇌 용적, 변형된 골격을 야기할 수 있고 초기 형태 인간들 중에도 분명 이런 질병을 앓았던 사람이 있을 것이라는 주장을 펼쳤다. 이런 해석은 처음에는 이 유물의 나이 측정 결과에 의해 뒷받침되는 듯 보였다. 당시 발견자들은 이 화석의 나이를 1만 8000년으로 측정했기 때문이다. 이때는 현생인류가 이미 오래전 플로레스섬에 정착해 살았던 때다. 더욱이 이 유골과 함께 복잡한 석기들과 불을 사용했다는 단서들이 발굴되었다. 이 두 가지는 더 진화한 인간 형태에서만 볼 수 있는 것이다. 하지만 이런 정황들은 호모 플로레시엔시스가 작은 뇌 용적을 갖고 있다는 사실과는 모순되는 것이긴 했다. 그 밖에 이 주장은 또 고대 세계 원인이 플로레스섬으로 가는 바닷길을 건널 수 없었으리라는 가정과도 들어맞았다. 이 바닷길은 최고 해수면이 지금보다 120미터 더 낮았던 마지막 빙기에도 존재했었다.

하지만 2016년 처음의 발굴팀이 동굴 퇴적층의 중요한 지질학적 특징을 간과했다는 것이 밝혀졌다. 퇴적층에 비스듬히 나타

장엄한 리앙부아 동굴. 동굴 바닥에서 이전 발굴 작업이 남긴
직사각형 흔적을 볼 수 있다.

나 있는 약 5만 년 된 침식면이 그것이다. 이 침식면은 유골이 있었던 지층이 자연적인 운반 작용으로 인해 당시에 이미 한 번 지상에 노출되었다가 이후 다시 퇴적층에 의해 덮인 것임을 말해준다. 이런 과정이 있었다는 것은 석기와 목탄의 잔해가 '호빗'의 유골과 같은 깊이에서 나오게 된 상황을 설명해준다. 연구자들은 이제 LB1을 다시 한번 정확히 조사하기로 했을 뿐 아니라 한발 더 나아가 2003년부터 리앙부아에서 새로운 발굴 작업을 통해 출토된 14명의 '호빗' 화석의 분석에도 들어갔다. 그 결과 이 동굴에서 발견된 호모 플로레시엔시스의 모든 화석의 나이는 5만 년에서 19만 5000년 사이인 것으로 밝혀졌다.[23] 다시 말해 '호빗'은 왜소증에 걸리거나 잘못 형성된 현생인류의 잔해일 수 없게 된 것이다. 왜냐하면 호모 사피엔스가 플로레스섬에 도달한 것은 4만6000년 전이었기 때문이다.[24]

LB1이 질병으로 인해 변형된 현생인류라고 하는 가정을 반박하는 또 다른 중요한 논거들이 존재한다. 먼저 이 동굴에서 호모 플로레시엔시스의 개체가 살았던 약 15만 년이라는 시간 동안 뼈 질환을 앓는 개인들만이 우연히 보존되었을 가능성은 거의 없다고 볼 수 있다. 이에 더해 2014년에는 이곳에서 80킬로미터 떨어진 플로레스섬 중심부에 위치한 소아 분지에서 노천지역 발굴 작업 중 세 명의 유골 잔해[25]가 더 발견되었다. 이 개체들은 호모 플로레시엔시스와 비슷했고 심지어 나이가 70만 년인 것으로 측정되었다. 이 화석들은 '호빗 동굴'에서 나온 것보다 더 작았다. 이 초기 형태 인간의 키는 간신히 80센티미터 정도 되었을 것으로 보인다. 연구자들은 이외에도 그곳에서 석기를 발견했는데 이것들은 100만 년도 더 된 것이었다.[26] 이에 따르면 플로레스섬에는 이미 100만 년도 더 전에 아주 작은 사람들이 살고 있었던 것이 된다.

동굴 견학을 마치고 코르넬리스가 우리를 자신의 '미니 박물관'으로 안내했을 때 내 머릿속에는 이런 생각들이 지나가고 있었다. 그 박물관의 유리 진열대에는 LB1의 해골이 위용을 뽐내며 누워 있었다. 비록 그것은 복제물이었지만(진품은 자카르타에 있다) 나는 이 환상적인 증거 자료 앞에서 경외감을 느꼈다. 코르넬리스는 뼈 하나하나를 어떻게 안전하게 확보했는지, 처음 발굴할 때 발굴자들이 극복해야 했던 문제들은 어떤 것이었는지 자세히 설명해주었다. 축축한 동굴 바닥에서 이 뼈들은 습기를 많이 머금고 있어 부서지기 쉬운, 버터처럼 부드러운 상태였다. 이들은 처음에 뼈의 안전 확보를 위해 접착제와 암석경화제를 사용했지만 습한 재료에는 적당하지 않았고 결과적으로 많은 뼈가 손상을 입었다. 전시된 사

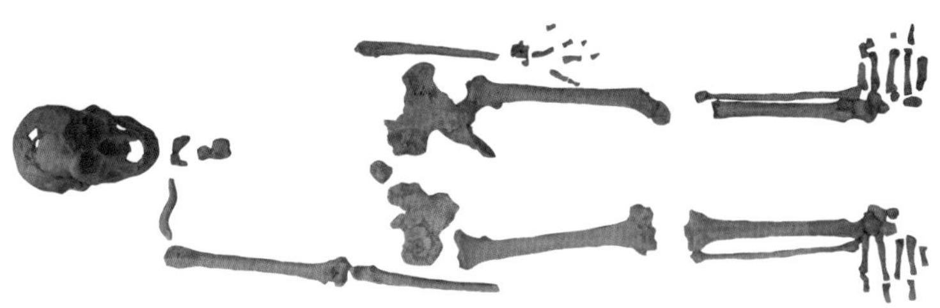

'호빗'으로 알려진 호모 플로레시엔시스의 유골 LB1.

진들은 화석들을 말리기 위해 심지어 호텔 침대 위에 신문지를 깔고 펼쳐놓았던 모습을 보여준다.

난쟁이코끼리와 자이언트쥐에 대하여

'호빗'이 현대 인간이 왜소증에 걸린 경우가 아니라고 한다면 그는 도대체 누구인가? 이에 대해 중요한 단서를 제공하는 것이 동굴에서 나온 또 다른 화석들이다. 이 화석들은 코르넬리스의 '미니 박물관'에 원본의 일부가 보관되어 있다. 연구자들은 리앙부아 동굴에서 '호빗' 외에 코끼리, 조류, 파충류, 쥐의 잔해도 발견했다. 놀라운 것은 이 화석들도 모두 아주 작거나 또는 매우 크다는 점이다. 코끼리들은 스테고돈Stegodon속으로 당시 아시아의 많은 지역에 분포되어 있었다. 하지만 리앙부아에서 나온 표본들은 크기가 1미터 50센티미터로 겨우 어깨 높이였다. 아프리카 코끼리만 한 크기의 기존의 스테고돈속 코끼리에 비하면 이는 초소형 코끼리였다. 이에 반해 동굴에서 나온 조류, 파충류, 쥐는 거대했다. 예를 들어 연구자들이 발굴해낸 황새과에 속하는 대형 마라부의 뼈는 1미터 80센티미터였다. 현재의 마라부는 최대 1미터 50센티미터다. 게다가 멸종한 플로레스-마라부는 더 조밀하고 무거운 뼈를 갖고 있어서 날지는 못했을 것이다.[27] 동굴에서 나온 코모도왕도마뱀의 뼈도 현재 살아 있는 가장 큰 표본보다 50퍼센트까지 더 컸다. 이런 큰 덩치들 외에 동굴에서 발견된 세 종의 쥐 화석도 크기가 커져 있었다. 쥐들은 '호빗'과 코끼리를 빼면 그곳에서 발견된 유일한 포유류였다. 이들 중 가장 큰 종은 플로레스-자이언트쥐로 현재도 이 섬에서 볼 수 있다. 이 쥐는 머리에서 꼬리 끝까지 80센티미터가 넘는다.[28] 그 지역 토착민들은 예전이나 지금이나 이 쥐의 고기를 높이 친다. 한 바퀴 둘러본 후 코르넬리스는 나를 근처의 자기 집에 초대했는데 거기서 나는 자이언트쥐가 맛있다는 것을 직접 확인할 수 있었다.

우리는 '호빗' 시대 플로레스섬에 대해 막연한 그림만 그릴 수 있을 뿐이다. 아주 소수의 척추동물만 이 섬에 살았고 아시아 대륙에 살았던 이들의 가장 가까운 친척과 비교해볼 때 인간과 코끼리의 경우처럼 크기가 아주 작거나 또는 마라부, 왕도마뱀, 쥐의 경우처럼 크기가 아주 컸다. 그런데 어쩌다가 이 기묘한 동물 세계가 발달하게 되었을까? 플로레스섬 주변의 바다는 수심이 매우 깊어 동물들은 처음에 물길로만 이 섬에 다다를 수 있었다. 더욱이 플로레스섬은 일명 인도네시아 통류通流 중간에 위치해 있어 섬 주위로 세계적으로 가장 거센 해류가 흐르고 있었다. 인도네시아 통류는 지구 기후 시스템의 중심 구성 요소 중 하나로 열기를 만들어내는 일종의 거대한 열펌프다. 이 통류는 초당 1500만 세제곱미터의 따뜻한 태평양 바닷물을 플로레스섬을 지나 온도가 더 낮은 인도양으로 운반한다. 이 해수의 양은 150억 리터나 된다! 그럼에도 불구하고 플로레스섬에서 발견된 모든 동물 종은 섬의 토착종이 아닌 이민자들이다. 코끼리, 황새, 쥐와 같은 동물은 원래 인도네시아 서

부에서 왔고 도마뱀은 오스트레일리아에서 왔다.[29]

새는 아무 문제가 없었다. 그냥 날아오면 됐으니까. 이에 반해 스테고돈과는 헤엄쳐 건너오는 방법밖에 없었을 것이고 쥐와 같은 더 작은 포유류는 흔히 폭풍 후에 생겨나는 떠다니는 나무토막을 타고 섬까지 왔을 것이다. 일단 섬에 도착한 다음에는 고립된 새로운 생활 환경에 적응해야 했다. 코끼리와 같은 큰 동물들은 이 과정에서 크기가 줄었다. 이렇게 적응한 결과 이들은 더 적은 먹이로도 살 수 있었고 집단 내 개체 수를 보존할 수 있었다. 그렇게 해서 유전적 다양성이 유지될 수 있었다. 보통 크기의 코끼리 수는 줄었고 그 결과 아마도 지속적인 동종 교배로 인해 멸종하게 되었을 것이다.

반면 도마뱀과 마라부처럼 육식 또는 썩은 고기를 먹는 동물들은 플로레스섬에서는 먹이 경쟁자가 없었다. 다른 곳에서는 고양잇과나 하이에나 같은 동물들과 썩은 고기 및 사냥감을 놓고 다퉜을 것이다. 하지만 마라부는 플로레스섬에서 배불리 먹기 위해 넓은 거리를 날아야 할 필요가 전혀 없었을 것이다. 멀리 날지 않게 되자 이 새들은 점점 더 크기가 커졌고 심지어 날기를 그만두었다. 왕도마뱀도 그곳에서 당시 아주 편안하게 살았던 것 같다. 이들은 원래부터 크기도 컸지만 난쟁이코끼리를 사냥할 수 있으려면 더 커질 필요가 있었다. 적응력이 뛰어나고 잡식성인 쥐에게는 이곳 생활이 특히 쉬웠을 것이다. 쥐들은 땅에서 그리고 나무 위에서 차고 넘치는 먹이를 발견했으며 이것은 거대한 크기로 자라는 데 이상적인 조건이었다. 먼 거리에 사는 육지동물이 플로레스섬 주변의 바닷길과 같은 극한 조건을 뚫고 와 한 섬을 장악해 사는 경우는 드물지 않게 볼 수 있다.[30]

바다 위의 '호빗들'?

반면 인간은 전혀 뛰어난 수영 선수가 아니다. 게다가 외딴섬에서 얼마 안 되는 개체들끼리 장기적으로 ('호빗'의 경우 최소한 100만 년 동안) 사는 것은 불가능하다. 동종 교배를 피하기 위해서라도 처음부터 최소한의 인구 집단 크기가 보장되어야 한다.[31] 이 때문에 인간이 섬에 이주해 성공적으로 장기적으로 산다는 것은 자유 의지, 계획적인 행동, 자신들의 생물학적 특성에 대한 지식을 전제하는 대단한 문화적 행위다. 집단의 어떤 구성원들이 이 여행길에 나설까? 경험 많은 노년층? 번식 능력이 있는 젊은층? 새로운 생활 환경에 성공적으로 정착하기 위해서는 몇 명의 남자와 여자가 필요한가? 미지의 세계로 여행을 떠나기 위해서는 어떤 도구와 얼마만큼의 식량을 지참해야 하는가? 우리 현지인들도 미지의 세계에 물자를 공급, 운송하는 것이 쉽지 않은데(달과 화성 개척을 떠올려보라) 100만 년 전 원시인들이 이런 문제를 해결했으리라고 생각하기는 어렵다. 게다가 이런 과제는 계획에 관한 의사소통을 하기 위해 복합적인 언어가 발달해 있어야 한다는 전제를 필요로 한다. 따라서 나는 우리가 고대인 문화에 대한 우리의 생각을 재고해야 한다고 본다.

우리 중 다수는 분명 바다를 '어떻게' 건넜느냐는 물음에서 즉시 배나 뗏목 같은 기술을 떠올렸을 것이다. 하지만 섬에 가닿기 위한 또 다른 방법을 생각할 수 있고 또 이것은 증명 가능하다. 네덜란드의 고생물학자 파울 손다르는 이미 1980년에 코끼리가 '스노클'* 을 가지고 있다는 점, 여러 섬에 코끼리와 인간이 정착해 살고 있는 것 사이에는 밀접한 관계가 있을 수 있다는 점을 지적했다.[32] 코끼리는 수영할 때 몸의 대부분이 수면 아래로 잠긴다. 물 밖으로는 뒤통수와 드물게 등의 작은 일부분만이 보인다. 하지만 코를 높이 들어올리면 스노클과 유사한 이 기관을 통해 물 밑에서 숨 쉬는 것이 가능해진다. 이런 방법으로 코끼리는 수십 킬로미터를 헤엄칠 수 있다. 18세기 네덜란드 여행자들의 동판화를 보면 인도네시아 군도의 토착민들이 이웃 섬으로 가기 위한 이동 수단으로 헤엄치는 코끼리를 이용했다는 것을 알 수 있다. 이 동판화에서는 머하웃** 이 코끼리 등에 서서 긴 고삐에 묶인 코끼리를 조정해 바다를 건너고 있다.

파울 손다르가 큰 역할을 한 인도네시아의 고생물학 연구 조사는 지난 200만 년 동안 실제로 이곳 거의 모든 섬에서 코끼리 또는 코끼리와 가까운 친척관계에 있는 장비목의 스테고돈과 동물들이

* 잠수 중에 물 밖으로 연결하여 숨을 쉬는 데 쓰는 관.

** 코끼리를 사육하며 코끼리를 부리는 사람.

살았다는 것을 밝혀냈다. 이것은 지중해 지역에서도 마찬가지다.[33] 인간과 코끼리가 섬들까지 도달한 유일하게 큰 포유류인 경우는 자주 있었다. 그런 까닭에 저명한 남아프리카의 고인류학자 필립 토비아스도 이 점에서 이미 인과적 관계를 추론한 바 있다.[34] 예를 들어 선행인류와 원인들이 코끼리가 해변에서 물속으로 걸어 들어가 헤엄쳐 나간 후 수평선에서 사라져 다시 돌아오지 않는 광경을 관찰한 적이 있을 거라고 생각해보자. 코끼리들은 멀리 떨어진 섬에서 오는 동족의 냄새나 울음 신호들을 지각할 수 있었고 아마 이 신호를 따라 갔을 것이다.[35] 원시인들은 이런 코끼리와 친해지려 했고 결국 코끼리 등에 올라타 바닷길을 건너는 데 성공했을 수 있지 않을까? 인간과 코끼리가 친밀하고 가까운 유대관계를 형성할 수 있다는 것은 오늘날에도 머하웃과 일꾼 코끼리 사이의 평생 지속되는 관계에서 확인할 수 있다.

'호빗'의 기원

하지만 이런 생각들이 '호빗'을 해석하는 데 무슨 의미가 있는가? 혹시 '호빗'은 우연히 플로레스에 닿아 제한된 자원을 가진 새로운 환경 속에서 난쟁이로 줄어든, 이 섬에서만 볼 수 있는 종이 아닌 것은 아닐까? 이제야 서서히 이런 생각에 귀를 기울이는 사람들이 생기기 시작했다. 하지만 많은 연구자가 아직도 '호빗'은 줄어들었다는 가설을 지지한다. 이들에 의하면 작은 호모 플로레시엔시스의 직접적인 조상은 150만 년 전 자바섬에서 살았던 큰 호모 에렉투스다.[36] 자바 원인 중 여러 명이 설명할 수 없는 방식으로 바다를 건너 플로레스섬에 이르렀고 스테고돈과 동물들과 비슷한 축소 과정을 겪었다는 것이다. 이에 대한 증거로 제시되는 것이 플로레스섬에는 큰 몸집의 사냥감이 존재하지 않는다는 것이다. 실제로 '호빗'은 자이언트쥐를 주요 식량으로 삼았던 것이 확실하다. 이것은 리앙부아 동굴에서 나온 이 설치류의 약 200개 개체의 잔해로 확인된다. 거대한 쥐라고 하더라도 그것 하나만으로는 호모 에렉투스 타입의 보통 크기의 선행인간에게는 충분한 식량이 되지 않았을 것이고 따라서 몸이 줄어들었다고 생각할 수 있다. 하지만 연구자들은 리앙부아 동굴에서 자이언트쥐의 잔해 외에 인위적인 힘이 가해진 난쟁이코끼리의 뼈도 발견했다. 이 뼈는 심지어 '호빗'도 이따금 스테고돈을 잡아먹었다는 것을 증명해준다. 이 종류의 코끼리는 미니 사이즈에서도 무게가 족히 400킬로그램까지 나갔다. 그 정도 양의 고기면 큰 원인들도 먹여 살릴 수 있을 것이었다. 거기다 동물의 알을 노획하고 해안에서 해산물을 채집하며 곤충들을 먹을 수 있었다는 것까지 계산하면 이들의 식량이 부족했다고만 볼 수는 없을 것이다.

우리가 살펴봤던 대로 호모 플로레시엔시스의 유골에서는 그것이 호모 에렉투스의 미니어처 버전이라는 것을 뒷받침해주는 어떤 근거도 찾을 수 없다. 따라서 호모 플로레시엔시스에 관한 최신 계통도 연구는 이런 의견을 거부하고 호모 플로레시엔시스가 초기 호모속에 가깝다고 본다.[37] 이 연구의 저자들은 두 가지 시나리오가 개연성 있다고 본다. 첫 번째 시나리오에서는 '호빗'이 최소한 175만 년 된 것으로 증명된 아프리카의 호모 하빌리스와 공통의 조상을 갖는 종이다. 두 번째 시나리오는 '호빗'이 심지어 280만 년에서 200만 년 전 호모 계통의 가장 초기에 위치한다고 본다. 하지만 아프리카에서 이 기간에 나온 '초기 호모' 중 증거력을 가진 화석은 매우 적다. 이 해석은 한편 최대 260만 년 전 것으로 측정되는 인도와 중국에서 발견된 인공적인 도구들과 일치하며 또 '의문

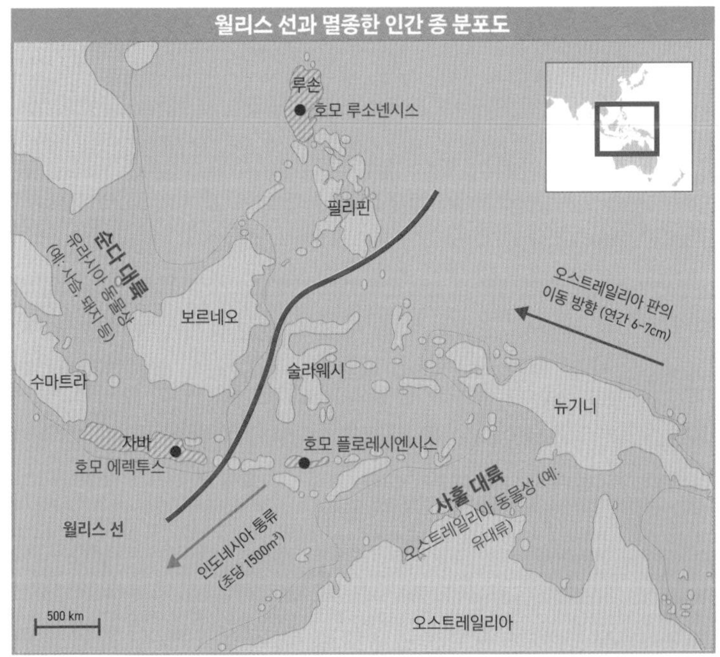

의 원숭이'로 남겨진, 저 양쯔강의 호모 우산넨시스와도 부합한다. 이 해석에 따르면 호모 플로레시엔시스가 사람족 중 특별히 작은 것은 아니다. 왜냐하면 많은 선행인간과 원인의 키는 1미터 정도밖에 안 되었기 때문이다. 가령 '루시'를 들 수 있다. 그리고 크레타섬에 발자국을 남긴 존재도 마찬가지였다. 키가 최대 1미터 50센티미터인 작은 체구는 모든 선행인간의 특징이며 170만 년 전 이후 호모 에렉투스에 와서야 키가 1미터 70센티미터에 이르렀다.[38]

새로운 난쟁이 인간

원시인들이 동남아시아 군도에 정착해 살았다는 가설은 최근 또 다른 놀라운 증거물에 의해 뒷받침되었다. 연구자들은 2007년 필리핀 북쪽에 위치한 필리핀에서 가장 큰 섬인 루손섬의 칼라오 동굴에서 현재의 동굴 바닥 지하 2미터 80센티미터 되는 곳에서 인간의 발허리뼈를 발견했다.[39] 학자들은 원래 이 지역에서 약 4000년 전 사냥과 채집을 하던 사람들이 어떻게 가축 사육을 하게 되었는지 조사하려고 했다. 하지만 놀랍게도 동굴의 지층은 이보다 훨씬 더 오래된 것으로 밝혀졌다. 1미터 30센티미터 깊이에서 벌써 석기, 불에 탄 동물 뼈, 불을 피운 자리가 발견되었는데 이것들은 나이가 2만6000년으로 측정되었다. 그 아래 지층에서 발견된 인간 뼈는 최소 6만7000년으로 측정되었다. 이 뜻밖의 발견 이후 연구자들은 발굴 작업을 확대했고 2011년에는 또 다른 인간 화석, 즉 치열이 붙어 있는 상악골, 두 개의 손가락뼈, 두 개의 발뼈, 넓적다리뼈 조각 한 점, 두 점의 치아를 발견할 수 있었다.[40] 오늘날 밝혀진 바로 이 유물의 주인은 두 명의 어른과 한 명의 청소년이며 새로운 종 호모 루소넨시스*Homo luzonensis*에 속했다.

이 화석에서 특이한 점은 이 화석들이 지금까지 알려진 인간 해부 구조에 들어맞지 않으며 원시적 특징과 더 발달된 특징의 조합이라는 완전히 새로운 형태가 나타난다는 점이다. 상악골의 치아는 매우 작아 심지어 호모 플로레시엔시스보다 더 작고 치관은 현생인류와 비슷하다. 그럼에도 상악골의 앞어금니들은 세 개로 벌어진 치근을 갖고 있는데 이는 지금까지 주로 대형 유인원과 선행인류에게서 볼 수 있었던 원시적인 특성이다. 이에 더해 앞어금니들은 뒤에 있는 어금니들에 비해 눈에 띄게 크기가 더 크다. 이 또한 지금까지 대형 유인원, 알고이의 '우도', 아프리카의 '호두까기 인형', 즉 선행인간 파란트로푸스에게서만 발견되었던 것이다.

특히 흥미를 끄는 것은 호모 루소넨시스의 두 손가락뼈다. 이 뼈들은 많이 휘어 있었는데, 이는 이 의문의 존재가 기어오르기를 매우 잘할 수 있었다는 것을 증명해준다. 이 또한 고인류학자들이 지금까지 대형 유인원, 선행인류, 아프리카에 살았던 호모속의 초기 개체들에서만 봐왔던 것이다. 호모 루소넨시스의 손가락 관절은 심지어 손가락을 뒤로 젖히는 것이 불가능하도록 되어 있다. 이것은 그 전에는 발견된 적이 없는 특징이었다. 두 개의 발가락뼈도 휘어 있고 발가락을 구부리기 위해 튼튼한 힘줄 착지점을 갖고 있다. 그럼에도 불구하고 이것의 형태학적 특징은 직립보행을 했음을 가리키며 선행인류속인 오스트랄로피테쿠스와 가장 가깝다.

전체적으로 봤을 때 호모 루소넨시스는 현재 발굴 상황에 따르면 이족 보행의 인간 존재였지만 그럼에도 잘 기어오를 수 있었다. 첫눈에 그는 심지어 저 유명한 '루시'와 비슷한 것 같았다. 하지만 치아의 특징이 부분적으로 현생인류와 상당히 가까워 보였기 때문에 이 종은 호모속으로 분류되어야 했다.

그렇지만 어떻게 이런 혼종이 아프리카 선행인류와 '초기 호모'가 사라진 후 수백만 년이 지나 루손섬에서 살아 있을 수 있었을까? 그런데 호모 루소넨시스가 훨씬 이른 시기에 이 군도에 다다랐다는 단서들이 실제로 존재한다. 2018년 루손섬 북부에서 발굴 작업을 벌였던 또 다른 연구팀이 발표한 결과가 이를 보여준다.[41] 이 학자들은 그곳에서 족히 70만 년은 된 멸종된 필리핀 코뿔소, 즉 리노세로스 필리피넨시스*Rhinoceros philippinensis*의 완전히 부서진 해골을 발견했다. 이 뼈의 4분의 3이 불과 6제곱미터 면적의 땅에 분산되어 있었고 특히 갈비뼈와 손허리뼈에는 칼로 벤 자국이 있었다. 이것은 돌칼로 살을 발라내고 힘줄을 벗겨낸 뼈에서 나타나는 전형적인 특징이었다. 이 코뿔소의 두꺼운 상박부의 뼈 두 점은 심지어 산산조각 나 있었고 내리친 자국이 있었다. 즉 지방과 단백질이 풍부한 골수를 얻기 위해 이 뼈를 파열시켰다는 흔적이었다. 이 학자들은 마치 또 다른 증거가 필요했다는 듯 해골이 발견된 근처에서 57점의 구석기 시대 도구를 발견했다. 그중에는 돌망치, 몸돌, 몸돌에서 떨어진 격지라 불리는 돌조각이 있었다. 그런 까닭에 '호빗'처럼 루손섬의 경우에도 호모 에렉투스가 섬에 와서 줄어든 것이 아니냐는 가설이 제기된다.[42] 하지만 화석의 해부학적 특징들은 이런 가설을 정확히 반박한다.

아프리카 원시 호모 또는 심지어 항상 걸어다니는 것은 아니었던 선행인간이, 키가 1미터밖에 되지 않고 아마도 많은 시간을 여전히 나무 위에서 보냈던 이들이 지구 반 바퀴를 행진해 여기까지 왔다는 것이 정말 가능한 일이었단 말인가? 이 가능성이 배제될 수는 없다. 하지만 이 초기 사람족들은 아예 아프리카를 떠난 적이 있지도 않았을 것이다. 왜냐하면 이들은 유라시아에서 기원했기 때문이다. 인간 계통의 진화는 아프리카가 아니라 이 거대하게 넓은 지역의 원시 초원 생태 시스템에 그 기원이 있을 것이기 때문이다! 다른 연구자들도 그사이 호모 플로레시엔시스와 호모 루소넨시스의 발견이 아프리카 유래설 I 이론의 정당성을 무효화시키는 것이라는 언급을 한다.[43] 왜냐하면 이 이론은 호모 에렉투스에 이르러서야 인간은 아프리카를 떠났고 인간속의 어떤 개체도 그 전에는 아시아 또는 유럽 땅에 발을 들여놓지 않았다고 전제하기 때문이다. 이 이론에 따르면 호모 에렉투스는 200만 년도 더 전에 확산되었고 그때 이미 긴 다리를 지닌 털 없는 원인이었다. 또 그는 이미 우리와 아주 유사한 체격에 상당히 큰 뇌를 갖고 있었다. 하지만 많은 사람의 생각 속에 존재하는 모습인, 호모 에렉투스가 똑바로 일어선 인간으로서 신세계에 영광스런 첫발을 들여놓는 그런 일은 일어난 적이 없었을 것이다.

하지만 또 달리 대답되어야 할 가장 중요한 질문이 남아 있다. 인간은 해안에서 전혀 보이지 않는 저 멀리 떨어진 섬으로 이주하는 모험을 도대체 **왜** 감행했을까?[44] 어디론가 떠나고 싶은 욕구, 미지의 세계를 향해 떠나 새로운 생활 공간을 정복하고자 하는 충동은 지금까지 간주됐던 것보다 더 오래된, 처음부터 우리 안에 내재되어 있었던 것인지도 모른다. 우리는 똑같은 질문을 현재의 우리 자신에게 물어볼 수 있을 것이다. 인간은 왜 화성으로 이주하고 싶어하는가? 아마 두 질문에 대한 답은 비슷할 것이다. 그것을 할 수 있기 때문은 아니다. 화성 이주는 아직 성공하지 못했지만 그래도 우리는 그것을 하려고 하니까. 우리가 그것을 원하는 이유는 할 수 있기 때문이 아니라 그것을 상상할 수 있기 때문이다! 우리는 이성적인 상태에서 가상적인 상황을 상상하고 여러 세계, 여러 장소, 여러 상황을 생각 속에서 구성하며 또 그것들을 감정적이고도 정신적인 에너지와 연결시킬 수 있다. 아마도 저편의 것, 미지의 것에 대한 상상이야말로 우리 진화의 가장 중요한 인지적 추동력일 것이다. 이 추동력은 우리로 하여금 별다른 이유 없이 극한까지 가는, 심지어 생물학적인 한계까지도 넘어서는 것들에 도전하도록 만든다.

20장

털 없는 장거리 달리기 선수: 달리는 인간

헤메로드로모스Hemerodromos 혹은 '하루 종일 달리는 사람'은 고대 그리스에서 중요한 소식을 전하기 위해 몇 시간 만에 장거리를 달릴 수 있는 급사를 일컫는 말이다. 이러한 전령 가운데 가장 유명한 사람은 페이디피데스Pheidippides일 것이다. 기원전 490년 밀티아데스 지휘관은 마라톤 지방에서 페르시아인들과의 전투를 앞두고 도움을 청하기 위해 이 전령을 아테네에서 스파르타로 급파했다. 전해오는 이야기에 따르면 페이디피데스는 이틀도 안 걸려서 246킬로미터를 주파했다고 한다. 정말 놀라운 능력이 아닐 수 없다. 그런데 왜 기마병을 보내지 않고 달리기 선수를 보냈을까? 놀랍게도 말은 그렇게 오래 달릴 수 없을 것이기 때문이다. 최상급 달리기 선수들은 6~7시간 안에 100킬로미터를 달릴 수 있다. 24시간 달리기 세계 최고 신기록은 303킬로미터이고 심지어 참가자들이 52일 만에 거의 5000킬로미터를 뛰어야 하는 대회도 있다![45] 짧은 거리를 전력 질주할 때는 많은 동물이 인간보다 빠르다. 이를

테면 고양잇과에 속하는 맹수들, 말, 영양, 들개, 나아가 캥거루와 토끼도 모두 자메이카의 세계 기록 보유자 우사인 볼트보다 더 빨리 달린다. 대체 인간은 왜 짧은 거리에서는 '오리걸음'인데 장거리 경주에서는 당할 자가 없는 것일까?

이에 대한 한 가지 답은 우리 조상들의 사냥 전략에서 찾을 수 있다. 현재도 나미비아의 산족과 멕시코의 타라후마라족은 몰이사냥을 하는데 그 뿌리는 선사시대로까지 거슬러 올라간다.[46] 이 사냥에서는 여러 명의 사냥꾼이 주로 가젤이나 노루 같은 사냥감을 이 동물들이 지쳐 멈춰서 움직이지 않을 때까지 또는 몸이 과열돼 쓰러져 죽을 때까지 쫓는다. 이런 사냥은 보통 장시간 동안 계속되며 결과는 성공적인 편이다. 동물 중에서는 들개와 늑대만이 이와 비슷하게 몰이사냥에 능숙하다. 그러니 인간이 이미 3만 년도 더 전에 처음으로 늑대를 길들여 함께 매머드나 유럽들소와 같은 빙하기 시대 대형 동물을 사냥하는 공동체를 형성했다는 것은 그리 놀라운 일이 아니다.[47] 하지만 인간의 몰이사냥의 기원은 그보다 훨씬 더 오래된 것이 확실하다. 미국의 인류학자 대니얼 리버먼은 수십 년 전부터 어떤 해부학적, 생리학적 요소들이 인간을 완벽한 달리기 선수로 만들었는지를 연구하고 있다. 그는 장거리 달리기 선수라는 자신의 가설에서 이 능력을 인간 진화와 연결시켜 설명한다.[48] 이 가설에 따르면 선행인간에서 원인을 거쳐 호모 사피엔스에 이르기까지 진화의 역사에는 달리는 능력을 지속적으로 최적화시키는 과정이 선행됐다고 한다. 이 설명 모델에서 요점은 먼

저 직립보행이 발달되었고 그 후 시간이 한참 지나서야 인간의 원시 친척들은 인간으로 발달해가는 과정에서 장거리 달리기 선수가 되었다는 점이다. 그렇다면 그냥 두 발로 걸어가는 것과 빠른 속도로 걷거나 심지어 달리는 것의 차이는 어디에 있는 것일까?

무언가를 짚지 않고 몸을 앞으로 쏠리게 하는 기술

걸어서 이동하는 것 자체도 이미 생체역학적으로 봤을 때는 대단한 능력이다. 걸을 때 우리 신체의 움직임은 거꾸로 된 진자와 같기 때문이다. 이때 몸의 무게중심점은 다리보다 위쪽에 있게 된다. 우리는 한 걸음 뗄 때마다 서 있을 때의 균형 상태에서 벗어나 전면과 측면으로 약간 기울어진다. 이때 무릎이 교대로 굽혔다 폈다 해서 이 불균형을 상쇄시킬 수 없다면 우리는 바로 앞으로 고꾸라질 것이다. 몸의 전체 무게는 이렇게 해야만 한 다리에서 다른 다리로 교대로 옮겨갈 수 있다. 이렇게 다리를 교대해서 앞으로 나아갈 수 있게 해주는 것은 특히 발이다. 발은 뒤꿈치부터 차례로 땅에 닿으며 발가락을 거쳐 우리가 앞으로 나갈 수 있게 해준다. 이렇게 걷기 위해서는 이미 몸의 균형을 능숙하게 잡을 수 있어야 한다. 그런데 발바닥의 면적은 발바닥이 짊어져야 하는 전체에 비해 크기가 작은 편이다. 달리는 사람은 걸음마다 잠시 몸을 땅에서 띄워 비행 모드로 들어갔다가 이어 땅에 착지하는데 이때 몸은 매번 땅과 부딪히는 충격을 흡수해야 한다. 게다가 달릴 때 몸의 무게중심은 발보다 앞에 놓이게 된다. 다리가 움직일 때마다 다리의 힘줄과 인대가 수축되고 용수철이 당겨질 때처럼 에너지가 축적된다. 이어 일어나는 동작에서는 힘줄과 인대가 이완되는데, 이때 에너지는 다시 발산되면서 몸을 말하자면 앞으로 튕겨나가게 한다.

간단히 말해 뛰는 것은 지속적으로 몸을 앞으로 쏠리게 하는 기술이다. 놀랍게도 이렇게 더 빠른 속도로 앞으로 나가는 것은 서행으로 보행할 때 일어나는 진자운동보다 에너지 면에서 훨씬 더 효율적이다. 후자에서는 힘줄과 인대의 신축 운동이 부차적인 역할에 그치기 때문이다.

이처럼 독특한 형태의 동작을 완성시키기 위해 인간의 몸은 많은 변화를 겪었는데, 특히 다양한 신체 부위와 기능이 서로 맞물려 작용했다. 신체 안정성이 개선되었고 골격의 해부학적 구조, 체온 조절, 에너지 축적도 특별한 적응 과정을 거쳤다. 이 같은 변화를 통해 우리는 뛰어난 달리기 선수가 될 수 있는 특징을 갖게 되었다.

구체적으로 살펴보면 이런 적응 과정이 인간의 진화에 얼마나 중요했는지를 알 수 있다. 머리부터 시작해보자. 선행인류에게서 직립보행이 발달되려면 척추가 시작되는 지점인 대후두공이 뒷덜미에서 두개골의 중간 부분으로 이동해야 했다. 이 근본적인 변화야말로 두 다리로 걸으면서 동시에 척추 위에서 머리의 '균형을 유지하고' 전방을 바라볼 수 있도록 하는 전제 조건이었다. 하지만 이러한 변화만으로는 걸을 때 크게 힘들이지 않고 몸 앞쪽에서 머리의 균형을 유지하기에 충분치 않았다. 때문에 인간은 강한 목덜미 인대를 발달시켰다. 목덜미 인대는 머리 뒤의 불룩 돌출된 뼈에서 시작해 경추 가장 아래까지 이어진다. 침팬지와 선행인간은 이에 상응하는 착지 자리가 존재하지 않는다. 이에 반해 호모 에렉투스 원인과 네안데르탈인은 이 착지 자리가 심지어 우리보다 훨씬 더 발달되어 있다. 걸을 때 다리 동작의 균형을 잡기 위해서는 전제 조건으로 머리, 목, 상체가 안정적으로 연결되어 있으면서 역학 구조상 어깨가 몸에서 떨어져 몸과 함께 가볍게 흔들거릴 수 있어야 한다. 인간은 이것이 가능하다. 이에 반해 현재 생존하는 대형 유인원의 상체와 팔이음뼈는 역학적으로 연결되어 있다. 이러한 적응 형태는 기어오르 데는 중요하지만 걷는 데는 방해가 된다.

또한 우리는 걸을 때 상체 전체의 무게를 안정적으로 앞으로 이동시키고자 크고 강한 엉덩이 근육을 발달시켰다. 엉덩이 근육은 걸을 때 보통 상체가 앞으로 기울어지는 것을 뒤에서 잡아주는 역할을 한다. 커다란 엉덩이 근육은 인간이 갖고 있는 근육 중 가장 두꺼운 근육이다. 하지만 대형 유인원에게 이는 비교적 작은 근육이다. 이에 더해 인간은 척추기립근의 강한 근육 줄기가 상체에서 골반까지 연결한다. 이러한 사실은 인체의 골격에서 이 근육의 커다란 착지 자리인 꼬리뼈와 엉덩뼈에서 볼 수 있다.

인간 흉곽의 해부 구조 또한 장거리를 걷는 데 이상적이다. 다른 네발 달린 포유류들은 걸을 때 흉곽으로도 충격을 완화해야 한다. 이들의 흉곽의 측면은 교대로 좁아졌다 넓어졌다를 반복한다. 이 때문에 네발로 걷는 동물들은 호흡 빈도가 1보에 1회로 정해지며 호흡과 걸음의 빈도를 맞춰야 한다. 그 결과 동물들의 경우 각기 걷는 방식에 따라 에너지 효율적인 속도가 있다. 이런 이유로 동물들은 속도를 조절할 때 속도 변화가 급격히 이루어지곤 한다. 말이 탁탁탁탁 속보로 걷다가 달그락 달그락 달그락 더 빠른 속도의 갤럽으로 바꿀 때를 생각해보라. 이에 반해 인간은 두 발로 걷는 직립보행을 하기 때문에 걸음과 호흡 빈도가 일대일로 대응하지 않는다. 인간의 흉곽은 앞으로 이동하는 동작에 관여하지 않기 때문이다. 따라서 우리는 걷는 속도를 '변환 턱 없이' 조절할 수 있다.

이제 하체를 살펴보도록 하자. 인간의 다리와 발은 장거리 달리기 선수의 필요에 완벽하게 맞춰져 있다. 이때 커다란 하중을 받는 것은 무릎 관절이다. 무릎 관절에는 걸을 때마다 체중의 3~4배 되는 무게가 실린다. 이 힘의 작용을 더 잘 분산시키기 위해 자연스럽게 대퇴골과 정강이뼈 사이 관절의 면적이 훨씬 더 커졌다. 초기의 두 발로 걷는 동작에는 이런 해부학적 적응이 필요하지 않았을 것이고 따라서 선행인류에게는 이런 변화가 아직 일어나지 않았다.

몸의 크기 대 다리 길이도 빨리 그리고 계속해서 뛸 수 있는 능력에 매우 중요한 역할을 한다. 그런 까닭에 인간의 발달 과정에서 넓적다리뼈가 특히 길어졌고 무게를 줄이기 위해 상체와 팔은 더 짧아졌다. 인간처럼 긴 다리를 가진 원숭이는 없다. 나무에서 먼 거리를 점프해서 이동하는, 긴 다리를 가진 랑구르 원숭이도 다리가 그렇게 길지는 않다. 또한 우리의 특출한 달리기 능력에 결정적인 요소는 완전히 성숙하게 발달된 탄력성 있는 족궁이다. 이 부분으로 인해 힘의 전달이 훨씬 더 개선될 수 있었기 때문이다. 보통의 방식으로 두 발로 걷는 데는 선행인류 종인 오스트랄로피테쿠스 아파렌시스와 '루시'에게서 볼 수 있듯이 진화가 약간 덜 된 족궁만으로도 충분하다. 하지만 뛰기 위해서는 발에 엄청난 힘이 작용하기 때문에 인간에게는 이에 더해 매우 오밀조밀한 발허리뼈가 장착되어 있다.

인간 진화의 역사에서 이런 특징이 처음으로 나타나는 것은 호모속의 초기 개체들이다. 뛸 때 우리를 도와주는 것은 족궁만이 아니다. 발바닥 또한 발뒤꿈치부터 차례로 지면을 밟아나갈 수 있어서 뛰는 동작을 돕는다. 이런 동작이 가능한 이유는 엄지발가락을 제외한 다른 발가락들이 비교적 짧기 때문이다. 이 발가락들이 길었다면 지렛대 작용을 강화해 앞으로 나가는 동작은 더 잘 이루어질 수 있었겠지만 대신 몸의 안전성을 잃었을 것이다.[49] 말하자면 진화 과정은 이 지점에서 안정성을 택한 것이다. 아마도 뛸 때마다 몸이 앞으로 숙여지면 부상의 위험이 높아지기 때문이리라.

또 우리의 가장 두껍고 강한 힘줄인 아킬레스건을 살펴보자. 아킬레스건은 뛸 때 큰 도움을 주는 힘줄이다. 인간은 발뒤꿈치가 짧아지면서 마치 활의 줄이 팽팽해지듯 아킬레스건이 훨씬 더 팽팽해졌고 이로 인해 대형 유인원이나 선행인류보다 더 많은 이동 에너지를 전달할 수 있게 되었다. 현생인류인 호모 사피엔스의 발꿈치뼈는 우리의 멸종된 사촌인 네안데르탈인보다 더 짧다. 이것은 우리가 처음부터 장거리를 더 효율적으로 뛸 수 있었다는 것을 보

여준다.[50]

다른 한편 달리는 데 도움이 되도록 변화가 일어난 것은 이동 기관만이 아니었다. 우리의 평형감각 또한 이런 적응 과정을 거쳤다. 뼈로 이루어진 귀 내부를 들여다보면 전정기관의 중요한 부분으로 공간 속에서의 위치 변화와 가속도를 감지하는 반고리관이 대형 유인원 및 선행인류에 비해 훨씬 더 넓어졌다는 것을 알 수 있다. 이러한 변화는 보행 속도가 빠를 때 균형을 더 잘 잡을 수 있도록 도와준다.

지칠 줄 모르는 몰이사냥꾼

하지만 뼈나 화석 발자국으로부터 그 진화 과정을 거의 또는 전혀 재구성해낼 수 없는 변화 과정들은 어떻게 설명할 수 있을까? 사실 이럴 때 우리가 할 수 있는 것이라고는 우리 자신과 비교하거나 또는 거의 동일한 체격을 가진 존재라면 과거에도 비슷한 생리적 특징들을 가졌으리라고 가정하는 게 전부다. 예를 들어 우리는 우리 원시 친척들의 눈이 정확히 어떻게 만들어졌는지 모르지만 우리 자신의 눈에 대해서는 안다. 우리의 눈 근육은 아주 빠르게 눈을 움직일 수 있게 하고 그 덕분에 우리는 빠른 속도로 뛰면서도 '순식간'에 사물을 뚜렷이 볼 수 있다. 우리의 균형감각 또한 뛰는 도중에도 사물을 자세히 그리고 똑같이 볼 수 있도록 해준다. 이를 위해 시각, 몸의 감각, 귀의 전정기관이 밀접히 연결되어 있다. 이 덕분에 외부로부터 받는 시각적 인상이 잘못 녹화한 비디오 영상물처럼 이리저리 흔들리지 않는 것이다. 조깅을 하거나 머리를 흔들거나 또는 울퉁불퉁한 지형에서 소형 트럭을 타고 갈 때 우리가 보는 시각적 인상은 안정적이면서 죽 이어진다. 여기서 시각 인상 안정 장치로 기능하는 것은 일명 '전정안 반사vestibulookuläre Reflex'인데 이 작용을 통해 귀의 반고리관이 주는 정보가 눈 근육과 연결되고 간뇌에서 조율된다. 전정안 반사는 머리와 몸의 모든 움직임에 눈이 정확히 반대로 움직이도록 해준다. 이 작용에는 최대 0.008초의 반응 시간이 필요한데 이것은 우리 중추신경 계통에서 가장 빠른 반사 속도다.[51] 이런 능력들을 갖추어야 뛸 때 방향을 잘 잡을 수 있으며 우리의 원시 친척들도 사냥하러 갔을 때 이미 이런 진화의 장점을 누렸을 것으로 생각된다.

몸이 과열되지 않도록 보호하는 우리의 독특한 능력도 마찬가지다. 현생인류는 진화가 가져다준 가장 효율적인 신체 고유의 '에어컨'을 갖고 있다. 최대 400만 개의 땀샘이 우리 몸에 분포되어 있어 육체적으로 힘을 많이 들이거나 더우면 다량의 수분을 배출하도록 해준다. 이 수분은 증발되면서 몸 표면을 시원하게 해준다. 다른 많은 포유동물이 땀을 흘릴 수 있기는 하지만 대체로 인간에 비해 적은 땀샘을 갖고 있으며 게다가 따뜻한 털을 갖고 있다. 그런 탓에 이들은 몸을 효과적으로 식히기 위해 혀를 내밀어 헥헥거리고 필요 이상의 열기를 크게 진화된 귀를 통해 내뿜으며 진흙에서 뒹굴거나 아니면 물속에 들어가야 한다. 그 때문에 동물들에게는 장거리를 한 번에 달리는 것이 흔히 생명을 위협할 수 있다. 그리고 인간은 수백만 년 전부터 바로 이러한 상황을 몰이사냥에서 이용해왔다. 땀으로 인한 수분과 미네랄의 손실을 보충하기 위해 충분히 물을 마시는 한 우리는 더위 속에서도 몇 시간 동안 장거리 달리기를 완수할 수 있다.

우리는 또 많은 동물과 다른 방식으로 에너지를 저장할 수 있다. 동물들은 특히 단시간 안에 쓸 수 있는 에너지가 필요할 때 간과 근육에 저장해둔 포도당 형태의 글리코겐을 주로 사용한다. 이 덕분에 동물들은 예를 들어 맹수로부터 공격을 받거나 할 때면 순간적으로 몸을 피할 수 있다. 하지만 글리코겐 저장물은 빨리 소진된다. 그렇기 때문에 추가적으로 저장된 지방을 짜낼 수 있는 존재만이 장거리를 달릴 수 있다. 그런데 동물들에게는 바로 이 능력이 없다. 특히 더운 지방에 사는 종들이 그렇다. 이에 반해 인간은 현재까지도 위에서 언급한 요산 분해 효소Uricase의 부재로 톡톡히 덕을 보고 있다. 요산 분해 효소의 부재는 유럽 대형 유인원에게서 1500만 년 전에 나타나 진화사적으로 인간 계보로 계속해서 유전된 유전자 변이다. 인간은 요산 분해 효소가 없기 때문에 혈중 요산 수치가 올라가면 과당을 매우 손쉽게 체지방으로 저장할 수 있다.

털이 없고 해부학적으로 장거리 달리기에 완벽한 구조를 가졌으며 모든 포유류 중 최고의 냉각 메커니즘을 장착한 데다 생리적으로 최고의 에너지 효율을 가진 존재. 장거리 달리기 선수로서의 인간은 이렇게 요약될 수 있다. 이런 특징들은 인간을 완벽한 몰이

사냥꾼으로 만들고 훈련된 상태라면 이 몰이사냥꾼은 지구력에서 거의 모든 동물을 추월한다. 그런데 인간의 원시 친척의 화석을 관찰해보면 이런 특징들을 발달시킨 것은 선행인간이 똑바로 서서 두 발로 걷게 된 후 오랜 시간이 흐르고서야 나타난 호모속의 개체들이라는 점을 알게 된다. 이 발전 단계는 우리 진화에서 독자적으로 중요한 한 부분을 차지한다. 장거리 달리기를 마스터한 최초의 인간 종은 캅카스산맥의 드마니시에서 나온 180만 년 전의 호모 게오르기쿠스*Homo georgicus*다.

21장

불, 정신, 작은 치아: 영양 섭취가 뇌 발달에 끼친 영향

거의 밤새도록 사바나 들판 위로 폭풍이 울려댔다. 여전히 바람이 포효하고 천둥이 으르렁거린다. 하늘에서는 불꽃 튀는 번개가 번쩍인다. 어느 작은 언덕에서 열두 명의 원인이 튀어나온 바위 아래에 쭈그려 앉아 있다. 얼굴엔 불안함과 긴장감이 감돈다. 동이 트기 직전 수백 미터 떨어진 곳에서 큰 소음을 내며 커다란 미모사 나무 위로 번개가 떨어진다. 나무에 곧바로 불이 붙는다. 불에 타 내려앉는 나뭇가지들은 주변의 관목들을 태운다. 원인들은 눈을 둥그렇게 뜨고 이 불타는 광경을 바라본다. 불이 사그라들었을 때는 이미 동이 튼 지 오래다. 네 명의 남자가 주먹도끼와 돌칼을 손에 쥐고 탐색에 나선다.

전에도 이미 이런 화재 후에는 거의 늘 화재에 희생된 크고 작은 동물들을 찾을 수 있었다. 불에 탄 고기는 인기가 좋다. 씹기가 훨씬 쉽고 안 익힌 살점보다 훨씬 맛이 좋기 때문이다. 수색대의 시작은 좋았다. 영양 한 마리가 무너진 커다란 나뭇가지에 맞아 죽어 있었던 것이다. 영양 주위로 아직도 뭉근히 불꽃이 남아 있거나 불타고 있는 나뭇조각들이 흩어져 있다. 남자들은 갖고 온 도구들로 바로 털을 벗겨내고 뼈에서 살점을 분리시키기 시작한다. 갑자기 뒤에서 킥킥거리는 하이에나의 울음소리가 들린다. 반사적으로 무리 중 한 명이 불타는 나뭇가지를 집어 이 위험한 경쟁자들을 쫓아버린다.

하이에나가 달아난 후에야 이 남자는 손에 불을 쥐고 있다는 것을 깨닫는다. 나뭇조각의 한쪽 끝이 불타서 뜨겁지만 그는 다른 쪽 끝을 잡고 있을 수 있다. 다른 남자들은 호기심에 차서 불타는 가지를 만지려고 하지만 조심하는 것을 잊지 않는다. 이들은 잘만 하면 불꽃을 옮길 수 있겠다고 생각한다. 이렇게 해서 이들이 야영지의 식구들에게 가져다줄 그날의 하이라이트는 고기가 아니라 훨훨 타오르는 불꽃이 된다.

인간이 되어가는 역사에서 가장 중요한 발견, 인간의 발달에서 석기의 발명보다 더 중요했던 그것, 즉 불의 유용성에 대한 인식은 이와 비슷한 방식으로 생겨났던 것일지도 모르겠다.[52]

이 지식은 전파되었다. 불을 피우는 곳이 설치되었고 땔감이 계속해서 투입되며 관리되고 보호되었다. 불은 꺼져서는 안 되었다. 왜냐하면 불을 어떻게 피우는지[53] 발견하게 된 것은 많은 세대가 지나고 난 후의 일이었기 때문이다.[54] 원인들이 야영지를 떠나야 했을 때 그들은 나무 껍데기에 불씨를 담아 나뭇잎으로 감싸 덮어 가지고 갔다. 불은 그들이 갖고 있는 것 중 가장 귀한 것이었다. 그것은 춥고 어두운 밤에 빛과 온기를 가져다주었다. 그것은 돌아다니는 고양잇과 맹수와 다른 동물들로부터 그들을 지켜주었다. 그것은 식량을 익히도록 해주고 아늑함을 만들어주었다.

최초의 바비큐 흔적

불을 처음 언제 어디서 길들일 수 있게 된 것인지는 학문적으로 격렬한 논쟁의 대상이다. 이 주제는 앞으로도 결코 완전히 해명되지는 못할 것이다. 여기서 문제는 멀디먼 옛날의 불탄 자국을 둘러싼 해석이다. 이 자국은 자연적으로 난 불에 의해 생긴 것인가 아니면 인간이 놓은 불 때문에 생긴 것인가? 남아프리카 북부, 보츠와나 공화국과의 국경 지대 가까이에 위치한 원더베르크 동굴[55] 안에서 발견된 유물들은 상당한 사실적 근거를 갖고 있는 것으로 알려져 있다. 한 국제 연구팀이 동굴 내부, 즉 입구에서 약 30미터 떨어지고 지상으로부터 2미터 내려간 곳에서 불에 그을린 뼈의 유물과 식물의 잔해를 다량으로 발견했는데 이 잔해들 바로 옆에는 주먹도끼와 그 밖의 다른 초기 인류의 도구들이 놓여 있었다. 이 도구들은 원인의 한 종인 호모 에르가스테르*Homo ergaster*에게서 나왔을 것으로 추측된다.

고고학자들은 유물의 상태와 남은 재의 구조에서 동굴 안의 불이 숲에서 난 불에 의한 것이 아니며 누군가가 피운 것임을 알아낼 수 있었다. 또한 재가 쌓인 층의 두께는 동일한 장소에서 반복해서 불을 피웠다는 것을 말해주고 있었다. 연구자들은 이 자국의 나이를 최소한 100만 년으로 추정했다. 특수한 분광학 현미경으로 조사한 결과 이 뼛조각들은 최대 섭씨 500도까지 가열됐었다는 것을 알아냈다. 나무로 피우는 불은 보통 섭씨 약 800도까지도 측정되는데 이 유적에서 목탄의 잔해는 찾아볼 수 없었다. 학자들은 이를 두고 동굴에 살았던 사람들은 큰 나뭇조각을 땔감으로 사용한 것이 아니라 나뭇잎, 나뭇가지, 건초와 같은 작은 식물들을 재료로 썼다는 결론을 내렸다. 이 재료들은 완전히 연소되기 때문에 고운 재만 남는데 이 재는 얼마 안 있어 바람에 날려 흩어질 수 있다. 어쩌면 이것이 구석기 시대에 불 피운 자리에 대한 증거물이 그렇게 적은 이유일 수 있다.

이 발굴지보다 증거력은 떨어지지만 불을 피웠던 자리였을 가능성이 있는 또 다른 발굴지로는 케냐, 에티오피아, 요하네스버그의 스워트크랜스에서 발견된 유적지들이 있는데 이들의 나이는 최대 150만 년으로까지 측정된다. 중국에서는 호모 에렉투스의 화석과 함께 심지어 170만 년 된 불에 그을린 포유동물의 뼈가 발견되었다. 한편 하버드대학의 영장류 연구가 리처드 랭검의 진화생물학적 시각에서 보자면 불의 이용은 이미 호모 에렉투스가 형성되기 전이나 형성되어가는 동안, 즉 약 200만 년 전에 인간의 진화에서 중심적인 역할을 했다. 랭검은 그렇지 않았다면 원인들은 전혀 살아남지 못했을 것이고 거의 200만 년 동안 아시아, 유럽, 아프리카의 매우 다양한 환경 속에서 목숨을 보존하지 못했을 것이라고

본다.[56]

이 직립보행한 인간은 해부학적으로 이미 현생인류와 매우 비슷한 구조를 가지고 있었기 때문이다. 호모 에렉투스는 키가 1미터 50센티미터를 훨씬 더 넘고 우리처럼 걷고 비슷하게 생긴 발을 갖고 있었으며 선행인류나 호모속의 더 초기 개체들과 달리 더 이상 나무를 잘 탈 수 없게 된 것이 분명했다. 그렇기에 이들에게는 손, 팔, 어깨, 몸통에 나무를 타기 위한 해부학적 특징이 나타나지 않는다. 이들은 주로 땅 위에서 잤고 그 때문에 맹수와 코뿔소, 코끼리, 물소 등 그들의 야영지를 짓밟을 만한 위험한 동물들의 공격에 노출되어 있었다. 이들은 이런 위협들에 영리함, 집단 내 협동, 막대기, 돌로 맞섰고 아마 또한 온기를 주고 어둠을 밝혀주며 천적들을 겁주어 쫓을 수 있는 불도 사용했을 것이다.

날고기를 먹는 사람에서 노상 음식점 요리사로

하지만 랭검의 정말 중요한 주장은 이 직립보행 인간이 갖고 있는 비교적 작은 치아에 있다. 그는 호모 하빌리스가 존재하던 시기와 호모 에렉투스가 형성되던 시기 사이에 인간 진화의 지난 600만 년 역사상 가장 극명하게 치아가 작아졌다고 본다. 하지만 이것은 주로 질긴 날고기와 섬유질이 많은 풀, 딱딱한 껍질에 싸인 열매를 섭취해야 하는 존재에게는 매우 불리한 특징이다. 따라서 랭검은 식량을 불로 익히거나 이따금 뜨거운 지하수에 익히는 능력만

이 직립보행한 인간의 이 작은 치아에 대한 설명이 될 것이라고 확신한다. 사전에 가열한 식량은 훨씬 더 씹기 편하기 때문이다. 랭검은 불을 사용하면서, 그리고 날것의 재료를 도구를 이용해 짓이기고 잘게 부술 수 있게 되면서 강력한 씹는 기관이 더 이상 필수적이지 않게 되었고, 이것은 진화 과정에서 힘이 덜 드는 변이체로 대체되었을 것이라고 한다.

또한 사전에 가열된 식량은 더 쉽고 빠르게 소화될 수 있었으며 더 많은 영양가를 지녔다. 이를 통해 인간이 한 끼 식사로 얻을 수 있는 에너지는 훨씬 더 커졌다. 곡물이나 감자처럼 전분을 함유한 식재료에서는 가령 익혔을 때 30~50퍼센트 더 많은 열량을 얻을 수 있고[57] 알은 40퍼센트 더 많은 유용한 단백질을 얻을 수 있다.[58] 소화가 더 잘 되고 영양소를 더 잘 이용할 수 있게 되자 인간의 발달이 진행되는 동안 소화 계통의 크기가 점점 더 작아질 수 있었으며 이로 인해 에너지가 또 한 번 크게 절약되었다. 그리고 이 절약된 에너지는 점점 크기가 커지면서 에너지에 굶주린 뇌로 투입될 수 있었다. 이에 더해 그을리고 굽고 삶는 방법 덕분에 많은 식량이 즐겨 먹을 수 있는 것으로 바뀔 수 있었다. 이런 식량에는 날것으로는 이용하기에 나쁜 풀의 씨앗, 전분을 함유한 덩이뿌리가 있었다. 열기는 딱딱하고 섬유질이 많은 부분을 균열시킨다. 또한 조리 과정은 특정한 식물의 독성 물질을 제거하고 질병을 일으키는 인자와 기생충을 죽이며 장기 보존을 가능하게 한다.

일부 학자와 반대로 리처드 랭검은 날고기의 섭취를(원인들은 날고기를 먹었기 때문에 주로 채식을 했던 선행인류에 비해 식량의 종류가 더 많았다) 인간 진화의 성공을 위한 중요한 열쇠라고 보지 않는다. 그보다는 열을 가해 고기와 식물성 식재료를 조리한 것이 더 중요했다고 본다. 랭검은 현재 존재하는 사냥채집 문화들에서 볼 수 있듯이 원인들의 식단의 절반 이상이 전분을 함유한 뿌리, 견과류, 씨앗, 열매들로 이루어졌을 것이라고 가정한다. 랭검은 '치아 크기의 축소 그리고 개선된 에너지 활용, 소화 계통이 작아졌다는 표시, 새로운 생활 공간을 이용하는 능력, 이 모든 것이 식량을 익히는 것이 호모 에렉투스의 진화에 결정적인 역할을 했다는 생각을 뒷받침해준다'[59]고 기술하고 있다. 이제 현재를 향해 시각을 돌려보면 식량의 가열 조리는 현재 크기의 인간 뇌가 형성되는 데에도 결정적인 역할을 했다는 것을 알게 된다.

전분으로 이뤄낸 지능

크고 복잡한 인간의 뇌는 체중의 2퍼센트밖에 차지하지 않지만 몸은 뇌를 위해 일일 에너지 필요량의 20퍼센트 이상, 혈액 속에 녹아 있는 포도당의 60퍼센트를 사용할 정도로 많은 에너지를 필요로 한다. 이런 고급스러운 기관은 오직 지속적으로 충분한 연료를 공급받는 게 가능한 유기체만이 가질 수 있다. 불을 사용하는 우리 조상들에게 이 연료는 일차적으로 고기를 소비함으로써가 아니라 전분 함유량이 높은 익힌 식물성 재료에서 나왔을 것임이 거의 확실하다. 전분은 포도당 분자의 긴 사슬로 이루어져 있기 때문에 '엔진 연료'인 포도당을 얻을 수 있는 자연에서 나는 가장 좋은 공급원 중 하나다. 하지만 전분은 가열을 해야만 결정질 구조를 상실하고 거의 완전히 소화될 수 있다.

우리 연구팀의 조사는 인간의 가장 최초의 선조들이 이미 설탕 중독자였다는 것을 보여준다. 우리는 대형 유인원 종 드리오피테쿠스 카린티아쿠스*Dryopithecus carinthiacus*의 1만2500만 년 된 치아에서 진행이 많이 된 충치를 발견했다.[60] 이 치아들은 1953년 오스트리아의 케른텐에서 발굴되었다. 이 유물은 우리를 매우 놀라게 했다. 왜냐하면 그때까지는 충치라는 증상은 수만 년 전에 있었던 신석기 혁명으로 인한 농경의 발명과 관련 있는 것으로, 요리된 전분을 특히 많이 섭취하면서 충치가 생긴 것으로 알려져 있었기 때문이다. 흥미롭게도 현재 살아 있는 대형 유인원들에게는 이런 문제가 거의 없다. 서아프리카 자유 수렵 구역에서 사는 365마리의 침팬지의 치아 상태에 대한 광범위한 비교 조사를 벌인 결과 이들 치아의 0.17퍼센트만이 충치가 있는 것으로 밝혀졌다.

바르셀로나 자치 대학의 카렌 하디를 중심으로 하는 학자들도 최근 연구에서 특히 전분, 하지만 다른 탄수화물들도 지금까지 학계가 생각했던 것보다 더 중요한 역할을 했다는 생리학, 유전학, 인류학, 고고학을 아우르는 증거를 찾아냈다. 하디에 따르면 전분은 인간의 뇌가 놀랍도록 빠르게 발달하는 데 결정적인 역할을 했다.[61] 하디는 현재까지도 우리 유전자에서 이것을 확인할 수 있다고 한다. 인간의 신체에는 전분 사슬을 끊는 역할을 하는 효소인 아밀라아제가 다른 영장류보다 더 많이 게놈에 코드화되어 있다. 다른 영장류들은 이 유전자의 매우 적은 수의 복사본만 가지고 있다. 최신 유전자 연구는 이 특별한 특징이 이미 100만여 년 전에 발달했다는 것을 보여준다. 하디와 그의 동료들은 음식을 조리하기 위한 불의 사용과 아밀라아제 유전자 수의 증가가 오랜 시간 동안 일종의 공진화* 형태로 일어났다고 확신한다. 이 학제간 연구는, 뇌의 발달을 위해 단백질이 풍부한 고기가 중요한 역할을 한 것은 분명하지만 인간이 정말 영리해질 수 있었던 것은 전분이 함유된 가열된 음식을 먹으면서부터라고 설명한다. 그렇다면 불 없이는 인간의 정신도 없었다는 말이 되는가?

우리 인간의 조상들이 날것만 섭취했다면 평균 1300세제곱센티미터에 800억 개가 넘는 신경세포를 가진 기관으로 진화한 고성능 뇌를 먹여 살리지는 못했을 것이다. 그들이 날생선과 익히지 않은 식물성 식량만을 먹고 살았다면 지금 우리와 같은 뇌는 결코 생겨나지 않았을 것이라는 말이다. 이런 결론을 내린 것은 브라질의 여성 연구가들로 이들은 현재 살아 있는 대형 유인원들의 먹이 습성과 이 동물들의 뇌 에너지 필요량을 정확히 분석해 이러한 결론을 내렸다.[62] 다 자란 고릴라는 주로 나무 잎사귀, 꽃, 열매를 식량으로 삼는데 이 연구에 따르면 만약 고릴라가 이런 방식으로 우리 인

* 여러 개의 종種이 서로 영향을 주면서 진화해가는 일.

간 크기와 같은 크기의 뇌에 영양분을 공급하려면 두 시간 이상을 더 먹는 활동에만 소비해야 한다. 하지만 고릴라는 그러잖아도 먹고 소화시키는 데 8시간까지도 소비하기에 이렇게 되기는 거의 불가능하다. 하루가 그만큼 길지 않기 때문이다.

주로 나무 잎사귀와 야생 열매를 먹고 이따금 몽땅원숭이**와 같은 동물의 사체를 먹는 침팬지도 영양 공급에 많은 시간을 보낸다. 보통 이들이 먹이로 얻을 수 있는 것은 질기고 소화시키기가 힘들어 씹어서 소화가 어느 정도 끝날라 치면 이미 날이 저물어 있을 정도다. 만일 구석기 시대 인간이 이와 비슷한 생활 방식을 가졌더라면 그는 해가 뜨고 질 때까지 채집, 사냥, 토막 내기, 씹기, 소화활동만 했다고 해도 필요한 에너지를 공급받지 못했을 것이다. 채집 없이 날고기만 먹는다고 하더라도 사정은 크게 나아지지 않았을 것이다. 도구를 만들거나 사회적 접촉을 하는 등의 다른 행위를 할 시간이 거의 남지 않았을 것이기 때문이다. 하지만 조리된 식사 덕분에 인간은 음식을 씹는 데 대형 유인원이 이를 위해 들여야 하는 시간의 5분의 1에서 10분의 1만 있으면 되게 되었다. 이렇게 해서 불을 길들인 존재인 인간에게는 창조력을 위한 더 많은 자유 시간이 생겼고 아마도 모닥불에서 다른 사람에 대한 소문을 나누며 수다를 떨 시간도 더 생겼을 것이다.

그런데 불은 현생인류가 되는 길에서 더 나은 음식과 더 많은 자

** 긴꼬리원숭이상과 콜로부스아과에 속하는 원숭이.

유 시간보다 더 근본적인 변화를 야기했다. 불은 우리에게 위험했고 여전히 위험하지만 없어서는 안 될 것이 되었다. 화염 속에서 창과 화살의 촉을 단련시킬 수 있었고 축축한 진흙으로 모양을 만들어 불 속에서 토기를 구울 수 있었으며 광석을 가지고 금속을 얻고 무기를 만들 수 있었다. 또 농경지를 얻기 위해 인공적으로 불을 놓아 숲을 개간했다. 인간은 불을 이용해 조금씩 조금씩 자신의 환경으로부터 독립적으로 되어갔다. 이렇게 불꽃은 마침내 문명의 발달에 불을 붙였다. 오늘날 우리는 발전소에 그리고 자동차, 배, 비행기의 내연기관에 불을 이용한다. 이를 위해 우리는 공룡 시대보다 더 과거의 시간에 만들어진 연료를 다량 사용한다. 불을 처음 길들였을 때와 현재 사이에는 거의 200만 년이라는 시간이 놓여 있다. 이것은 약 6만5000 인간 세대에 해당되는 기간이다. 우리는 불을 자유자재로 사용하는 능력이 비단 우리 자신뿐만 아니라 우리의 환경, 기후, 행성을 크게 변화시켰다는 것을 깨달아야 한다.

22장

사람들을 연결시켜주는 목소리: 경계 신호에서 문화로

생각과 감정을 얼굴 표정, 몸짓, 소리로 표현하는 능력은 인간 문명의 중요한 기초다. 복잡한 언어가 없었다면 많은 사람이 협동하는 행위는 실현되지 못했을 것이다. 이 혁명적 성과가 통용되지 못했다면 농업도, 무역도, 종교도, 국가 조직도, 문학도, 예술도 없었을 것이다. 구두 언어 그리고 이후 문자 언어만큼 인간 발달의 속도를 촉진시킨 것은 없다.

언어를 이용해 우리는 다른 사람에게 우리의 의사를 밝힐 수 있고 그들이 우리의 관심, 의욕, 기분, 마음가짐에 대해 알게 할 수 있다. 말은 사람들을 연결시키고 고립에서 해방시킨다. 언어는 우리가 생각하는 것을 돕는다. 언어는 우리가 다른 사람들과의 교류 속에서 생각과 문제 해결 능력을 발전시키고 우리의 지식을 확대하도록 돕는다. 언어는 우리가 생존하는 데 도움이 된다. 그것은 의식의 열쇠이자 현실 구성의 열쇠다.

하지만 말하는 능력은 언제 어떻게 세상에 등장했는가? 이를 위한 해부학적, 유전적, 정신적, 사회적 전제 조건들은 무엇인가?

지성인들은 수백 년 동안 언어가 어떻게 생겨났는지 머리를 싸매고 고민했다. 그것은 장바티스트 라마르크, 찰스 다윈, 앨프리드 러셀 윌리스가 진화 이론을 발전시키기 훨씬 전부터였다. 계몽 시대 독일의 가장 영향력 있는 사상가 중 한 명인 요한 고트프리트 헤르더는 1769년에 논문 한 편을 발표했다. 이 논문에서 그는 언어가 신의 선물이 아니라 순수한 인간의 발명품이라는 도발적인 주장을 펼쳤다. 당시에 그것은 공분을 사는 월권적인 주장이었다. 이후 언어의 기원에 관한 활발한 논쟁이 촉발되었는데 이는 오늘날까지도 끝나지 않고 있다.

월월 이론에서 댕댕 이론까지

많은 의견이 쏟아져 나왔다. 대부분의 의견은 공상에 불과했고 적지 않은 의견이 한마디로 말이 안 됐으며 일부 의견은 무례한 별칭으로 불려야 했다. '아야 이론'이라 불리는 한 견해에 따르면 언어는 '아야' '으으' '와'와 같은 주로 감정을 표현하는 감탄사에서 나왔다고 한다. 그런가 하면 월월 이론에 따르면 언어는 개 짖는 소리, 돼지가 꿀꿀거리는 소리, 나뭇잎이 바스락거리는 소리, 새가 짹짹거리는 소리처럼 환경에 있는 소리들을 의성어적으로 흉내 낸 결과 발전된 것이라고 한다. 이 이론은 예를 들어 'ZISCHEN'*이 왜 그 뜻과 비슷한 소리의 발음을 갖게 된 것인지를 설명한다. 클링클랑** 이론은 인간의 초기 언어 능력이 우리 조상들이 특정한 행위를 할 때 내는 소리와 이들이 특정 사물과 사람을 연상할 때 스스로 만들어내는 소리에서 발달되었다고 주장한다. 예를 들어 '엄마'***라는 말은 얌얌 소리를 내거나 젖을 빨 때 내는 음음 소리에서 생겨난 것일 수 있다. 영차 이론은 공동으로 힘이 드는 육체노동을 할 때 리듬이 있는 소리를 외치거나 노래를 한 것이 언어의 시초라고 본다. 빰빠라밤 쿵Trarabum**** 이론은 언어의 기원이 의식에서 행해지는 춤, 음악, 주문에 있다고 본다. 댕댕Bimbam***** 이론에 의하면 모든 사물은 자연적인 반향을 갖고 있어서 한 사물을 보면 머릿속에서 그 사물의 고유한 소리가 울린다고 한다.[63] 여기까지가 이와 관련된 이론들 중 아주 작은 일부였다…….

결국 이 언어학적 이론의 대부분은 우리 최초의 조상들이 어느 시기엔가 특정한 소리를 냈고 이 소리들은 경험 그리고 주위의 동물, 식물, 사물, 사람들과 연관되어 있다고 가정한다. 이들의 이론

* 한국어로 치센이라 옮겨지는 이 단어는 '쉿' 소리를 낸다는 뜻이 있다. 독일어 원어 발음을 들으면 '쉬' 소리가 들린다.

** 독일어에서 유리컵 등을 칠 때 울리는 소리.

*** 독일어로 마마mama.

**** 행사에서 호른이나 트럼펫으로 시작 등을 알리는 소리와 북을 쿵 치는 소리.

***** 종 칠 때 나는 소리.

에 따르면 이로부터 소리들의 짧은 순열로 이루어진 기초적인 원시 언어가 발전되어 나왔다는 것이다. 여기서 원시 언어란 넓은 의미에서 코로 내는 킁킁거리는 소리, 목을 길게 뽑고 우는 소리, 쉬잇 하고 내는 소리들을 말한다. 그리고 이 소리들은 생각 속의 특정한 '개념들', 즉 '조심, 사자!'라든가 '뱀. 크다. 위험!'과 같은 간단한 메시지를 담아 상징적으로 항상 동일하게 조음되었다. 소리들에는 특정한 몸짓과 특징적인 얼굴 표정이 뒤따랐다. 하지만 이것은 케냐의 사바나에 사는 작고 활동적인 버빗원숭이도 할 수 있다.[64]

현재 연구자들의 관점에서 볼 때 이는 지나치게 단순하게 생각한 것이다. 왜냐하면 이런 설명들은 한편으로는 목소리가 생물학적으로 어떻게 형성될 수 있었는지, 다른 한편으로는 모든 언어의 기본 구조를 이루는 규칙인 문법의 기초가 어떻게 추가될 수 있었는지에 대해 말해주는 게 아무것도 없기 때문이다. 문법이 있어야만 개별적인 개념들의 의미상의 연관성을 이해할 수 있고 복잡한 내용을 전달하고 전달받을 수 있으며 말한 것이 과거인지, 현재인지, 미래인지를 표시할 수 있다. 의미 있는 의사소통에서 문법이 얼마나 중요한 것인지는 캐나다의 심리언어학자인 스티븐 핑커가 그의 책 『언어본능』에서 매우 설득력 있는 예들을 들어 설명한 바 있다. 이 설명에 따르면 근방에 인간이 먹을 수 있는 동물이 있는지 아니면 사람을 잡아먹을 수 있는 동물이 있는지가 언어에 차이를 만든다고 한다. 또 다 익은 과일을 발견하는지 아니면 이미 너무 익어버린 과일을 발견하는지 혹은 앞으로 익을 과일을 발견하

는지도 차이를 만든다.[65]

문법을 칭송함

귀뚜라미부터 지저귀는 새 그리고 원숭이와 고래에 이르기까지 동물들도 경계와 위치 탐지를 위한 소리 또는 먹이가 많은 곳을 가리키는 신호처럼 단순한 언어적 의사소통 형태를 사용한다. 하지만 문법적 구조의 사용은 이 수준을 훨씬 넘어선다. 연구자들은 똑똑한 침팬지 여러 마리에게 수화 또는 컴퓨터 키보드 위에 그려진 그림 상징을 통해 최대 250개의 낱말을 가르칠 수 있었다. 하지만 침팬지들은 3~5개의 개념으로 이루어진 기초적인 문장 몇 개 이상을 구사할 수는 없었다.

언어의 기원에 관한 연구에서 문제점은 간접 증거들로부터 사실을 도출해내야 한다는 데 있다. 화석으로 알 수 있는 해부학적 특징들로는 언어의 기원을 명확하게 확정지을 수 없기 때문이다. 후두부의 형태 및 상태가 많은 힌트를 줄 수도 있었겠지만 이 신체 부위는 화석화되지 않는 조직으로 되어 있다. 일부 화석 자료에서 얻을 수 있는 두개골의 형태, 설골, 구강 그리고 언어활동에 필요한 근육과 연결된 신경들이 지나는 두개골의 대후두공만이 언어 발달에 관한 추론을 할 수 있도록 허락한다. 하지만 이 추적 작업에서 이렇게 물질적 자료들을 만나기란 매우 어렵다. 가장 증거력 있는 것으로는 인간의 진화 과정 동안 뇌의 부피가 증가한 것을 들 수 있다. 이것은 두개골의 형태에서 매우 신빙성 있게 판독 가능하다. 대부분의 전문가에게 충분히 큰 뇌 용적은 한 언어의 다층적 요소들을 이해하는 학습 능력을 소유하기 위한, 그리고 복잡한 구조를 가진 말하는 기관의 근육운동을 조절할 수 있기 위한 전제 조건이다. 조음이 분명하게 이뤄지고 서로 분명하게 구분될 수 있는 소리들이 형성되려면 횡격막, 혀, 치아, 입천장, 후두, 성대, 입술, 100개가 넘는 근육 등의 섬세하게 조절된 협동이 필수다.

호모 에렉투스는 자기가 살던 시대 말엽에 이미 우리 뇌 평균 크기의 약 3분의 2에 해당되는 뇌용량을 가지고 있었다. 그가 상당한 지능을 보유하고 있었고 학습 능력이 있었다는 것은 특히 그가 불을 사용했고 주먹도끼를 섬세하게 가공할 수 있었다는 점으로 확인된다. 하지만 이 직립보행을 했던 인간은 대뇌피질 전두엽에 분명한 결함 또한 있었음이 거의 확실하다. 전두엽은 우리 머리에서 이마 바로 뒤에 위치해 있다. 이곳은 우리 생각을 정리하고 특히 언어 생산, 자의식, 개인적 성격의 형성에 결정적인 역할을 하는 뇌 부위다. 그런데 현생인류와 달리 호모 에렉투스의 두개골은 이 부분을 위한 공간이 매우 작다. 현생인류의 뇌는 거의 이 부분에서만 크기가 커졌다. 따라서 날쌘 혀와 구체적인 대화 내용은 이 직립보행 인간과는 별로 상관이 없었을 것이다. 그럼에도 불구하고 일부 학자는 여전히 이들이 이미 몸짓과 얼굴 표정으로 의사소통을 잘할 수 있었다고 가정한다.[66]

언어 유전자를 찾아서

언제 처음으로 구두 언어가 발달한 것인지, 현재 학계에서는 의견이 엇갈리고 있다. 일부 학자는 우리 시대보다 10만 년 전이라고 하고 또 다른 학자들은 100만 년도 더 전이라고 한다. 미국 자연사 박물관의 학예사를 지낸 학자 이언 태터솔과 언어학자인 놈 촘스키는 의미를 띠는 논리적인 문장 구조를 가진 언어에는 상징적 사고가 필수라고 본다.[67] 이것은 사물과 경험을 추상화하고 상징, 즉 특징적인 몸짓, 소리, 표현, 대상물을 통해 그것을 표현하는 능력이다. 예술적으로 만들어진 유물들은 상징적인 사고를 보여주는 단서다. 이런 종류로 지금까지 가장 오래된 유물은 남아프리카 블롬보스 동굴에서 나온 황토 조각으로 사람들은 약 8만 년 전에 여기에 그물과 비슷한 무늬를 새겨넣었다. 태터솔은 언어의 기원이 10만 년에서 20만 년보다 훨씬 더 오래전으로 거슬러 올라갈 수는 없다고 한다.

하지만 다년간의 고유전자학 연구는 언어의 기원을 그보다 훨씬 더 전으로 잡는다. 특히 2010년 네안데르탈인 게놈의 1차 버전이 발표된 이래로[68] 네안데르탈인의 게놈과 현생인류 게놈 간의 많은 비교 분석이 이루어지면서 여러 시사점을 던져주었다. 언어 능력과 관련해서는 특히 일상어로 '언어 유전자'라 불리는 FOXP2가 학자들의 흥미를 끌었다.[69]

이 유전자는 1990년대, 런던의 한 가족의 유전적 중증 언어장애가 유전자 결함 때문임이 밝혀지면서 알려졌다. 놀랍게도 이 결함은 3세대에 걸쳐서 유전되었다. 가족 구성원들의 절반은 조음하는 데 어려움이 있었고 언어로 표현하거나 이해하는 데에도 어려움을 겪고 있었다.

FOXP2는 많은 포유류 동물에게서는 약간 다른 형태를 띠고 나타난다. 실험용 쥐에 이 유전자를 변형시킨 결과 심한 운동 능력 장애가 발생했고[70] 초음파 소리를 통해 서로 의사소통할 수 없었다.[71] 조그만 변화였지만 미치는 영향은 컸다. FOXP2는 다른 많은 유전자와의 협동을 조절하는 역할을 하기 때문이다. 그사이 인간의 게놈에 있는 이 유전자는 문법적 능력을 포함한 언어 습득에서 결정적인 역할을 한다는 것과 보통의 말하기 능력을 익히기 위해서는 이 언어 유전자의 기능적 복사본 두 개가 있어야 한다는 것이 밝혀졌다.

호모 사피엔스와 가장 가까운 친척인 침팬지는 FOXP2를 갖고 있지만 특정한 두 곳에서 인간이 갖고 있는 FOXP2와 차이가 난다. 오랑우탄은 세 곳이다. 인간의 진화 과정에서 이 유전자의 변이는 언어 능력을 위한 중요한 진로 선택이었을 수 있다. 이제 네안데르탈인 게놈과 비교할 차례다. 놀랍게도 네안데르탈인과 현생인류의 FOXP2는 대부분 동일하다는 것이 밝혀졌다.

네덜란드의 네이메헌에 위치한 심리언어학 막스 플랑크 연구소의 학자들은 지난 수년간 우리 조상들이 언제 말하기 시작했는지에 관해 정보를 줄 수 있는 동원 가능한 모든 유전학적, 해부학적,

고고학적 단서를 조사했다.[72] 학자들은 광범위한 자료를 검토한 후 네안데르탈인이 말을 할 수 있었을 확률이 매우 높고 인간 언어의 형성은 최소한 현생인류와 네안데르탈인의 마지막 공통 조상으로까지 거슬러 올라간다는 결론을 내놓았다. 이 조상의 가장 오래된 화석은 최소한 60만 년은 된 하이델베르크 사람, 즉 호모 하이델베르겐시스*Homo hidelbergensis*거나 또는 그보다 더 발전된 형태의 직립보행 인간으로 추정된다. 이 가설은 특히 언어 유전자 분석 외에도 호흡 근육에 신경을 더 잘 분포시키기 위해 이 시기에 나타난 가슴 부위 척수 두께의 확장, 혀를 조정하기 위한 신경 회로의 확장, 운동을 담당하고 주로 지각 내용을 처리하는 대뇌피질 영역들의 확대 등의 사실로도 뒷받침된다. 또한 언어 관련 운동 기관에서 중요한 역할을 하는 설골의 형태도 네안데르탈인과 현생인류가 매우 비슷하다. 연구자들은 언어가 유전학적·문화적인 '작은 변화들이 축적'되면서 오랜 기간에 걸쳐 서서히 발전되었다고 기술한다.[73] 이들 심리언어학자는 '네안데르탈인, 데니소바인*, 현생인류가 언어와 문화에 있어 비슷한 능력을 나눠 가졌다'고 정리한다. 이들의 견해에 따르면 언어의 원시적 전 단계는 이미 100만 년도 더 전에 형성되었을 수 있다. 따라서 인류 진화의 역사에서 최초의 바다 항해자로 추정되는 호모 플로레시엔시스가 이미 기본적인 언

* 8만 년 전부터 약 4만~3만 년 전까지 시베리아와 우랄 알타이산맥, 동남아시아 지역에서 생존했다고 추정되는 화석 인류.

어 능력을 지녔을 가능성 또한 배제할 수 없다. 그렇지 않았다면 그는 그런 여행에 필요한 조직력을 발휘하지 못했을 것이다.

협조적 태도의 가치

우리에게 말하는 능력이 얼마나 중요한 것인지는 우리에게 언어 습득을 위한 유전자 특별 프로그램이 깔려 있는 것을 보면 안다. 언어 습득에 민감한 시기는 생후 4개월부터 약 만 10세까지다. 이 시기에 우리는 말하자면 언어를 빨아들이고 유희하듯 언어를 다루다가 마침내 자유자재로 구사하게 된다. 그 후부터는 언어 습득이 훨씬 더 어려워져 머릿속에 힘들게 단어와 문법을 쑤셔넣어야 한다. 그런데 언어가 우리에게 중요한 이유가 무엇이기에 이를 위한 학습 가속 장치까지 발달하게 된 걸까?

널리 퍼져 있는 견해에 따르면 말하는 능력은 무엇보다 사냥 또는 식량 채집을 위한 정보 교환을 하는 데 유용했고 이 때문에 자연선택에서 유리했다. 물론 이 밖에도 많은 측면이 존재하지만 일단 두 가지 점을 정리하면 그렇다.

영국 옥스퍼드대학의 심리학자 로빈 던바는 영장류를 조사하다가 대뇌피질과 사회적 집단 크기에 상관관계가 있다는 것을 발견했다. 침팬지는 약 50마리가 집단을 이루어 살고 인간은 약 150명의 사회적 집단을 이룬다. 이 '던바 수'는 원시 부족 사회에서 한 마을에 살았던 집단의 평균적 크기와 일치할 뿐만 아니라 대부분의 경우 우리가 사는 현대에서 사회적 교류망의 중요한 사람들의 숫자와도 일치한다. 던바는 일정한 집단 크기부터는 털을 고르는 행위가 공동체의 구성을 가능하게 하는 비언어적 의사소통의 형태로 더 이상 기능할 수 없다는 점을 지적한다. 털을 고르는 것은 개별적으로만 할 수 있는 반면 말은 동시에 여러 명과 할 수 있다.

집단 내 역동성이 점점 늘어날수록 다른 사람의 생각과 감정을 이해하는 능력 또한 더 필요해진다. 던바는 작은 원숭이 무리에서 인간의 원시사회로 이행해갈 때 인간은 오직 '남에 대한 얘기와 수다'를 많이 함으로써만 함께 살기 위한 사회적 접착제를 만들어낼 수 있었다고 본다. 남에 대한 얘기를 하는 의사소통은 감정을 교환하도록 해준다. 이 의사소통의 주된 화제는 그 집단에서 허락되는 것이 무엇이며, 무엇이 풍속에 저해되는 것이고 누가 정직하며 누가 누구 물건을 훔치고 누가 누구를 싫어하는지 누가 누구하고 잤는지에 관한 것이다.[74] 오늘날에도 인간의 일일 대화 양의 60퍼센트 이상이 인간관계에 대한 관심사다. 이런 대화는 입에서 아주 쉽게 술술 나온다. 구두끈을 묶는 방법이나 수도꼭지 설치 요령이 이해하지 못하려야 못할 수 없을 만큼 간단하다 하더라도 이웃의 괴팍함에 대해 대화하는 것이 훨씬 쉽게 느껴진다. 스몰 토크에서는 말하는 내용보다 목소리의 멜로디와 리듬이 더 중요하다. 왜냐하면 여기서 중요한 점은 감정적인 교류를 하는 것이기 때문이다.

다른 어떤 동물도 우리처럼 다른 사람이 머릿속으로 무슨 생각을 하는지 관심을 갖지 않는다. 우리는 두드러진 공감능력 덕분에 매우 자주 그것을 알아맞힐 수 있다. 우리는 다른 사람들의 계획, 욕구, 의도를 알아차리는 데 있어 대가다. 우리는 다른 사람들과 경험, 관심, 규칙을 공유하기를 열망한다.

자유로운 손의 의미에 관해 기술한 장에서 이미 언급했던 인류학자이자 행동 연구가인 미하엘 토마셀로는 아동과 침팬지를 비교하는 많은 연구에서 인간의 아이들은 두 가지 특성에서 원숭이와 현저하게 차이 난다는 것을 관찰했다. 아이들은 같이 놀이하는 사람의 생각을 훨씬 더 잘 추측할 수 있었고 자기 자신에 대한 의식도 발달시킬 수 있었다. 또한 이들은 자발적으로 서로를 도우려고 했다. '줘라! 그러면 받는다.' 아이들에게는 이것을 가르칠 필요가 없다. 이들에게는 이것이 이미 내장되어 있다. 우리 종의 대부분의 구성원은 우리의 가장 가까운 동물 친척과는 반대로 발달 초기에 이미 세계를 '우리'의 관점에서 관찰할 수 있다.[75] 토마셀로는 이것을 인간의 문화적 학습 능력이라고 부른다. 구두 언어의 발달을 통해 우리는 점점 더 잘 그리고 많이 사회적으로 되어갔다. 그런 이유로 미하엘 토마셀로는 인간의 엄청난 사회적 소질 속에 언어 발달의 뿌리가 있다고 보며 동시에 말하기는 인간의 사회적 능력을 아주 크게 강화시킨 진화의 업적이라고 생각한다.

현생인류가 가까운 가족, 친구, 스포츠 동호회처럼 동일한 관심을 가진 사람들의 집단, 이웃 친목회에서 공감하고 자신을 나중에 생각할 수 있듯이, 똑같은 관심을 갖지 않거나 다르게 생겼거나 다른 언어를 구사하는 낯선 집단들에 대해서는 거부감과 적의를 품을 수 있다. 우리와 관련 있고 친숙한 집단 내에서 우리는 공감을 구하며 인정과 명성을 얻으려고 분투하지만 밖을 향해서는 선을 긋는다. 이것은 식량, 짝짓기 상대, 그 밖의 다른 자원을 두고 벌이는 경쟁이 생존을 위해 현재보다 훨씬 중요했던 머나먼 원시 시대의 유산이다. 이것은 완전히 다 발달하지 못한 사회적 능력이 갖고 있는 어두운 면이다. 하지만 우리는 기본적으로 자기반성 능력과 서로 이야기할 수 있는 가능성이라는, 이 웅덩이를 뛰어넘을 만한 수단을 가지고 있다.

언어와 의식이 함께 작용하면서 인류 진화의 또 다른 측면이 추가되었다. 이 특징은 뛰어난 이성적 능력을 가진 인간을 동물세계로부터 영구히 떼어놓았는데 이는 다름 아닌 문화적 진화의 가능성이다. 말하는 능력과 더불어 한 집단 내의 많은 구성원에게 다량의 지식을 전수할 가능성이 생겼다. 이 형태의 정보 전달은 생물학적 진화처럼 개별적으로만 그리고 세대 간에 이루어지는 것이 아니라 순식간에 한 집단 내에 퍼져나갈 수 있기 때문에 문화적 진화에는 엄청난 가속도가 붙었다.

동물들에게도 경험과 전통에 기반을 둔 정보의 전달이 존재한다. 새들은 지저귀는 소리에서 지역마다 다른 사투리를 발달시키고 고래는 전통적으로 전수되어 내려오는 특수한 고기잡이 기술을 만들어내며 어떤 침팬지 집단들은 특정한 약초의 유익한 효과에 대한 경험을 공유한다. 하지만 이것들은 모두 매우 제한된 범위 내에서이며 시범을 보이고 따라 하는 과정을 통해서다. 암석 벽화와 음악, 제의에 언어가 결부되면서 정보 교환은 완전히 다른 수준으로 격상되었고 경험, 지식, 세계상은 이야기와 노래를 통해 보존될 수 있었다. 그 후 5000년에서 6000년 전 유프라테스강과 티그리스강 사이의 메소포타미아에서 추가로 문자가 발명되었다. 이 문명 기술은 '사방으로 회자되었고' 축적할 수 있는 지식의 규모가 폭발적으로 증가했다. 왜냐하면 이제 그것은 인간 뇌의 저장 수용능력과 무관해졌기 때문이다.

메소포타미아 지방 사람들은 처음에는 그저 수확 양의 결산과 왕의 칙령을 기록하려 했을 뿐이다. 하지만 문자가 확산되고 변화하며 섬세해질수록 식자들이 다양한 형태로 기록하는 새로운 정보의 홍수도 더 커졌다. 기록과 법률에 관한 텍스트뿐만 아니라 시, 이야기, 서사시, 연극, 의학 책, 조립설명서, 지식 총서, 경전들이 자꾸자꾸 생겨났다. 그리고 책 인쇄술 및 전자 정보처리 시스템과 더불어 또다시 발전에 가속도가 붙었다. 언어와 문자가 없었다면 기술적, 사회적, 문화적 대성공도 없었을 것이고 달 착륙선도 사회보험도 바흐의 오라토리오도 핵폭탄도 없었을 것이다.

수백만 년 전 다누비우스와 그래코피테쿠스에게서 일어난 직립보행의 점진적인 발달, 손의 해방과 함께 시작된 이 여정은 많은 시간이 흐르면서 변화된 영양 조건과 언어의 발달을 거쳐 우리 현생인류의 복잡한 사회 구조에 이르렀다. 돌이켜보면 논리적이고 일직선상의 과정인 듯하지만 사실은 많은 종이 연루되어 있는 얽히고설킨 진화 과정이다. 우리 행성에 한때나마 살았던 모든 인간 종 가운데 남은 것은 이제 오직 하나, 호모 사피엔스뿐이다. 도대체 어떻게 해서 이 종만이 살아남을 수 있었던 것일까?

6부

살아남은 하나

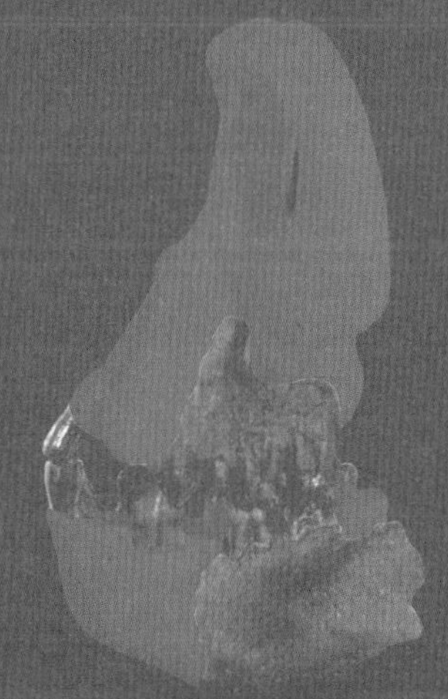

23장

혼란스러운 잡다함: 계통수의 문제

고인류학의 현재 상태로 말할 것 같으면 오랜 세월 변동 불가능한 사실로 여겨졌던 많은 것이 뒤죽박죽으로 꼬여 새로 조정이 필요한 상태다. 많은 새로운 발견이 기존의 전체 그림 속에 편입되지 못한 채 수수께끼를 던지고 있다. 각각의 인간 종 사이의 경계는 모호하고 원래 간단히 정의되기도 힘들다. 학계는 현재까지 선행 인류에서부터 우리에게 이어지는 분명하고 뚜렷하게 증명 가능한 하나의 계보를 내놓지 못하고 있다. 침팬지 라인에서 분리되어 나와 인간으로 진화하는 과정은 현재 가지가 하나씩 뻗어나는 계통수라기보다는 지류들이 갈라져 흐르다 다시 합쳐지기도 하는 하천들의 수계水系와 비슷하다. 후자의 경우 어떤 지류들은 언젠가 실개천으로 잦아들다 사라져버린다.

지난 수년간 호모속, 즉 우리와 가장 가까운 친척들에 대한 연구 상태는 더욱 혼란스럽다. 현재 전부 몇 개의 인간 종이 있었는지에 대해서조차 논란이 적지 않다. 어떤 기준에 근거해 각각의 종이 서로 구분되는지에 대해서도 부분적으로 상당한 의견 차이가 있다. 이렇게 되는 한 가지 이유는 대부분 불완전한 상태로 발견되는 여러 종의 화석들이 서로 어떻게 이어지는 것인지 관계가 불명확하기 때문이다. 또 다른 이유는 한 종 안에서도 커다란 해부학적 차이가 존재하기 때문이다. 이것은 먼 미래에 학자들이 신장이 2미터 13센티미터가 되는 거인 농수 선수 디르크 노비츠키와 1미터 69센티미터밖에 안 되는 축구 선수 리오넬 메시가 나란히 있는 것을 발견하고 한 종의 해부학적 변이일까 아니면 두 개의 서로 다른 종일까 하고 묻는 것과 비슷하다.

그 때문에 많은 학자가 엄격한 입장을 취하고 호모 에렉투스와 호모 사피엔스만을 확인된 종이라고 보는 것이다. 하지만 현재 고인류학자들의 다수는 어느 정도 서로 구분될 수 있는 약 12개의 종이 있다는 견해를 지지하고 있다. 그 종들은 다음과 같다.

호모 하빌리스
호모 루돌펜시스
호모 게오르기쿠스
호모 에르가스테르
호모 에렉투스
호모 안테세소르
호모 하이델베르겐시스
호모 날레디

호모 플로레시엔시스
호모 루소넨시스
호모 네안데르탈렌시스
호모 사피엔스

이것은 초보자들에게만 혼란스러워 보이는 것이 아니다. 이렇게 된 데에는 무엇보다 몇몇 화석이 두세 개의 서로 다른 이름을 가지고 있는 것이 한몫한다. 잠비아의 브로큰힐에서 발견된 30만 년이 안 된 인간 유골의 일부는 네 개의 이름을 가지고 있다. 호모 로덴시엔시스*Homo rhodensiensis*, 호모 아르카이쿠스*H. arcaicus*, 호모 하이델베르겐시스*H. heidelbergensis*, 호모 사피엔스*H. sapiens*다. 이제 나는 아래에서 이 잡다함을 얼마간 정리하고자 한다.

학문적으로 가장 빈틈이 많은 곳은 인간속의 가장 최초의 조상들이 있는 곳이다. 그 때문에 나는 이 책에서 단순화시켜 그냥 '초기 호모속'이라고 명칭했다. 이들의 화석은 현재로부터 250만 년에서 144만 년 전 사이에 나왔다. 이 화석들이 나온 장소는 에티오피아, 케냐, 말라위(호모 루돌펜시스), 케냐와 탄자니아(호모 하빌리스), 그리고 경우에 따라 중국(호모 우산넨시스)도 속한다. 이들은 신장이 최대 1미터 50센티미터, 몸무게는 50킬로그램[1]까지 나가고 뇌 용적은 580~820세제곱센티미터인 비교적 작은 체구의 사람들이다. 가장 작은 종은 호모 하빌리스로 신장이 약 1미터이고 몸무게는 최대 35킬로그램까지 나간다. 호모 하빌리스는 해부학적 특징의 상당 부분이 오스트랄로피테쿠스속과 매우 유사하기 때문에 아직 선행인간일 가능성이 있다. 이것은 이들이 계속해서 나무를 기어오르는 뛰어난 능력을 가지고 있었다는 점으로 증명된다.

일반적인 학설에 의하면 가장 최초의 원인들은 최초의 도구를 생산한 사람들이다. 최고 260만 년으로 추정되는 자갈 도구들의 유적은 동아프리카, 에티오피아, 알제리에 있으며 그사이 이스라엘, 러시아, 인도, 중국에서도 발견되었다. 하지만 오스트랄로피테쿠스속에 속한 개체들이 노련한 손을 갖고 있었다는 증거들이 존재하기 때문에 이 도구들 중 일부를 만든 존재들이 선행인류였다는 가능성도 배제하기는 어렵다.

그 밖에 오스트랄로피테쿠스 그리고 '초기 호모속'과 해부학적으로 가까운 존재로는 필리핀의 호모 루소넨시스 종과 인도네시아의 호모 플로레시엔시스 종이 있다.

조지아에서 발견된 수수께끼 원인

특히 연구가 잘 된 선행인류 종은 호모 게오르기쿠스다. 게오르기쿠스는 나이가 185만 년에서 177만 년이고 조지아의 드마니시 유적지에서 발견되었다. 두개골이 붙어 있는 매우 잘 보존된 다섯 구의 유골은 모든 부위가 다 존재하는 것은 아니지만 초기 빙하 시대의 원인에 관한 한 가장 완전한 모습을 전해준다.

이 원시 인간 종에서 가장 독특한 점은 원시적인 특징과 매우 발달된 특징이 혼합되어 있다는 것이다. 원시적인 특징으로는 비교적 작은 뇌를 가졌다는 점을 들 수 있다. 550~750세제곱센티미터의 용적을 가진 이 뇌는 '초기 호모'속의 뇌 크기와 비슷하다. 또한 1미터 50센티미터가 조금 넘는 신장도 작은 편에 속한다. 이에 더해 상박부의 구조도 발달의 매우 초기 상태다. 조지아의 이 원인이 몸통에서 팔을 흔들흔들 움직이게 했을 때 손바닥은 현생인류에게서처럼 허벅지 쪽으로 향하는 것이 아니라 대형 유인원, 선행인간, 플로레스 인간에게서처럼 전방을 향했을 것이다. 하지만 하체 구조는 매우 발달된 해부학적 구조를 보이면서 호모 사피엔스와 굉장히 유사하다. 호모 게오르기쿠스의 다리는 길게 뻗어 있었고 발은 탄력적인 족궁을 갖고 있었다. 이 때문에 그는 가장 오래된 '달리는' 인간으로 알려졌다.

하지만 이 모든 것은 일반적으로 알려진 아프리카 기원설 I 모델과 전혀 부합하지 않는다. 왜냐하면 이 이론에 따르면 아프리카 지역 이외의 최초의 원인들은 나이가 100만 년보다 조금 더 되었고 키는 1미터 70센티미터가 넘으며 뇌 용적은 최소한 1000세제곱센티미터였어야 하기 때문이다.[2] 하지만 드마니시에서 나온 화석 유물들은 이러한 가정을 가차 없이 반박하고 있다.[3] 또 한 가지 주목할 점이 있다. 드마니시에서 나온 개체 들 중 한 나이 많은 남자 개체는 치아가 없고 턱뼈에 퇴화 현상이 나타나 있었다. 이것은 그가 오랫동안 이 없이 살았다는 것을 의미한다.[4] 사회적 보살핌이 없었다면 180만 년 전 이 노인이 살아남을 방법은 없었을 것이다. 민족학 연구에서 알려진 바에 의하면 이와 비슷한 상황에서 집단의 다른 구성원들이 먹을 것을 먼저 씹어 노인에게 주는 원주민 집단들이 존재한다. 이런 행위는 노인들의 면역력을 강화시키는 한편 높은 사회적 능력과 고도의 공감능력이 있는, 기꺼이 도움을 주려는 동족의 존재를 전제한다. 다시 말해 이것은 진정 **인간적인** 행위다.

여러 연구자는 이 화석 자료의 높은 지질학상의 나이와 함께 이러한 해부학적, 사회적 특징들 때문에 조지아의 원인이 아시아에서 발굴된 전형적인 원인 호모 에렉투스의 직접적인 조상이 될 가장 가능성 있는 후보라고 생각한다. 호모 에렉투스는 지금까지 이

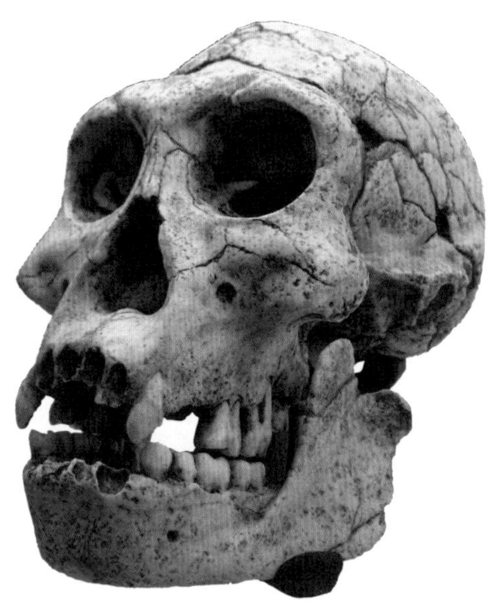

조지아 드마니시에서 발굴된 원인 호모 게오르기쿠스의 두개골.

행성에서 가장 장기간 생존했던 인간 모델이다. 호모 에렉투스는 지구에서 최소한 150만 년 동안을 살아 다른 종과 큰 격차를 보이며 가장 장기간 생존한 종으로 남아 있다.

빙하기, 사바나흐스탄, 구세계

오스트랄로피테쿠스속의 선행인간에서 호모속의 원인으로의 이행은 지금까지 설명한 것처럼 화석 자료에 기록되어 있지만 이는 충분한 양이 아니었고 그 결과 증명되지 못한 여러 추측성 가설이 생겨났다. 하지만 한 가지만큼은 확실하다. 이 이행은 현재로부터 200만 년에서 300만 년 전 사이에 일어났다는 점이다. 그렇더라도 부족한 발굴 상황 때문에 이러한 진화를 일으킨 원인이 무엇이며 어느 지리적 지역에서 일어났는가에 관해서는 구체적인 지점에서 이견이 많다. 현재 통용되는 모든 이론에서는 아프리카가 '초기 호모'속이 형성된 중심지로 간주되고 있다. 왜냐하면 지금까지 오스트랄로피테쿠스들은 이곳에서만 증명되었기 때문이다. 이때 진화의 가장 중요한 요소로 꼽히는 것은 기후상의 변화다. 260만 년 전 대부분의 시기 동안 기후가 따뜻했던 플라이오세에서 기후가 일정치 않은 빙하 시대로의 이행이 일어났는데 이는 최근 지구 역사에서 가장 드라마틱한 기후변화였다. 바로 이 변화의 시기에 우리 인간속이 탄생했고 저 대표적인 원인, 직립한 인간, 즉 호모 에렉투스로의 진화가 이루어졌다.

빙하 시대 초기의 전형적인 특징은 4만 년마다 주기적으로 나타나는 빙기다. 이 시기에는 높은 산맥과 극지방이 형성되었다.[5] 또 양 극지방과 빙하 지역에는 물이 얼어 두꺼운 얼음판이 형성되었고 온대 기후의 지역들은 건조해졌다. 그 결과 해수면의 높이가 낮아졌다. 이러한 기후변화를 유발시킨 것은 대륙판의 이동이었는데 이는 다시 조류의 방향 변화 및 더 활발해진 화산활동과 연계되어 있었다. 한편 이런 변화를 지속시킨 것은 지구의 타원형 공전 궤도와 기울어진 자전축으로 인한 태양복사 에너지의 주기적인 변화였다.

빙결 현상이 일어나는 동안 해수면은 최대 120미터까지 큰 폭으로 낮아졌다. 추운 겨울, 건조한 기후가 위세를 떨쳤고 스텝 지형이 확산되었다. 간빙기에는 기온이 현재 기온보다 훨씬 더 높기도 했고 습도도 높아졌다. 이때는 해수면이 다시 훨씬 높아져 현재보다 최대 50미터[6]까지 더 상승하기도 했다.

빙기가 정도를 더해가는 동안 사막은 점점 더 크기가 확대되었다. 황토가 두껍게 쌓여 만들어진, 화석화된 먼지로 이루어진 암석이 260만 년 전 중국 북부, 240만 년 전 카스피해 바닷가에 퇴적되기 시작했다.[7] 고비와 카라쿰과 같은 사막들이 지구 기후의 리듬에 따라 크기가 커졌다 줄어들었다. 이 사막들은 북아프리카 그리고 아라비아 사막들과 이어져 구세계 사막 벨트 지대를 형성했고 이것은 현재 모리타니 공화국의 대서양 연안에서 몽골까지 펼쳐져 있다.

많은 학자는 이 불모의 사막 지대가 인류의 초기 진화 과정을 동아프리카와 남아프리카로 제한시킨 원인이라고 생각한다. 하지만 사막 가장자리의 불안정한 기후 지대야말로 인간의 초기 진화를 가속화했던 요인이었을 수 있다. 왜냐하면 그곳에서는 비교적 짧은 기간에 나무 사바나를 포함한 숲이 많은 서식지와 스텝 유형의 지형이 번갈아가며 바뀌었기 때문이다. 특히 지중해와 동유럽에서 중앙아시아까지의 지역에서는 이 변화가 매우 두드러졌다. 이렇게 자주 바뀌는 생활 환경에서는 도구를 발명해서든 불의 이용과 같은 발견을 통해서든 환경에 적응할 줄 아는 원인들만이 살아남을 수 있었다. 이 가장 열악한 삶의 조건에서 자연선택은 확실히 훨씬 더 강한 영향을 미쳤다. 지능, 창의력, 유연성이 생존을 확보하기 위해 훨씬 더 중요해졌다.

생존에 도전이 되었던 것은 변화하는 기후만이 아니었다. 동물과 식물 세계의 근본적인 변화, 특히 아시아와 유럽에서의 변화에 대처해야 했다.

빙하기가 시작될 때 유라시아에 처음으로 말이 나타났다. 이 말들로부터 오늘날의 얼룩말과 당나귀가 나왔다. 이 말들은 스텝과 사바나 기후가 지배하는 생활 조건에서 살았다. 에쿠스*Equus*속의 말들은 북아메리카에서 생겨났지만 빙결 현상으로 인해 해수면이 낮아지자 북아메리카와 시베리아 사이의 베링육교를 건너 유라시아에 이를 수 있었다. 말은 순식간에 유라시아 땅덩어리 전체로 퍼져나갔고 230만 년 전에 아프리카에까지 도달했다. 또 늑대의 조상인 샤칼과 코요테가 북아메리카로부터 넘어왔다. 이들이 처음 구세계에 등장한 것은 210만 년 전이었다. 매머드는 반대 방향으로

난 길을 갔다. 마무투스*Mammuthus*속은 원래 아프리카에서 온 것이다. 빙하기가 시작되기 직전 이들은 유라시아 전체 지역으로 삶의 영역을 확장시켰고 나중에는 북아메리카에까지 이르렀다.[8]

특히 지중해 지역에서는 빙하 시대에 유라시아 종들뿐만 아니라 아프리카 종들로 이루어진 포유류 동물상이 존재했다. 북아프리카에서는 염소, 곰, 너구리가 기린, 매머드와 함께 서식했고 남유럽에서는 겔라다개코원숭이와 하마가 한데 살았다.[9]

인류학자인 로빈 데넬과 윌 로이브로익스는 북부와 남부의 생활 환경이 이처럼 밀접하게 얽혀 있다는 사실을 바탕으로 우리가 아프리카, 유럽, 아시아를 완전히 서로 떨어진, 각기 폐쇄된 시스템으로 보는 것에 대해 비판을 가한다.[10] 이들은 이 대륙들 간의 생태적 경계가 열려 있었다고 본다. 구세계 사막 벨트 지역의 양편으로는 특히 풀과 허브가 주된 식물인 사바나와 스텝 지역이 존재했다고 한다. 이에 기반해 이 두 명의 선사 시대 역사 연구가는 이 둘을 결합한 개념인 사바나흐스탄savannahstan이라는 독창적인 신조어를 제안한다. 이 단어는 초원 생태 시스템 전체를 일컫는 것으로 이 생태 시스템은 북아프리카에서 동아시아까지 뻗어 있는 사막의 남북 지역을 모두 포함하며 지구 기후에 영향을 받는다. 어쩌면 인류의 요람은 아프리카가 아니라 사바나흐스탄이었는지 모른다. 하나의 특정 대륙에만 초점을 맞추는 것은 생태적, 기후적, 진화 역사적 관계에 기반해서 볼 때 지나치게 협소한 해석이다. 수수께끼의 저 데니소바인도 이를 증명해준다.

24장

수수께끼 유령: 데니소바 동굴에서 발견된 사람

러시아 학자들은 2008년 여름 예상외의 대박을 터뜨렸고 이로 인해 자극을 받게 된 것은 비단 학계뿐만이 아니었다. 이야기는 러시아과학원의 고고학자 미하엘 슌코프와 아나톨리 데레비앙코가 시베리아 서남부 알타이산맥 외딴 계곡에서 발굴 조사를 진행했던 때로 거슬러 올라간다.

아누이강에서 산 위쪽으로 약 28미터 떨어진 경치가 그림 같은 곳에 그때까지 소수의 전문가에게만 알려진 데니소바 동굴이 있다. 전해오는 이야기에 따르면 이 이름은 18세기에 살았던 데니스라는 이름의 은둔자에게서 유래되었다고 한다. 이미 이곳에서는 1980년대부터 발굴이 진행되었고 몇 년 동안 이 연구자들은 동굴 바닥의 진흙 퇴적층을 깊이 파고 있었다. 이 과정에서 계속 도구와 장신구들이 발견되었다. 이것은 매우 오랜 기간에 걸쳐 인간이 이 동굴을 꾸준히 찾았다는 것, 처음에는 네안데르탈인, 나중에는 현생인류가 이곳을 찾았다는 것을 의미한다.

시간이 지나면서 이 연구자들은 손으로 만든 물건 외에 수천 점의 뼛조각을 발굴해냈다. 이것들은 주로 빙기에 하이에나와 동굴사자가 사냥해 동굴로 끌고 와 그곳에서 먹었던 동물의 잔해였다. 대부분의 뼈는 산산이 부서져 있어서 더 이상 어떤 동물의 뼈인지 추적하기 어려웠다.

이 빙기의 퍼즐 조각들은 대부분 너무 작았기 때문에 2008년 발굴 시즌에 다시 조사를 벌이던 이들 연구자도 작업에 크게 주의를 기울였다. 동굴 안의 조명은 상태가 좋지 않았다. 중요한 조각들을 그냥 지나칠 우려가 있는 상황이었다. 그런 까닭에 이들은 조심스럽게 퇴적층을 들춰내고 나무 상자에 이것을 옮겨 담아 자료수송용 케이블로 강 쪽으로 실어 날랐고 그곳에서 가장 작은 뼈 파편까지도 찾아내기 위해 가느다란 체로 조심스럽게 이것들을 세척했다. 이런 노력은 보람이 있었다. 이 여름 이 두 명의 학자는 매우 친숙하게 보이는 아주 작은 화석을 하나 발견한 것이다. 이 화석은 곧 인간의 새끼손가락의 마지막 관절이라는 것이 밝혀졌다. 하지만 손가락 관절 하나만으로는 그것이 어떤 인간 종에 속하는지 충분한 정보를 얻기 어려웠다. 가능성은 두 가지였다. 네안데르탈인이거나 현생인류. 빙하기 후기에 이 지역에 살았던 것은 이 두 종뿐이었기 때문이다. 이것은 데니소바 동굴에서 나온 유물뿐만 아니라 알타이산맥의 다른 유적지들에서 나온 화석과 인공물들로도 증명된다. 이 두 명의 러시아 학자는 결국 이 작은 뼛조각을 유전자 검사에 맡기기로 하고 그것을 라이프치히에 있는 막스 플랑크 진화 고고학 연구소로 보냈다.

원인의 완벽한 게놈

그곳에서는 당시 고유전학 연구자 스반트 파보를 중심으로 하는 팀이 네안데르탈인의 게놈을 해독하는 데 전념하고 있었다. 파보는 1990년대에 이미 오래된 뼈에서 게놈 조각을 추출 · 복제해 다시 연결하는 방법, 즉 염기서열 분석이라 불리는 방법을 개발했다. 1단계로 전문가들은 그 작은 시베리아 화석에 구멍을 뚫어 약 30밀리그램의 뼈를 얻었다. 목표는 미토콘드리아 DNA라 불리는 특수한 형태의 게놈을 추출하는 것이었다. 게놈의 이 부분은 세포핵이 아니라 세포에서 에너지 공급을 담당하는 세포 소기관인 미토콘드리아에 존재한다. 미토콘드리아는 흔히 세포들의 발전소라고 불리기도 한다. 미토콘드리아 DNA를 해독하는 것은 세포핵의 전체 유전 물질을 재구성하는 것보다 쉽고, 또 화석을 어떤 인간 형태에 속하는지 분류하기 위한 목적이라면 이에 관한 충분한 정보를 제공했다.

염기서열 분석을 위해 가장 중요한 것은 화석의 보존 상태다. 발굴지가 수천 년 동안 서늘한 상태에 있었을수록 더 유리하다. 데니소바 동굴 안의 온도는 오늘날에도 섭씨 7도 이상으로 올라가지 않는다. 그러니 이 손가락 관절에서 유전 정보를 추출하기 위한 전제 조건은 괜찮은 셈이었지만 그럼에도 이 연구에서 획기적인 희

소식을 기대한 사람은 아무도 없었다. 그러다 2010년 1월 스반트 파보는 분석을 진행하던 연구원 요하네스 크라우제에게 뜻밖의 전화를 받는다. 크라우제는 그에게 놀라운 소식을 전했다. 그 화석의 DNA 지문이 네안데르탈인의 것도 현생인류의 것도 아니라는 분석 결과였다. 파보에게 첫 번째로 든 생각은 그 연구원이 실수했으리라는 것이었다. 하지만 곧 그 결과는 오류가 없다는 것이 분명해졌다. 정말로 그 손가락뼈는 지금까지 알려지지 않은 인간 형태에서 나온 것이었다. 그들은 인간의 새로운 멸종된 친척을 발견한 것이었다. 연구자들은 바로 세포핵의 모든 게놈을 해독하기로 결정했다. 이들은 또 다른 초소형 뼈 샘플을 추출했고 작업에 들어갔다. 그리고 결과는 성공이었다.

2012년 이 연구팀은 마침내 인간 가계도에 새로 편입된 이 구성원의 전체 게놈을 발표하고 그 이름을 데니소바인이라고 명명했다. 처음에 연구팀은 새로운 인간 종을 호모 알타이엔시스*Homo altaiensis*라고 부를까 생각했다. 하지만 생물학적으로 정확한 경계를 긋기 힘들었기 때문에(네안데르탈인에게서도 나타나는 문제) 이들은 이 생각을 포기했다. 게놈 분석은 데니소바인이 우리 현생인류보다 네안데르탈인과 더 가깝다는 것을 보여준다. 하지만 그는 오랜 기간 독자적인 진화 과정을 거쳤다. 네안데르탈인과 데니소바인의 마지막 공통 조상은 약 45만 년 전에 살았고 데니소바인, 네안데르탈인, 현생인류의 공통 조상은 무려 60만 년에서 80만 년 전에 살았다.[11]

하지만 학자들은 이 친척관계를 해명하는 데 그치지 않았다. 다년간에 걸친 작업 끝에 이들은 네안데르탈인 게놈을 해독했고 현재 살고 있는 인간들이 약 1~3퍼센트의 네안데르탈인 DNA를 가지고 있다는 것을 확인했다. 아프리카인만 여기서 예외였다. 이 결과는 아프리카 기원설 II와 일치한다. 이 이론에 따르면 호모 사피엔스는 빙하기 후반에 아프리카를 떠나고 나서야 네안데르탈인과 섞였다.

어쩌면 데니소바인도 우리 안에 유전적 흔적을 남긴 것이 아닐까? 학자들은 데니소바인 게놈과 세계 각지의 현재 살고 있는 인간 게놈을 비교했고 또 다른 놀라운 사실을 발견했다. 파푸아뉴기니, 오스트레일리아, 솔로몬 제도의 원주민들과, 필리핀의 몇몇 부족의 일원들이 최대 5퍼센트까지 데니소바 게놈을 가지고 있었던 것이다.[12] 하지만 이 지역들은 모두 시베리아에서 수천 킬로미터 떨어진 곳에 있지 않은가?

가장 설득력 있는 설명은 그 당시 유라시아에는 인간이 살던 지역이 두 개로 나뉘어 있었다는 가설이다. 알타이산맥에는 아마도 데니소바인 주거지역의 서쪽 경계선이 있었던 데 반해 네안데르탈인은 이 지역보다 더 동쪽으로 진출하지 않았다. 네안데르탈인은 주로 유럽과 근동에서 거주했던 반면 데니소바인들은 아마도 아시아의 그 밖의 지역 전체에서 살았던 것으로 보인다.

삼각관계

데니소바인들은 심지어 섬으로 진출하는 데 성공했던 것이 분명하다. 이들은 '호빗'과 루손인[13]들과 마찬가지로 이런 대단한 능력을 갖고 있었다. 이는 그 전에 거의 아무도 인류 진화 역사의 그렇게 이른 시기에 가능하리라고 생각하지 못했던 것이다. 현생인류와 데니소바인이 오스트레일리아와 뉴기니에서 처음으로 섞이게 됐다고 가정한다면(이 시나리오가 설득력 있다고 보는 학자도 여러 명 있다) 이들은 그보다 앞서 호모 플로레시엔시스가 했던 것처럼 월리스 선[14](275쪽 지도 참조)을 건너야만 했을 것이다. 월리스 선은 동남아시아에 있는 생물지리적 경계선을 말한다. 빙하기에 해수면이 가장 낮았던 시기에도 이 선을 따라 해협이 존재했다. 이것은 이 장벽을 넘어서 동물들의 교류는 거의 일어날 수 없었다는 것을 의미한다. 월리스 선은 현재 인도네시아의 발리섬과 롬복섬 사이를 지나 더 북쪽의 보르네오섬과 술라웨시섬을 가르며 필리핀의 남부에까지 이른다. 이 선은 매우 다양하게 구성된 동물 세계를 한편으로는 동남아시아 서부, 다른 한편으로는 동남아시아 동부, 오스트레일리아, 대서양의 동물 세계로 갈라놓는다.

먼 과거 인간의 이동에 있어서 이러한 해협은 커다란 장애물이었다. 한 국제 연구팀의 최신 연구는 데니소바인이 실제로 이러한 도전을 극복할 수 있었을 가능성을 뒷받침하는 연구 결과를 내놓았다.[15] 이 연구팀은 뉴기니섬에 현재 살고 있는 주민들이 심지어 데니소바인의 서로 다른 두 진화 계통 유전자를 물려받았다는 것을 밝혀냈다. 이 두 진화 계통은 무려 35만 년 전에 갈라졌다. 또 이 연구 결과에 따르면 이곳에서 3만 년 전까지도 데니소바인 인구 집단이 살아남아 있었을 수 있다.

확실한 것은 현생인류와 데니소바인이 여러 장소에서 마주쳤고 공동의 자손을 생산했다는 점이다. 2018년에 데니소바 동굴에서 발견된 또 다른 유물이 미디어의 관심을 받았다. 이 발굴물은 구석기 시대에 있었던 여러 인간 형태 사이의 이 자유스러운 성관계 역사에 새로운 한 장을 추가하게 만들었다. 이 유물이 발견된 것은 옥스퍼드대학의 여러 학자의 끈질긴 노력 덕분이었다. 이들은 여러 해 동안 초소형으로 작고 심하게 부서진 뼈일지라도 그 조각들을 정확히 규명해낼 수 있는 방법을 개발했다. 이 학자들은 질량분석법의 도움을 받아 일종의 분자 지문을 판별해냈는데 분자 지문은 뼈의 콜라겐에 저장되어 있으면서 각 동물 종마다 다르고 인간과 동물 간에도 구분이 된다. 질량분석법의 또 다른 장점은 빠른 시간 안에 많은 샘플을 분석할 수 있다는 것이다.

이 방법을 시험하기 위해 이 학자들은 러시아 동료 학자들로부터 데니소바 동굴에서 발굴된 규명되지 못한 뼈의 파편을 한 자루 받아 인간의 잔해를 찾아 나섰다. 1차로 700개의 샘플을 가지고 한 시험은 소득이 없었다. 하지만 1500개의 조각을 가지고 진행한 2차 시험에서 이들은 마침내 성공을 거두었다. 약 2센티미터 길이의 인간의 뼛조각을 발견한 것이다. 하지만 이 뼈가 어떤 인간 종의 것인지는 규명해낼 수 없었다. 그래서 다시 라이프치히의 고유전학 학자들이 연구에 참여하게 되었다. 그리고 이 연구의 끝 무렵 한 번 더 전혀 기대치 않았던 결과인 '데니Denny'를 발견할 수 있었다. 그녀는 네안데르탈인 어머니와 데니소바 아버지의 딸이었고 두 인간 종의 혼합으로부터 태어난 직계로서는 지금까지 발견된 적 없는 최초의 화석이었다.[16] 그녀는 약 9만~10만 년 전에 이 두 인간 형태의 성관계로 생겨났고 죽었을 때의 나이는 최소한 13세였다. 그녀의 게놈은 데니소바인과 네안데르탈인이 공동의 후손을 생산하는 일이 자주 있었다는 것을 보여준다. 연구자들은 그녀의 데니소바 아버지 조상 중에서 네안데르탈인을 찾아냈기 때문이다. 이 연구가 또 밝혀낸 것은 '데니'의 네안데르탈인 어머니가 그 지역 알타이산맥에서 발견되는 네안데르탈인이 아닌 서유럽 네안데르탈인과 더 가깝다는 사실이었다. 이것은 네안데르탈인이 먼 거리를 이동했음을 보여준다. 아주 작은, 눈에 띄지도 않는 뼈의 파편에 데니소바인과 네안데르탈인의 공존, 혼합, 이주라는 이런 놀라운 이야기가 기록되어 있었던 것이다!

데니소바인의 전체 게놈이 해독되어 발표된 이래로 세계의 다른 연구자들도 현재 살아 있는 인간과의 비교 연구를 위해 이 자료를 이용하고 있다. 2014년에 발표된 한 연구는 '슈퍼 운동선수 유전자'라는 이름으로도 알려진 $EPAS_1$ 유전자의 변이 형태가 데니소바인의 고대 유산일 수 있다는 취지의 결과를 내놓았다.[17] 현재 티베트인들이 특히 이 유전자를 많이 가지고 있다. 이 유전자는 고도가 높은 지역에서 몸이 산소를 매우 효율적으로 이용할 수 있도록 해준다. 이 때문에 티베트인들은 높은 산맥의 희박한 공기에도 불구하고 최고의 육체적 능력을 발휘할 수 있으며 4000미터가 넘는 고도의 삶에 최고로 잘 적응했다. 이 유전자를 가지고 있는 사람 중 가장 잘 알려진 예는 셰르파족이다. 히말라야 정상을 등정하려는 등산가들은 셰르파족이 가진 튼튼함과 하중을 감당할 수 있는 능력 때문에 이들을 짐꾼으로 고용한다. 이 유전자 변이 형태를 가지고 있지 못한 사람들은 고도가 높은 곳에서 산소 부족을 보충하기 위해 더 많은 헤모글로빈과 적혈구를 생산해낸다. 하지만 이로 인해 피의 농도는 진해지고 혈전이 형성될 위험이 매우 높아진다. 최악의 경우 급성 뇌졸중 또는 심장마비를 유발할 수 있다.

2016년, 그린란드 이누이트족들도 데니소바인들에게서 나온 변이 형태를 갖고 있을 수 있다는 연구가 발표되었다.[18] 이 변이 형태의 유전자의 경우 몸이 지방을 열로 잘 전환시킬 수 있도록 해준다. 아마도 이 능력은 빙하기 기후 조건에서 살던 데니소바인들에게 큰 장점으로 작용했을 것이다. 빙하기가 지나간 후 이 능력은 특히 현재 추운 지방에 사는 인간들에게서 생존에 유리한 능력이 되었고 자연선택적으로 계속 유전되었다.

데니소바 동굴에서 나온 유물들은 인간 진화사에 놀라운 새로운 한 장을 추가시켰고 앞으로도 계속 놀라운 결과를 만들어낼 것이다. 하지만 이 유물들 중 지금까지 우리에게 데니소바인들의 외모에 관해 확실한 단서를 전해주는 것은 없다. 데니소바인들은 근육질의 다부진 체격, 눈썹 위 뼈가 두텁게 돌출되어 있고 뒤로 젖혀진 납작한 이마를 가진 네안데르탈인과 비슷하게 생겼을까? 아니면 해부학적으로 호모 사피엔스인 우리를 더 닮았을까? 그사이 데니소바 동굴에서 발견된 세 점의 이빨과 티베트에서 나온 턱뼈가 데니소바인의 것이 분명하다고 확인되었다. 하지만 앞으로 데니소바인 유골의 더 많은 부위와 나아가 두개골이 발견될 때라야 이들의 해부학적 구조를 재구성하는 게 가능할 것이다. 그때까지 우리 상상 속의 데니소바인은 한때 유라시아의 넓은 지역에서 살았지만 아주 작은 흔적만을 남긴, 말하자면 일종의 유령으로 남아 있을 것이다.

25장

그들 중 한 명만 남았다: 이성적인 능력을 가진 인간

오늘날 지구에 살고 있는 70억이 넘는 인간들은 모두 호모 사피엔스라는 생물학적 종에 속한다. 호모 사피엔스는 '이성적 능력을 가진 인간'으로 번역될 수 있다. 그가 30만 년보다 더 전에 처음으로 진화 역사의 무대에 나타났을 때 그는 유일한 인간 종이 전혀 아니었다. 그는 현재까지 밝혀진 바에 따르면 다른 일곱 종의 인간들과 함께 유라시아와 아프리카 세계를 공유하고 있었다.

유라시아에서는 데니소바인, 네안데르탈인, 호모 하이델베르겐시스, 호모 에렉투스가 살고 있었다. 동남아시아 섬에서는 호모 플로레시엔시스와 호모 루소넨시스가, 남아프리카에서는 호모 날레디가 살았다. 하지만 이 공존은 진화적 관점에서 볼 때 오래 지속되지 못했다. 약 4만 년 전부터 호모 사피엔스가 이 행성 위에 유일하게 남은 인간 종이 되었다. 불과 인간의 약 1만4000세대에 해당되는 시간 동안 무슨 일이 일어난 것인가? 인간의 다양함은 왜 그렇게 빨리 극적으로 쇠퇴하게 되었는가? 왜 하필이면 우리 종이 살아남은 것인가? 어쩌면 처음에 우리와 함께 살던 다른 인간 종들은 거대 동물이라고도 불리는 빙하 시대 대형 포유류들에게 닥쳤던 운명을 겪게 되었던 것이 아닐까? 아니면 이들은 이성적인 능력을 지닌 인간들에 의해 멸절되어버린 것이 아닐까?

거대 동물상을 이루고 있는 것은 몸집이 매우 큰 채식성 동물과 육식성 동물로 대륙마다 다르다. 몇 가지 예만 들자면 유라시아에는 매머드, 동굴사자, 털코뿔소, 어깨높이가 2미터 넘는 메갈로케로스가 살았다. 미국에는 땅늘보, 마카이로두스, 코끼리와 비슷한 마스토돈, 컬럼비아매머드가 있었고 오스트레일리아에는 틸라콜레오, 디프로토돈, 2미터 키의 거대캥거루, 키가 3미터이고 무게는 500킬로그램까지 나가는 행동이 굼뜬 드로모르니스가 살았다. 이들은 모두 지난 4만 년 사이에 멸종했다.

이렇게 된 데에는 소행성 충돌이나 기후에만 원인이 있는 것이 아니라 현생인류에게도 책임이 있다. 현생인류는 저 거대하고 매우 천천히 번식하는 동물들을 오랫동안 점점 더 세련된 기술로 사냥했고 몰아댔다.[19] 코끼리와 코뿔소처럼 특히 덩치가 큰 몇몇 포유류는 아프리카와 아시아 남부의 극히 일부 지역에서만 살아남았다. 하지만 이들은 생활 터전의 파괴 또는 코의 뿔과 상아 사냥에 의해 생존에 절박한 위협을 느끼고 있다.

미국의 고생물학자 폴 슐츠 마틴은 이미 1960년대에 '오버킬 가설'을 주장하며 현생인류를 거대 동물 멸종의 원인 유발자일 것이라고 추정했다.[20] 왜냐하면 이 동물들의 실종이 이성적 능력을 가진 인간의 출현 및 확산과 일치하는 데 비해 다른 인간 종들과는 이런 일치 관계가 일어나지 않기 때문이다. 현생인류는 식량 자원이란 자원은 더 이상 그것이 존재하지 않게 될 때까지 남김없이 이용하고 자신에게 위협이 될 수 있는 것이나 경쟁관계에 있는 것, 가령 네안데르탈인이나 데니소바인 같은 존재는 없애버리는 그런 존재인 것인가? 나는 그렇게 생각하지 않는다. 상황을 훨씬 더 구분해서 봐야 할 이유는 우리 유전자 코드 속에 숨겨져 있다.

우리 안의 원인

현재 살아 있는 인구 집단의 유전자 조사로는 호모 사피엔스 기원에 대한 부정확한 추론만 할 수 있을 뿐이다. 여기에는 크게 두 가지 이유가 있다. 첫째는 현재 살아 있는 인간의 게놈에 흔적을 전혀 남기지 않았거나 미미하게만 남긴 인구 집단들이 존재하기 때문이다. 이 인구 집단들은 후손이 없어 멸종되었든지 아니면 이들의 특징적인 게놈이 도태되어버렸든지 간에 어쨌든 흔적을 남기지 않았다. 두 번째로 특정한 지역에 사는 현재의 주민들은 아주 드문 경우에만 수천 년 세대 전에 그곳에서 살았던 사람들과 유전적으로 친척관계에 있기 때문이다. 예를 들어 유럽에서 최초로 농경을 했던 사람들의 가장 먼 후손은 육지가 아닌 사르데냐섬에서 발견된다. 동시베리아의 석기 시대 사냥꾼과 채집자들의 후손은 오늘날 아메리카 대륙에서 살고 있다. 학자들은 알타이산맥의 데니소바인 유전자를 뉴기니와 오스트레일리아 인구 집단에서 발견했다. 따라서 후대의 인간 역사를 이해하기 위한 중요한 열쇠는 멸종된 인구 집단들의 뼈와 이에서 나오는 고유전자 데이터에 들어 있다.[21]

고유전자 연구는 우리 게놈의 약 2~8퍼센트가 원시 시대 인간, 즉 우리 호모속의 다른 종들로부터 왔다는 것을 보여준다. 원시 유전자는 아프리카, 유라시아, 오스트레일리아, 미국 할 것 없이 모든 인간에게서 발견된다. 하지만 이런 원시적인 특징들을 나타내는 것이 항상 동일한 유전자 구간인 것은 아니며 또 이 특징들은 여러 다른 인간 종으로 소급되곤 한다. 유전자 연구자들은 지금까지 현재 생존하는 인간들에게서 최소한 5종의 인간 유전자 서열을 발견했는데 이는 각기 고유한 지리적 분포 지역을 갖고 있다.[22] 유럽인은 약 2퍼센트의 네안데르탈인 유전자를 보유하고 있다.[23] 아시아인과 아메리카 대륙에 사는 사람들은 네안데르탈인과 데니소바 원인의 원시 유전자를 가지고 있다. 필리핀, 뉴기니, 오스트레일리아에 사는 멜라네시아인들은 네안데르탈인, 데니소바인, 그리고 지금까지 정확히 분류되지 못하고 있는 두 개의 다른 종, 이렇게 총 네 종류의 인간에게서 물려받은 유전자를 8퍼센트까지 가지고 있다. 마지막으로 아프리카 원주민들에게서는 규명되지 않은 또 다른 인간 종 하나 또는 둘의 단서가 발견된다.[24]

이 유전자 부분은 물론 서로 다른 종들이 성관계를 맺었기 때문에 나타난 것이다. 이들 사이에는 외모에서 분명한 차이가 있었고 행동 방식에서도 분명히 차이가 나타났을 것이다. 하지만 여러 종의 인간에게 그것은 별로 장애가 되지 않았던 듯하다. 유전적으로 그들은 서로 매우 비슷해서 그들의 성관계는 건강하고 생식력 있는 후손으로 이어질 수 있었다. 이런 짝짓기는 여러 종 사이에서뿐만 아니라 여러 다른 시기에 다양한 지역에서 동일한 한 종과 지속적으로 행해지기도 했다.[25]

우리 게놈 안에는 이 원시 시대의 유전 정보가 여러 다른 구간에 들어 있어 다양한 과정을 조정한다. 네안데르탈인 유전자는 뇌의 발달[26] 및 뉴런의 기능과 연관이 있다.[27] 데니소바인 유전자는 특히 뼈와 조직 성장을 조절하는 게놈 영역에서 발견된다.[28] 지난 20년 동안 고유전학자들에 의해 밝혀진 사실들로 인해 여러 인간 종 사이에 혼합이 일어났다는 것은 분명해졌다. 이것은 예외적인 경우가 아니라 오히려 늘 있는 일이었고 또한 현재 호모 사피엔스라고 부르는 가변적이고 적응 능력을 지닌 한 종이 형성되기 위한 필수 조건이었다.[29]

무죄이지만 그럼에도 유죄

각기 다른 유전자 구간이긴 하지만 모든 생존하는 인간은 원시 시대 유전자를 지니고 있기 때문에 우리의 이 옛날 친구들의 게놈 중 많은 수가 보존될 수 있었다. 그런데 이 게놈은 전 인류에 매우 넓게 흩어져 있다. 연구자들은 현재 아프리카가 아닌 지역의 인구는 모든 네안데르탈인 게놈의 30퍼센트를 간직하고 있고 데니소바인 유전자는 심지어 90퍼센트를 보존해 갖고 있다고 본다.[30] 그렇다면 과연 우리는 이 초기의 동류 인간이 멸종했다고 말할 수 있을까? 아니면 이들이 우리 안에 녹아들어 우리 안에서 계속 살고 있다고 할 수 있는 것은 아닐까?

우리 각자는 그들의 작은 조각 하나를 지니고 있다. 그들의 유전자는 현재 인류 게놈의 필수적 구성 요소다. 이렇게 보면 호모 사피엔스는 한때 우리가 지구상에 함께 살았던 다른 인간 종들을 근절시켰던 것이 아니라 우리가 그들과 그냥 한데 합쳐진 것이다! 현대의 유전학은 많은 부분에 있어서 호모 사피엔스가 다른 모든 종의 인간들을 처치해버린 냉정한 살인자라는 혐의를 벗겨주었다. 하지만 호모 사피엔스는 많은 동물 종을 멸종시켰다는 비난으로부터는 무죄 선고를 받지 못했다. 반대로 우리 종이 지구상에 존재한 이래로 수많은 종이 인간이 끼친 영향 때문에 사라졌다. 시작부터 정도가 심했던 인간의 부정적인 영향은 계속해서 점점 더 악화되었다. 오늘날 인간이 자연에 개조를 가한 탓으로 세계생물다양성이사회인 IPBES가 측정한 바에 따르면 100만 종이 넘는 동물과 식물이 멸종 위기에 처해 있다. 6500만 년보다 더 전에 있었던 공룡시대 말의 소행성 충돌 이래로 가장 큰 규모의 종들이 실종을 위협받고 있는 것이다.

인간으로 진화한 과정을 돌이켜볼 때 우리가 생각해야 할 또 다른 측면이 있다. 크로아티아와 남시베리아에서 나온 두 명의 네안데르탈인의 완전체 게놈은 모든 염기쌍에서 0.16퍼센트만 차이가 난다는 점이다.[31] 이 둘은 거리가 5500킬로미터 떨어진 곳에 살았지만 유전적으로 거의 동일했고 현존하는 70억 인구 중 임의로 선택한 두 명보다 유전적으로 서로 더 가까웠다. 이것은 네안데르탈인이 극히 적은 인구 밀도를 가지고 있었고 매우 넓은 지역에 분포해 살았다는 것을 말해준다. 고유전학자들은 네안데르탈인과 데니소바인들에게서 유효한 인구 크기, 즉 인구 집단을 유지하기 위해 필수적인, 생식 능력이 있는 연령층의 수가 2000명에서 3000명밖에 안 됐다고 본다. 호모 사피엔스의 경우 이 수치는 당시 다섯 배 정도 더 높았다.[32] 이렇게 충분치 않은 인구 크기에서 유전적으로 너무 가까운 관계에 있는 남녀가 아이를 낳는다면 유전적 결함이 나타날 위험이 높아진다. 그 결과 생식력이 낮아지고 사망률은 높아진다.

그런데 유럽에 살았던 네안데르탈인의 수는 몇천 명밖에 되지 않았던 것으로 추정된다. 심지어 마지막 빙하기의 얼어붙은 기후 조건 속에서는 유럽에 살았던 이 수렵채집인의 수는 몇백 명밖에 되지 않았을 것이다.[33] 그렇다면 이들을 멸종하게 만든 원인은 무엇이었을까? 간빙기 동안 더 나은 조건의 기후에서조차 유라시아에서는 50만 명에서 100만 명 정도의 인구밖에 살지 않았고 이들은 더욱이 여러 종에 속했다.[34] 이 소수의 남녀 그리고 아동들은 25명에서 50명 사이의 매우 작은 집단을 이루어 영국에서 캄차카반도, 시베리아에서 인도에 이르는 거대한 영토에 퍼져 살았다. 많은 연구가 마지막 빙하기 말엽에 유라시아에는 1만 명 정도의 사람만이 살았을 것이라는 추측에 힘을 싣는다. 당시 이 녹색 행성에는 모두 합해 100만 명 정도밖에 되지 않는 사람이 살았을 것이다. 하지만 이 수치는 인간 진화 실험이 성공하기에 크게 부족한 것은 아니었다.

상황은 약 1만 년 전 현생인류가 가축 사육과 곡물 경작을 발명하면서 바뀌었다. 정착생활과 농경을 하면서 인구는 처음에 수백만 명으로 증가했다. 이것은 환경에 점점 더 강력한 영향을 미쳤다. 이 영리한 '이성 능력이 있는' 인간은 숲을 개간하고 동물을 가축화하고 식물을 길렀으며 사냥을 통해 점점 더 많은 종을 불가역적으로 멸종시켰다. 인간은 점차 스스로를 자기 환경의 일부로 느끼지 않았고 자신들만의 도시 제국을 건설했다. 인구 집단은 수십억 단위로 자신을 증식시켰고 그의 자원 수요는 기하급수적으로 늘어났다. 이런 변화는 지난 70년간 정점을 이뤄 학자들은 심지어 새로운 지질 시대인 인류세, 즉 인간 시대라는 용어를 사용하기도 한다. 인간은 분명 동물 세계로부터 떨어져 나왔다. 그리고 이것은 앞으로 극적인 결과를 가져올 것이라고 생각된다.

전 인류에 대한 위험을 기후변화에서만 느낀다면 그건 너무 짧은 생각이다. 인류는 그 이상으로 대기, 대양, 동식물 세계, 토양 등 지구 시스템의 모든 영역에서 발생한 수차례의 위기적 변화로 인해 위협받고 있다. 내가 보기에 두 가지 변화가 특히 위험에 처해 있다. 자연생활 공간의 소멸과 남아 있는 자원에 대해 점점 더 공격적으로 되어가는 접근 방식이다. 인류가 인구 폭발을 막는 데 성공하지 못하고 성장에 기반하지 않은 새로운 경제를 구축하지 못한다면 인류는 재앙을 맞을 것이다. 이 재앙은 일차적으로 기후 재앙이 아닌 사회적 재앙이 될 것이다. 하지만 이것은 다른 책에서 서술되어야 할 내용이다.

감사의 말

나는 내 동료 니콜라이 스파소프, 데이비드 비건과 학문적 관계를 넘어 오랫동안 우정을 쌓아왔다. 화석 자료를 놓고 또 현장에서 이루어졌던 이들과의 고무적인 토론이 없었다면 이 책은 쓸 수 없었을 것이다. 나는 이 두 명의 동료와 함께 일할 수 있었던 것을 특권이라 생각하며 또한 벨리자 시메오노프스키처럼 뛰어난 예술가가 감탄을 자아내는 그림으로 우리 학문적 성과들을 가시화시켜준 것에 대해 큰 자부심을 느낀다.

내 연구원과 박사과정생들 그리고 많은 학생도 마땅히 감사 인사를 받아야 한다. 그들은 멈추지 않는 호기심과 끈기를 가지고 나와 함께 장기간의 발굴 작업과 현장 작업에서 그리고 뒤따르는 연구실 작업에서 이 책에서 설명되었던 많은 데이터를 만들어냈다.

뤼디거 브라운과 플로리안 브라이어, 두 명의 과학 전문 기자를 알게 되고 이들을 알아볼 수 있었던 것은 나에게는 특별한 행운이었다. 이들의 도움과 협조가 없었다면 이 책을 쓰려고 감히 도전하지 못했을 것이다. 이들의 도움과 글쓰기에서 이들이 갖고 있는 오랜 경험으로 인해 이 책은 현재의 모습으로 완성될 수 있었다.

우리 셋은 노련한 전문성으로 이 과정을 함께해준 미디어 홍보 전문가 하이케 빌헬미와 시각적 그래픽에서 많은 수고를 해준 나딘 기블러에게 감사를 돌린다. 과정을 완벽하게 관리해준 편집자 앙엘리카 슈밥과 사라 기놀라스, 훌륭하고도 섬세한 작업을 해준 편집장 기젤라 클렘트와 그래픽 편집장 탄냐 칠레츠니아크는 이 책처럼 광범위한 내용의 전문 서적에 말할 수 없이 중요한 역할을 했다.

나의 부인 니콜 프로이스너에게 특별한 감사 인사를 전한다. 그녀는 여러 번의 휴가와 수많은 주말을 포기해야 했고 마침내 이 책이 완성될 때까지 이 긴 과정 동안 항상 이해심과 참을성을 보여주었다.

주註

서문 & 1부

'엘 그래코' 그리고 침팬지와 인간의 분리

1 Donat, Per; Ullrich, Herbert: *Wie sich der Mensch aus dem Tierreich erhob*. Berlin 1972.

2 von Freyberg, Bruno: *Die Pikermi-Fauna von Tour la Reine (Attika)*. In: Annales Geologiques des Pays Helléniques, Vol. 3, 1949, p. 7–10.

3 Wagner, Andreas Johann: *Fossile Ueberreste von einem Afenschadel*. In: Gelehrte Anzeigen, Königlich Baierische Academie der Wissenschaften zu München, 38, München 1839.

4 Dehm, Richard: *Pikermi–Athen und Munchen*. In: Freunde der Bayerischen Staatssammlung für Paläontologie und historische Geologie München e.V., Jahresbericht und Mitteilungen, 9, S. 17–26, München 1981.

5 Abel, Ottenio: *Lebensbilder aus der Tierwelt der Vorzeit*. Kapitel II: In der Buschsteppe von Pikermi in Attika. Gustav Fischer Verlag, Jena 1922, S. 75–165.

6 Gaudry, Albert: *Animaux fossiles et geologie de l'Attique*. Paris 1862–1867.

7 von Freyberg, Bruno: *Im Banne der Erdgeschichte*. Junge & Sohn, Erlangen 1977 (Autobiographie, erschienen posthum 1981).

8 Fuß, Jochen; Spassov, Nicolai; Begun, David R.; Böhme, Madelaine: *Potential*

hominin ainities of Graecopithecus from the Late Miocene of Europe. In: PLoS One, 22. Mai 2017.

9 유전자 분석에 기초해 침팬지 진화 계통에서 인간의 진화 계통이 갈라져 나온 것으로 추정되는 시기는 현재로부터 600만 년에서 1300만 년 전 사이이다.

2부
원숭이들의 진짜 행성

1 라르테는 비교 해부학의 '대부'이자 고유전학의 창시자인 조르주 퀴비에(1769~1832)의 제자였다. 1812년 조르주 퀴비에는 화석 인간은 존재하지 않으며 화석 영장류도 존재하지 않는다고 주장했다. 실제로 당시 학자들은 많은 멸종된 동물의 뼈를 수집했지만 과거 시대 영장류 화석은 수집할 수가 없었다. 하지만 퀴비에는 한 가지 사실을 놓치고 있었다. 그는 직접 파리의 여러 석회암 채석장에서 나온 여우원숭이하목(영장류에 속함—옮긴이)에 속하는 한 동물에 대해 기술한 적이 있다. 그는 이 동물을 아다피스 파리시엔시스*Adapis parisiensis*(아다피스는 영장목에 속함—옮긴이)라고 불렀지만 원시 유제류라고 생각했다.

2 동굴곰은 빙하 시대에 널리 분포되어 있었던 곰의 종이다. 동굴 속에서 발견되는 동굴곰의 잔해는 유럽 거의 전역에서 발견됐다.

3 나중에야 1829년 벨기에와 1848년 지브롤터에서 이미 네안데르탈인 화석이 발견된 적이 있다는 것이 밝혀졌다. 하지만 당시에는 이것을 독자적인 종으로 인정하지 않았다.

4 현재로부터 2300만 년에서 530만 년 전 사이에 존재했던 지질 시대인 마이오세를 말함.

5 Darwin, Charles: *Die Abstammung des Menschen und die geschlechtliche Zuchtwahl*. Band 1, Schweizerbart'sche Verlagshandlung, Stuttgart 1871.

6 이 턱뼈는 약 60만 년 되었으며 현재까지 모식표본(어떤 생물종이 정식 학명을 얻도록 하는 특정 표본 또는 표본군—옮긴이)이다.

7 Roksandic, M., et al.: *Revising the hypodigm of Homo heidelbergensis: A view from the Eastern Mediterranean*. In: Quaternary International, Vol. 466, 2018, p. 66–81.

8 실제로 어린 동물들의 화석을 해석하는 것은 무척 어려운 작업이다. 어른 개체와 큰 차이를 보일 때가 많기 때문이다.

9 나중에 이루어진 계산에서 '타웅의 아이'는 심지어 더 적은 수치가 나왔고 오

스트랄로피테쿠스 아프리카누스의 다른 화석은 약간 더 높은 수치가 나왔다. 참조: *Holloway, Ralph L.: Australopithecine Endocast (Taung Specimen, 1924): A New Volume Determination. Science 22* May 1970: Vol. 168, Issue 3934, pp. 966–968. Falk, D., Clarke, R.: *Brief communication: new reconstruction of the Taung endocast,* American Journal of Physical Anthropology, 04 September 2007.

10 옥스퍼드대학의 저명한 해부학자 윌프리드 르 그로스 클라크는 당시 『네이처』 지에 기고한 논문에서 오스트랄로피테쿠스 아프리카누스를 선행인간으로 인정했다. 르 그로스 클라크는 1년 후 '필트다운 인간'이 위조라는 것을 밝혀내는 데 참여했다.

11 현재 모식표본은 올두바이 협곡에서 발견된 175만 년 된 하악골이다. '조니의 아이'라고도 불린다. 참조: Leakey, Louis; Tobias, Phillip V.; Napier, John Russell: A *New Species of The Genus Homo From Olduvai Gorge.* In: Nature, Vol. 202, 4. April 1964, p. 7–9.

12 현재까지 이 도구 타입은 올도완 문화라는 이름으로 알려져 있다. Leakey, M. D.: *A Review of the Oldowan Culture from Olduvai Gorge, Tanzania. In*: Nature, Vol. 210, 30. April 1966, p. 62–466.

13 현재까지 이 분류에는 이견이 많다. 어떤 학자들은 대형 유인원들, 심지어 조류도 도구를 사용한다며 반대 주장을 펼친다. 또 다른 학자들은 호모 하빌리스가 호모 에렉투스보다 오스트랄로피테신(오스트랄로피테쿠스속과 파란트로푸스속 두 개를 함께 가리키는 용어—옮긴이)을 훨씬 더 많이 닮았다고 주장한다. 루이스 리키의 아들 리처드는 이후에 케냐의 투르카나 호수에서 호모 하빌리스의 또 다른 화석들을 발견했다. 리처드 리키의 부인 미브와 그의 딸 루이즈도 고유전학자였고 2007년에 이 지역에서 나온 또 다른 발견물들에 대해 기술했다. (*Implications of new early Homo fossils from Ileret, east of Lake Turkana, Kenya.* In: Nature, Vol. 448, p. 688–691, 9. August 2007.) 이 발견물들을 포함하면 호모 하빌리스로 인정될 수 있는 화석들은 모두 현재로부터 175만 년 전에서 144만 년 전에 속한다. 이것은 호모 하빌리스가 호모 에렉투스와 병존했었다는 것을 의미한다. 이런 이유로 호모 에렉투스가 호모 하빌리스에게서 나온 것인지 아니면 또 다른 종이 호모 에렉투스의 직계 조상은 아닌지를 놓고 의견이 갈린다.

14 현재까지 '루시'가 자주 직립보행을 했던 것인지 아니면 가끔씩만 서서 걷고 많은 시간은 나무 위에서 보냈던 것인지에 대해 이견이 많다. 몇몇 학자는 심지어 루시가 나무에서 떨어져 죽었다는 의견을 내놓는다. *Perimortem fractures in Lucy suggest mortality from fall out of tall tree.* In: Nature, Vol. 537, 22. September 2016, p. 503–507.

15 호모 에렉투스와 비슷한 형태의 아프리카 화석은 아시아 화석과 구분하기 위해 호모 에르가스테르라는 이름으로도 자주 불린다.

16 분자생물학의 방법을 이용해 공통조상에서 두 종의 분지 시점을 판정할 수 있다. 더 많은 돌연변이, 그러니까 유전 물질의 특정 구간 표본에서의 변화가 많을수록 진화의 기간은 더 길어진다. 여기서 특히 어려운 것은 이 '분자 시계'의 속도인 돌연변이 비율을 규정하는 것이다.

17 Kürschner, Wolfram M.; Kvaček, Zlatko; Dilcher, David L.: *The impact of Miocene atmospheric carbon dioxide luctuations on climate and the evolution of terrestrial ecosystems*. In: PNAS January 15, 2008, p. 449–453.

18 마이오세 시기에 기온이 올라갔던 원인은 완전히 밝혀지지 않았다. 조류의 변화와 더 활발해진 화산활동으로 인한 이산화탄소 배출 증가가 그 원인일 것으로 짐작된다.

19 Begun, David R.: *The Real Planet of the Apes*. Princeton University Press, Princeton 2016.

20 Böhme, M., et al.: *The reconstruction of the Early and Middle Miocene climate and vegetation in the North Alpine Foreland Basin as determined from the fossil wood lora*. In: Palaeogeography, Palaeoclimatology, Palaeoecology, Vol. 253, 2007, p. 91–114.

21 Böhme, M: *Miocene Climatic Optimum: evidence from Lower Vertebrates of Central Europe*. In: Palaeogeography, Palaeoclimatology, Palaeoecology, Vol. 195, 2003, p. 389–401.

22 Böhme, M.: *Migration history of air-breathing ishes reveal Neogene atmospheric circulation pattern*. In: Geology, Vol. 32, 2004, p. 393–396.

23 영장류(진원류와 원원류)는 6000만 년보다 더 오래전에 북반구 대륙이었던(중생대 말에 생겨났던 초대륙—옮긴이) 북아메리카와 아시아에서 생겨났다. 이들은 아프리카에서는 이민자였다.

24 엠브리토보다Embrithopoda는 두 개의 뿔이 나란히 뻗어나온 두개골을 가진 코뿔소 크기의 초식동물이다. 이 원시 포유류는 외관만 유제류 동물을 닮았을 뿐 사실은 코끼리의 먼 친척이다. 엠브리토보다는 유럽 대륙에는 발을 디딘 적이 없고 테티스해에 있는 몇몇 섬에서 서식했다.

25 Schönwiese, Christian-Dietrich; Buchal, Christoph: *Klima*. Helmholtz Gemeinschaft, 2010.

26 많은 양의 암석의 풍화작용은 대기 중 온실가스를 감소시킨다. 암석의 부식은 천

천히 자연적으로 진행되고 그 과정에서 광물은 이산화탄소와 화학적으로 결합된다. 참조: Wan, Shiming; Kürschner, Wolfram M.; Clift, Peter D.; Li, Anchun; Li, Tiegang: *Extreme weathering/erosion during the Miocene Climatic Optimum: Evidence from sediment record in the South China Sea*. In: Geophysical Research Letters, Vol. 36, Nr. 19, Oktober 2009.

27 Begun, David R.: *The Real Planet of the Apes*. Princeton University Press, Princeton 2016.

28 Begun, David R.; Kordos, László: *Cranial evidence of the evolution of intelligence in fossil apes*. In: The Evolution of Thought. Evolutionary Origins of Great Ape Intelligence. Cambridge 2004.

29 Casanovas-Vilar, Isaac, et al.: *The Miocene mammal record of the Valles-Penedes Basin (Catalonia)*. In: Comptes Rendus Palevol, Vol. 15, 2016, p. 791–812.

30 이외에도 지금까지 발견된 가장 오래된 긴팔원숭이 화석 증거물이 있다.

31 하지에 낮은 위도 45도에서 15시간 지속되는 반면 동지에는 9시간 지속된다. 낮과 밤의 길이가 항상 같은 적도와 비교하면 이는 커다란 차이이다.

32 Kratzer, James T., et al.: *Evolutionary history and metabolic insights of ancient mammalian uricases*. In: PNAS March 11, 2014.

33 Böhme, M.: *Schon unsere Vorfahren vor 12,5 Millionen Jahren aßen Sußes und entwickelten Fettleibigkeit*. Pressemitteilung der Universität Tübingen vom 30.08 2018.

34 Johnson, Richard; Andrews, Peter: *Fructose, Uricase, and the Back-to-Africa Hypothesis*. In: Evolutionary Anthropology, 2010.

35 아프리카 대형 유인원과 인간을 호미닌이라고 한다. 그런데 이는 진화 역사를 살펴볼 때 혼동을 일으키는 정의다. 이 시기에 관계된 화석은 지금까지 아프리카 밖에서만 발견되었기 때문이다. 따라서 이 용어는 대형 유인원이 현재 분포되어 있는 지역만을 고려한 설명이다.

36 Böhme, M., et al.: *Late Miocene "washhouse" climate in Europe*. In: Earth and Planetary Science Letters, Vol. 275, 2008, p. 393–401.

37 Begun, David: *The Real Planet of the Apes*. Princeton University Press, Princeton 2015.

38 지굴프 구겐모스는 2018년 9월 15일 작고했다. 그는 유감스럽게도 이 책의 완성과 쇠망치대장간의 대형 유인원에 관한 첫 번째 출간을 보지 못하고 말았다.

39 Mayr, Helmut; Fahlbusch, Volker: *Eine unterpliozane Kleinsaugerfauna aus der Oberen Sußwasser-Molasse Bayerns*. In: Mitteilungen der Bayerischen Staatssammlung für Paläontologie und historische Geologie 15, 1975, S. 91–111.

40 우리는 자기층서학(5장 참조)을 이용해 유적이 있는 층의 연대를 측정했다. 이를 위해 우리는 이르제 수도원 근처에 150미터 깊이의 탐사 시추 작업을 진행했다. 이 구멍은 산발치의 점토갱보다 더 깊었고 우리는 갱 속의 암석과 코어 샘플이 보내는 고자기古地磁 신호를 조사해 비교할 수 있었다. 이 화석이 속한 층의 연대는 116억2000만 년으로 측정되었다. 참조: Kirscher, et al.: *A biochronologic tie-point for the base of theTortonian stage in European terrestrial settings: Magnetostratigraphy of the topmost Upper Freshwater Molasse sediments of the North Alpine Foreland Basin in Bavaria (Germany)*. In: Newsletters on Stratigraphy. 49 (3), 2016, p. 445–467.

41 뮌헨에 있는 이사르 강변 퇴적층에서 나온 미오트라고케루스 모나켄시스 *Miotragocerus monacensis* 종은 막스 슐로서에 의해 1928년 처음으로 등재되었다.

42 미오트라고케루스*Miotragocerus*속의 대표 개체들은 현재의 가지뿔영양과 비슷하게 두 개의 뾰족한 뿔을 갖고 있었을 수 있다.

43 테트랄로포돈 롱기로스트리스*Tetralophodon longirostris*는 곰포테리Gomphotherien(상악과 하악 모두에 엄니가 나 있는 장비목 동물)과에 속한다. 심하게 휜 특징적인 모양의 이빨 때문에 젓꼭지 코끼리라고 불린다.

44 문착Muntiaks은 현재 남아시아와 동남아시아의 가장 빽빽한 산림에서 서식한다. 쇠망치대장간 갱에서 나온 뼈들은 지금까지 알려지지 않은 종일 수도 있다.

45 호플로아케라테리움 벨베데렌스*Hoploaceratherium belvederense*는 코에 뿔이 안 달리고 다리가 비교적 긴 편인 코뿔소다. 이 동물은 1929년 빈의 벨베데레 자갈밭에서 왕Wang에 의해 처음으로 발견되어 등재되었다.

46 미오파사네우스*Miophasaneus*속에 속하는 꿩은 마이오세(500만 년에서 2300만 년) 동안 유럽에서 가장 흔한 닭목 동물이었다.

47 이 웅덩이 속과 주변의 풍성한 식물이 이르제 수도원 주변 지역의 석탄층을 형성시켰다.

48 알고이는 편서풍에 강한 영향을 받기 때문에 여름에 강우량이 최대치에 이른다는 점을 염두에 두어야 한다. 가까운 알프스산맥으로 인해 여름에 집중호우 및 집중호우를 동반한 무더위 악천후가 있었을 것이 거의 확실시된다.

49 늑대거북과 켈리드롭시스 무르키소니*Chelydropsis murchisoni*는 쇠망치대장간에서

발견된 총 다섯 종류의 거북이 중 가장 많이 발견된 종이었다. 현재 북아메리카 대륙에 현재 서식하는 친척들과 마찬가지로 80센티미터까지 자라는 이 육식동물은 먹성이 대단히 좋았을 것으로 추측된다.

50 개곰 암피시온*Amphicyon*은 멸종한 맹수과(암피시오니드)에 속한다. 이 동물은 개와 곰 모두와 특별히 가까운 관계는 아니다. 암피시온은 민첩한 육식동물로 고양이아목에 속하는 동물들과는 달리 먹잇감의 뼈를 부러뜨려 뼈까지 먹어치웠다. 우리가 쇠망치대장간에서 발견한 암피시온 마요르 종은 마지막으로 생존했던 종이며 또한 크기가 가장 컸던 종이다. 이들은 현재의 사자 크기만 했고 약 1000만 년 전 마카이로두스와 대형 하이에나의 우세로 멸종한 것으로 보인다.

51 우리는 쇠망치대장간에서 두 종의 돼지를 발견했다. 더 자주 나타나는 파라클레우아스토케루스 스테인헤이멘시스*Parachleuastochoerus steinheimensis*는 우리 토종 멧돼지와 비교적 가까운 관계지만 최대 몸길이가 1.2미터로 현재 토종 멧돼지 크기에 훨씬 못 미친다.

52 쇠망치대장간 근처에는 하이에나인 미오히에나*Miohyaena*가 살았다. 이 동물은 현재의 하이에나와 마찬가지로 썩은 짐승의 고기와 뼈를 먹이로 삼았다. 하지만 이들은 현재 하이에나 몸 크기에는 미치지 못했다.

53 우리는 개울 퇴적층에서 알프스산에서 나온 자갈을 발견하지 못했지만 그 대신 일명 해수성 몰라세(주로 모래와 자갈로 이루어진 퇴적암. 독일 남부와 스위스 등지에 발달—옮긴이)에서 나온 모래와 미소화석들을 발견할 수 있었다. 이 해수성 퇴적층은 쇠망치대장간에서 남쪽으로 불과 수 킬로미터밖에 떨어지지 않은 곳, 북알프스몰라세에 속하는 산등성이에 위치해 있다. 이 지역에서 오늘날 귄츠강이 발원하고 있는 데 반해 일너강과 베르타흐강은 알프스산맥에서 발원한다.

54 쇠망치대장간에서 발견된 칼리코테리움은 안실로테리움*Ancylotherium*속의 새로운 종일 수 있다.

55 숲말은 말과 중 독자적인 아과(앙키테린*Anchiteriinae*)에 속한다. 이 동물이 말과 다른 점은 앞다리와 뒷다리에 세 개의 기능성 발가락이 있다는 점이다. 길이가 더 짧은 양옆 발가락은 서 있을 때만 바닥에 닿았고 걸을 때는 가운데의 강력한 발굽옆으로 붙는다. 덩치가 큰 앙키테리는 주로 북아메리카 대륙에서 서식했고 유라시아에서는 매우 드물게만 볼 수 있다. 이들은 베링육교를 통해 유라시아로 건너왔다. 쇠망치대장간에서 나온 화석은 새로 발견된 종일 수 있다.

56 너도밤나무 잎은 쇠망치대장간에서 나온 얼마 안 되는 식물 화석의 대부분을 차지한다.

57 가장 오래된 것으로 알려진 크레트조이아르크토스 베아트릭스*Kretzoiarctos beatrix*

종은 1100만 년보다 더 전에는 알프스 서부 지역에서 드문 동물이 아니었다. 이 동물은 현재 살아 있는 친척 종들에 비해 크기가 더 작았고 아마도 대나무는 전혀 먹지 않았던 것으로 추정된다. 하지만 그때도 채식동물이었던 것은 거의 확실하다.

58 알바넨시아 알바넨시스*Albanensia albanensis*는 1미터의 날개 폭을 가지고 있는 가장 큰 날다람쥐족이다. 쇠망치대장간에서는 이 종을 포함해 세 종의 날다람쥐가 발견되었다. 다른 모든 다람쥐처럼 알바넨시아도 모든 종류의 견과류를 먹이로 삼는다. 너도밤나무 씨도 그 한 예다.

59 이 측정치들은 도랑에 들어 있는 퇴적물의 종류와 크기에서 산출한 것이다. 강한 호우가 내린 후에 강의 넓이는 25미터에 달했다.

60 장수도롱뇽 안드리아스 쇼이흐체리*Andrias scheuchzeri*는 연구사적으로 가장 중요한 화석 중 하나다. 1726년 취리히의 의사 요한 야코브 쇼이흐처는 이 종의 골격뼈들을 대홍수 신화의 증거라고 해석했다.

61 실루루스*Silurus*속의 메기들은 쇠망치대장간에서 가장 많이 발견된 동물 화석이다. 우리가 발견한 개체는 200개가 훨씬 넘는다. 이 메기들은 최대 몸길이가 20센티미터에 불과한 새로운 종이다. 이들은 세계에서 가장 오래된 메기과다.

62 프세우델루루스 콰드리덴타투스*Pseudaelurus quadridentatus*는 고양이속이다. 몸집이 훨씬 더 큰 마카이로두스는 다른 과에 속하는 동물이다. 프세우델루루스 콰드리덴타투스는 쇠망치대장간 침전물이 퇴적되고 몇십만 년이 지난 후에 유럽으로 들어왔다.

63 '우도'의 광대뼈에는 넓은 빈 공간이 있었다. 이렇게 큰 부비강은 울림통처럼 작용해서 목소리와 음역에 지속적인 영향을 끼친다. 따라서 '우도'는 매우 소리가 큰 '기관'을 갖고 있을 것으로 짐작된다.

64 헝가리에서 나온 루다피테쿠스*Rudapithecus*속 (1000만 년)과 스페인에서 나온 히스파노피테쿠스*Hispanopithecus*(960만 년)이다.

65 멸종된 대형 유인원의 몸의 크기는 체중 그리고 넓적다리뼈와 같이 몸을 받치고 있는 뼈 크기 사이의 일정한 비율에 근거해 계산한다. 다누비우스 세 개체는 모두 다 성장해 있었고 넓적다리뼈를 갖고 있었기 때문에 이에 근거해 체중을 계산할 수 있었다.

66 이러한 적응 형태는 나뭇가지 아래에 매달려 나뭇가지를 차례로 잡으며 이동하는 형태와 관계가 있다. 이때 한쪽 팔이 몸무게 전체를 지탱하게 된다. 팔이 길면 지렛대 효과가 더 커지고 나뭇가지에서 더 빨리 이동할 수 있다. 하지만 몸무게가 더 무거우면 원심력도 훨씬 커지기 때문에 큰 고릴라는 팔로 매달려 나무 사이를 이동하는 일이 거의 없다. 또 고릴라의 팔은 다리보다 30퍼센트'만' 더 길 뿐이다. 중간

정도 몸무게의 오랑우탄은 50퍼센트 더 긴 팔을 갖고 있고 몸무게가 아주 가벼운 긴팔원숭이는 80퍼센트까지 더 길다.

67 개코원숭이와 산악고릴라처럼 땅에서 훨씬 더 많이 생활하는 원숭이들은 엄지발가락의 뼈가 안쪽으로 많이 돌아가 있다. 이렇게 되면 발바닥과 땅이 더 이상적으로 접촉할 수 있다.

68 Lovejoy, C. O., et al.: *Spinopelvic pathways to bipedality: why no hominids ever relied on a bent-hip-bent-knee gait*. Philosophical Transactions of the Royal Society, 27 October 2010, p. 3289–3299.

69 현재 침팬지의 주요 먹이는 열대 무화과가 대표적이다. 하지만 이 열매는 나무줄기(소위 간생화)나 아주 두꺼운 가지에서 나온다. 그런 까닭에 영양이라는 관점에서 볼 때 침팬지의 관심을 끄는 것은 무화과나무의 중심부인 나무줄기 부분 또는 두꺼운 가지 부분이지 수관의 주변부 나뭇가지가 아니다. 침팬지가 새로운 나무에 기어오르는 경우 두꺼운 줄기만 오를 뿐 그 이상으로 올라가려 하는 일은 별로 없다. 케르트너의 유인원 드리오피테쿠스 카린티아쿠스는 이와 반대다. 우리는 그가 버찌, 자두, 포도와 같은 열매를 즐겨 먹었다는 것을 밝혀냈다. 이 열매들은 닿기 어려운 가지의 가느다란 끝이나 덩굴에 달린다. 참조: Fuss, J., et al.: *Earliest evidence of caries lesion in hominids reveal sugar-rich diet for a Middle Miocene dryopithecine from Europe*. In: PLoS ONE 13 (8), 2018.

3부
인류의 요람—아프리카 아니면 유럽?

1 Fuss, J., et al.: *Potential hominin ainities of Graecopithecus from the Late Miocene of Europe*. In: PLoS ONE 12 (5), 2017.

2 침팬지는 두 다리로 서서 물을 건너고 개코원숭이와 큰긴팔원숭이는 나무 사이의 짧은 거리를 두 발로 걸으며(이들의 팔은 멀리 걷기에는 너무 길다), 고릴라는 위세를 보이기 위해 두 발로 서고 오랑우탄은 나뭇가지 위에서 두 발로 균형을 잡고 또 그 밖에 여러 원숭이는 멀리에 있는 가지에 닿기 위해 '일어선다'.

3 Stern, J. T.: *Climbing to the Top: A Personal Memoir of Australopithecus afarensis*. In: Evolutionary Anthropology, Vol. 9, 2000, p. 113–133.

4 족궁의 발아 형태는 일부 아프리카 선행인간에게서도 이미 발견되는 바다. 이에 반해 오스트랄로피테쿠스 아파렌시스는 족궁이 형성될 때 변이가 나타났던 것으로 보인다.

5 이 생물은 물에서 떠다니는 유공충, 즉 단세포 해양생물로 대부분의 경우 0.5밀리미터보다 작으며 여러 개의 칸으로 나뉘는 석회질로 된 껍데기 안에서 산다. 유공충은 지구과학 연구자들에게는 해양학 자료와 퇴적층의 나이를 조사할 수 있게 해주는 가장 중요한 화석이다.

6 DeSilva, J. M.; Throckmorton, Z. J.: Lucy's Flat Feet: *The Relationship between the Ankle and Rearfoot Arching in Early Hominins*. In: PLoS ONE, 5 (12), 2010.

7 Langergraber, Kevin E., et al.: *Generation times in wild chimpanzees and gorillas suggest earlier divergence times in great ape and human evolution*. In: PNAS September 25, 2012.

8 Fu, Qiaomei, et al.: *Genome sequence of a 45,000-year-old modern human from western Siberia*. In: Nature, Vol. 514, 2014, p. 445.

9 Giles, J.: *The dustiest place on Earth*. In: Nature, Vol. 434, 13 April 2005, p. 816–819. Bristow, et al.: Delation in the dustiest place on Earth: The Bodélé Depression, Chad. In: Geomorphology Vol. 105, 2009, p. 50–58.

10 프랑스-차드 고생물학 협력단은 1995년 차드에 위치한 코로 토로 유적지에서 350만 년 된 선행인간의 하악골 한 점과 치아 한 점을 발견했다. 학자들은 이 인간에게 오스트랄로피테쿠스 바흐렐그하잘리*Australopithecus bahrelghazali*라는 학명과 '아벨'이라는 별칭을 붙였다. 많은 다른 연구자는 이 화석을 오스트랄로피테쿠스 아파렌시스의 지역적 변이 형태로 해석한다.

11 알랭 보빌랭은 여러 논문에서 '토우마이' 발견의 부분적 측면에 대해 발표했다. 예를 들어 Beauvilain, A.; Le Guellec, Y.: *Further details concerning fossils attributed to Sahelanthropus tchadensis(Toumai)*. In: South African Journal of Science, Vol. 100, 2004, p. 142–144.

12 Gibbons, Ann: The First Human. New York, 2006.

13 Brunet, Michel, et al.: *A new hominid from the Upper Miocene of Chad, Central Africa*. In: Nature, Vol. 418, 2002, p. 145–151.

14 Wolpof, Milford, H., et al.: *Sahelanthropus or "Sahelpithecus"?* In: Nature, Vol. 419, 2002, p. 581–582.

15 Zollikofer, Christoph P. E., et al.: *Virtual cranial reconstruction of Sahelanthropus tchadensis*. In: Nature, Vol. 434, 2005, p. 755–759.

16 인간(또는 대형 유인원) 두개골 화석이 완전한 머리덮개 뼈를 갖고 있는 것은 극도로 예외적인 경우다. 이 뼈는 보통 죽은 시기에 영양가 많은 뇌를 노리는 육식동물

(예를 들어 하이에나)에 의해 물어뜯겨나가기 때문이다. 이런 경우 기껏해야 안면뼈만 남는다. 네안데르탈인과 현생인류에게서 장례 풍습이 생기고 나서야 두개골의 보존 조건이 개선되었다. 장례는 썩은 고기를 먹는 동물들로부터의 피해를 막아주었다.

17 Wolpof, Milford, H., et al.: *An Ape or the Ape: Is the Toumai Cranium TM 266 a Hominid?* In: Paleo Anthropology, 2006, p. 36–35.

18 마틴 픽퍼드와 로베르트 마키아렐리로부터의 직접 들은 얘기. 2010년 6월.

19 Richmond, B.; Jungers, W.: *Orrorin tugenensis Femoral Morphology and the Evolution of Hominin Bipedalism*. In: Science, Vol. 319, 2008, p. 1662–1665.

20 Callaway, Ewen: Femur indings remain a secret. In: Nature, Vol. 553, 2018, p. 391–392.

21 Macchiarelli, Roberto: *Premiers hominines, premiers humains: des problemes, plusieurs questions, des prospectives*. CNRS meeting 'Prospectives du CNRSINEE 2017'.

22 2017년 10월 30일 로베르트 마키아렐리가 학회에 쓴 편지 중에서.

23 Beauvilain, A.: *The contexts of discovery of Australopithecus bahrelghazali (Abel) and of Sahelanthropus tchadensis (Toumai): unearthed, embedded in sandstone, or surface collected?* In: South African Journal of Science, Vol. 104, 2008, p. 165–168.

24 Beauvilain, A.; Watté, J.-P.: *Toumai (Sahelanthropus tchadensis) a-t-il ete inhume?* In: Bulletin de la Société Géologique de Normandie et des Amis du Muséum du Havre 96, 2009, S. 19–26.

25 Schuster, M., et al.: *The Age of the Sahara Desert*. In: Science, Vol. 311, 2006, p. 821.

26 Kimbel, W.; Delezene, L.: *"Lucy" Redux: A Review of Research on Australopithecus afarensis*. In: Yearbook of Physical Anthropology, Vol. 52, 2009, p. 2–48.

27 Stern, J. T.: *Climbing to the Top: A Personal Memoir of Australopithecus afarensis*. In: Evolutuionary Anthropology, Vol. 9, 2000, p. 113–133.

28 Lovejoy, C. O.: *The natural history of human gait and posture*. In: Gait Posture, Vol. 21, 2005, p. 113–151.

29 다음 저술을 요약 번역한 것. Lamarck, Jean-Baptiste de: *Philosophie zoologique, ou, Exposition des considerations relative a l'histoire naturelle des animaux*. Paris 1809.

30 Dominguez-Rodrigo, M.: *Is the "Savanna Hypothesis" a Dead Concept for*

Explaining the Emergence of the Earliest Hominins? In: Current Anthropology 55 (1), 2014, p. 59–81.

31 Spoor, et al.: *Reconstructed Homo habilis type OH 7 suggests deep-rooted species diversity in early Homo*. In: Nature, Vol. 519, 2015, p. 83–86.

32 아프리카에서 발견된 초기 호모 종 루돌펜시스, 호모 하빌리스, 호모 에르가스테르의 분류에 대해서 현재 학계 의견은 여러 가지로 갈린다.

33 호모 하빌리스와 호모 루돌펜시스는 오스트랄로피테쿠스속 대표 개체들과 많은 특징을 공유한다. 이 때문에 이 호모 종들을 후자로 귀속시키며 원인이 아닌 선행 인간으로 보는 학자도 여럿 있다.

34 최근 알제리 지중해에서 100킬로미터 떨어진 곳에 위치한 아인 부셰리에서 244만 년 된 올도완 문화가 발견되었다. Sahnouni, M., et al.: *1.9-million- and 2.4-million-year-old artifacts and stone tool-cutmarked bones from Ain Boucherit, Algeria*. In: Science 10, 2018.

35 Gaillard, C., et al.: *The lithic industries on the fossiliferous outcrops of the Late Pliocene Masol Formation, Siwalik Frontal Range, northwestern India (Punjab)*. In: Comptes Rendus Palevol, Vol. 15, 2015, p. 341–357.

36 Wei, Guangbiao, et al.: *Paleolithic culture of Longgupo and its creators*. In: Quaternary International, Vol. 354, 2014, p. 154–161.

37 동남아시아 전 지역에서 살았던 종인 기간토피테쿠스 블라키*Gigantopithecus blacki*는 현재 중국, 베트남, 타이의 10개 이상의 동굴에서 약 1000점의 낱개로 된 치아와 매우 적은 수의 하악골 파편이 발견된 상태다. 매우 대략적으로 측정했을 때 2미터가 훨씬 넘는 신장의 이 종은 지금까지 있었던 원숭이 종 가운데 가장 크다.

38 Huang, W., et al.: *Early Homo and associated artifacts from Asia*. In: Nature, Vol. 378, 1995, p. 275–278.

39 Ciochon, R.: *The mystery ape of Pleistocene Asia*. In: Nature, Vol. 459, 2009, p. 910–911.

40 Zaim, Y., et al.: *New 1.5million-year-old Homo erectus maxilla from Sangiran (Central Java, Indonesia)*. In: Journal of Human Evolution, Vol. 61, 2011, p. 363–376.

41 Zhu, R. X., et al.: *Early evidence of the genus Homo in East Asia*. J. Hum. Evol. 55, 2008, p. 1075–1085.

42 Zhu, Z. Y., et al.: *New dating of the Homo erectus cranium from Lantian*

(Gongwangling). China. J. Hum. Evol. 78, 2015, p. 144–157.

43 Beyene, Y., et al.: *The characteristics and chronology of the earliest Acheulean at Konso, Ethiopia*. In: PNAS January 29, 2013, p. 1584–1591.

44 Shchelinski, V., et al.: *The Early Pleistocene site of Kermek in western Ciscaucasia (southern Russia): Stratigraphy, biotic record and lithic industry (preliminary results)*. In: Quaternary International'Vol. 393, 2016, p. 51–69.

4부
진화의 동력, 기후변화

1 고유전학은 특히 인간 진화의 후반 국면에서 중요한 역할을 한다. 고유전학이 지금까지 해독할 수 있었던 가장 오래된 인간의 DNA는 약 40만 년 된 것으로 스페인 북부에 위치한 동굴 '시마 델 로스 우에소스'(뼈웅덩이)에서 발견된 화석에서 나왔다. 전체적으로 가장 오래된 DNA는 연구자들이 캐다나 유콘 준주準州의 영구동토에서 발견한 말뼈에서 발견되었다.

2 이 종의 마지막 표본은 잡혀 있다가 죽었다. 오록스와 태즈메이니아주머니늑대는 이미 그 전에 야생에서 멸종했다.

3 오늘날 잘 알려진 이 방법은 미국인 윌러드 프랭크 리비가 1940년대 후반에 개발한 방법이다. 그는 1960년대 화학 분야에서 노벨상을 수상했다.

4 수평각과 연직각 외에 거리를 측지학적으로 빠르게 측정하기 위한 도구.

5 하인리히 슐리만(1822~1890)은 독일 고고학자이며, 트로이의 발견자로 알려져 있다. 그는 '프리아모스의 보물'을 찾는 과정에서 트로이의 구릉에 깊은 구덩이를 파게 했고 이로 인해 중요한 정보들이 영원히 소실되었다. 구덩이 파는 방식에서 비판을 받은 후 그는 방법적인 면을 크게 개선시켰다. 이 때문에 그는 오늘날 현대적 발굴 조사의 창시자로 알려져 있다.

6 아크로폴리스가 아테네 분지 위에 솟아 있는 석회암 바위산에 자리 잡고 있는 것은 우연이 아니다. 3000만 년보다 더 오래전 판구조의 변동으로 인해 방수 점판암층 위로 두꺼운 석회암판이 밀려 올라갔다. 하지만 그 후 침식작용으로 인해 아크로폴리스산과 같은 몇 개의 경암잔구를 제외하고는 이 석회암층은 침식되었다. 석기시대부터 사람들은 여러 수원을 중요하게 생각했다. 그런 수원들은 1년 내내 물을 대주기 때문이다. 강수를 스펀지처럼 흡수해 시간이 지난 후 다시 방출하는 투수透水 석회암과 그 아래 점판암 사이의 접촉면은 동굴에서 발원하는 클렙시드라 수원에서 잘 볼 수 있다.

7 플리오휘락스 그레쿠스*Pliohyrax graecus.*

8 Larramendi, A.: *Shoulder height, body mass, and shape of proboscideans*. In: Acta Palaeontologica Polonica 61(3), 2016, p. 537–574.

9 Abel, O.: *Lebensbilder aus der Tierwelt der Vorzeit. Kapitel II: In der Buschsteppe von Pikermi in Attika*. Gustav Fischer Verlag, Jena 1922, S. 75–165.

10 Homer: *Ilias*. Reclam Verlag, Stuttgart 1986. Siehe auch: Ehrenberg, C. G.: Passat-Staub und Blut-Regen. *Abhandlungen der koniglichen Akademie der Wissenschaften*, Berlin 1849.

11 Goudie, A.; Middleton, N. J.: *Desert dust in the global system*. Springer. Berlin Heidelberg New York 2006.

12 먼지 입자의 붉은색에서 주황색은 철의 산화물과 수산화물 비율에 기인한다.

13 바다는 육지의 수분이 증발해 농축된 소금보다 브로민화 이온을 더 많이 함유하고 있다. 전자의 경우 브로민은 흔적으로만 있을 뿐이다.

14 Vandenberghe, J.: *Grainsize of ine-grained wind blown sediment: A powerful proxy for process identiication*. In: Earth-Science Reviews, Vol. 121, 2013, p. 18–30.

15 프랑스 남부의 똑같은 나이의 지층들에서도 사하라 먼지가 발견되었다.

16 강수가 없는 지역에서는 바람이 지형을 형성하는 주된 힘이다. 예를 들어 사막은 모래와 먼지를 고정시켜줄 땅과 초목이 없기 때문에 바람에 날려간다. 이런 식으로 바람을 피하지 못한 20억 톤의 암석 가루가 먼지폭풍을 이루어 오늘날 전 지구 위를 이동해 다닌다. Shao, Y., et al.: Dust cycle: *An emerging core theme in Earth system science*. In: Aeolian Resaech, Vol. 2, p. 181–204, 2011.

17 이 측정은 이 시기 조사된 지중해 수온에 근거한다. Tsanova, A., et al.: *Cooling Mediterranean Sea surface temperatures during the Late Miocene provide a climate context for evolutionary transitions in Africa and Eurasia*. In: Earth and Planetary Science Letters, Vol. 419, 2015, p. 71–80.

18 잎사귀와 꽃가루 같은 유기물질은 땅에서 빨리 분해되거나 산화될 수 있다.

19 식물석 통계 자료와 토양의 화학적 조사에 근거해 나무 밀도는 약 40퍼센트였던 것으로 추정된다.

20 이 풀 아과의 학명은 파니코이데아이*Panicoideae*와 클로리도이데아이*Chloridoideae*이다.

21 Gaudry, A.: *Animaux fossiles et geologie de l'Attique*. Paris 1862–1867.

22 Iriondo, M. H.; Kröhling, D. M.: *Non-classical types of loess*. In: Sedimentary Geology, Vol. 202, 2007, p. 352–368.

23 Morton, J. F.: *Cattails (Typha spp.)–Weed Problem or potential crop*. In: Economic Botany 29 (1), 1975, p. 7–29.

24 Plaisted, S. M.: *The Edible, Incredible Cattail*. In: Wild Food: Proceedings of the Oxford Symposium on Food and Cookery, Oxford Symposium 2004, p. 260–262.

25 Fleischhauer, S. G.; Guthmann, J.; Spiegelberger, R.: *Enzyklopadie essbarer Wildplanzen*. AT Verlag, Aarau/ München 2016.

26 Wrangham, Richard: *Feuer fangen: Wie uns das Kochen zum Menschen machte–eine neue Theorie der menschlichen Evolution*. DVA; München 2009.

27 사하라에서 더 찾을 수 있는 동물은 페넥여우(사막여우), 아닥스(영양의 일종—옮긴이), 모래고양이, 사막뛰는쥐 등이 있다.

28 낙타에는 두 종이 있다. 하나는 혹이 하나인 단봉낙타로 주로 북아프리카에서 인도까지 분포되어 있다. 다른 하나는 혹이 두 개인 쌍봉낙타로 서아시아에서 중국까지 출현한다. 하지만 낙타가 생겨난 곳은 북아메리카다. 낙타가 언제 어떻게 유라시아로 오게 됐는지는 아직 완전히 해명되지 않았지만 600만 년보다 더 이전인 것은 확실하다. 아마도 이들은 현재의 베링해협에 있었던 북태평양 육교를 이용했을 것이다.

29 Almathen, F., et al.: *Ancient and modern DNA reveal dynamics of domestication and cross-continental dispersal of the dromedary*. In: PNAS, June 14, 2016.

30 투아레그인들은 현재까지 이들이 이 사하라 최초의 낙타 유목민의 후손이라고 생각한다.

31 오늘날의 시각에서 볼 때 거대한 사막 가운데 비옥한 가느다란 띠 모양 지역을 따라 형성된 이 비교적 작은 크기의 주거지구는 협소한 느낌이 난다. 하지만 이 거대한 강줄기는 당시 이집트인들에게 그들이 필요한 모든 것을 공급해주었다. 나일강은 아프리카 적도의 습한 몬순 기후 지역에서 시작되는데 이곳의 르완다와 부룬디 산간지방에 나일강이 발원하는 강들이 있다. 상류에서의 거센 강우는 중류와 상류에서 정기적으로 홍수가 나는 원인이다. 옛날부터 나일강은 이렇게 해서 강변에 비옥한 충적지를 쌓았고 이 땅은 오늘날까지 이집트 농업의 기초를 이룬다.

32 Markov, G.: *The Turolian proboscideans (Mammalia) of Europe: preliminary observations*. In: Historia Naturalis Bulgarica, Vol. 19, 2008, p. 153–178.

33 Böhme, M., et al.: *Messinian age and savannah environment of the possible hominin Graecopithecus from Europe*. In: PLoS ONE 12 (5), 2017.

34 Böhme, M., et al.: *Late Miocene stratigraphy, palaeoclimate and evolution of the Sandanski Basin (Bulgaria) and the chronology of the Pikermian faunal changes*. In: Global and Planetary Change, Vol. 170, 2018, p. 1–19.

35 긴코점프쥐Rüsselspringer는 영어로는 '코끼리땃쥐'로 불린다. 생긴 모양은 땃쥐처럼 생겼지만 코끼리와 더 가까운 관계에 있기 때문이다. 참조: Douady, C. J., et al.: *The Sahara as a vicariant agent, and the role of Miocene climatic events, in the diversiication of the mammalian order Macroscelidea (elephant shrews)*. In: PNAS June 23, 2003, p. 8325–8330.

36 Ali, S. S, et al.: *Out of Africa: Miocene Dispersal, Vicariance, and Extinction within Hyacinthaceae Subfamily Urgineoideae*. In: Journal of integrative plant biology 55 (10), 2013, p. 950–964.

37 아프리카 마지막 습기濕期의 시작과 더불어 1만1000년 전에 이스라엘부터 시리아를 거쳐 이란까지 펼쳐져 있는 '비옥한 초생달 지역'에서 최초의 정착 농경 문화가 발달되었다. 이 문화에서 신석기 혁명, 즉 농경과 가축 사육의 '발명'이 시작되었다. 하지만 이 습기가 끝나면서 사하라에서의 생활 방식도 막을 내렸고 메소포타미아와 중앙아시아의 일부 고등 문명도 붕괴되었다.

38 Pachur, H.-J.; Altmann, N.: *Die Ost-Sahara im Spatquartar. Okosystemwandel im großten hyperariden Raum der Erde*. Springer Verlag, Berlin 2006.

39 Flynn, L. J., et al.: *The Leporid Datum: a late Miocene biotic marker*. In: Mammal Review 44(3 / 4), 2015, p. 164–176.

40 Likius, A., et al.: *A new species of Bohlinia (Mammalia, Giraidae) from the Late Miocene of Toros-Menalla, Chad*. In: Comptes Rendus Palevol Vol 6 (3), March 2007.

41 Bibi, F.: *Mio-Pliocene Faunal Exchanges and African Biogeography: The Record of Fossil Bovids*. In: Plos One 6 (2), 2011.

42 메시나절은 마이오세 지질 시대의 가장 최근 단계다. 이 시기는 현재로부터 720만 년에서 530만 년에 전에 해당된다.

43 Hsü, K. J.: *The Mediterranean was a Desert*. Princeton University Press, Princeton 1983.

44 Roveri M., et al.: *The Messinian Salinity Crisis: Past and future of a great challenge for*

marine sciences. In: Marine Geology, Vol. 352, 2014, p. 25–58.

45 Krijgsman W., et al.: *Chronology, causes, and progression of the Messinian salinity crisis*. In: Nature, Vol. 400, 1999, p. 652–655.

46 Meijer, P. Th.; Krijgsman, W.: *Quantitative analysis of the desiccation and reilling of the Mediterranean during the Messinian Salinity Crisis*. In: Earth and Planetary Science Letters 240 (2), 2005, p. 510–520.

47 여기서 소금의 개념은 요리용 소금과 같은 염화이온 외에 석고와 같은 황산염을 포함한다.

48 석고 내지는 황산칼슘은 석회암 또는 탄산칼슘을 제외하고는 모든 바다 소금 중에서 수용성이 가장 낮다. 따라서 알칼리성 용액의 증발이 일어날 때 염암이 형성되기 전 석고가 먼저 쌓인다. 마지막에 칼륨염(염화칼륨)이 생성될 수 있다.

49 Govers, R.: *Choking the Mediterranean to dehydration: the Messinian salinity crisis*. In: Geology, Vol. 37, 2009, p. 167–170.

50 Bertini, Adele: *The Northern Apennines palynological record as a contribute for the reconstruction of the Messinian palaeoenvironments*. In: Sedimentary Geology Vol. 188–189, 15 June 2006, p. 235–258.

51 Murphy, L. N.: *The climate impact of the Messinian Salinity Crisis*. Dissertation, University of Maryland, 2010.

52 Ryan, W. B. F.: *Decoding the Mediterranean salinity crisis*. In: Sedimentology, Vol. 56, 2009, p. 95–136.

53 이 유적지는 '벤타 델 모로Venta del Moro'라고 한다. Morales, J., et al.: *The Ventian mammal age (Latest Miocene): present state*. In: Spanish Journal of Palaeontology 28 (2), 2013, p. 149–160.

54 사하라의 현재 단봉낙타는 아시아에서 가축화된 낙타다. 이 낙타들은 2000년 전에서야 인간에 의해 북아프리카로 들어왔다.

55 Kaya, F., et al.: *The rise and fall of the Old World Savannah fauna and the origins of the African savannah biome*. In: Nature Ecology and Evolution, Vol. 2, 2018, p. 241–246.

56 얼룩말은 말과 당나귀와 더불어 에쿠스속에 속한다. 이 속은 북아메리카에서 생겨났지만 유라시아를 거쳐 아프리카에 들어왔다.

57 유럽에서 사자는 역사시대까지도 존재했고 이러한 사실은 니벨룽겐과 같은 전승되어오는 이야기, 문장, 조각, 그림에서 증명된다. 근동아시아에서 사자가 멸종된 것

은 불과 약 200년 전이었다. 하이에나도 사정이 비슷하다. 하이에나는 현재 카스피해 근처의 지역에 국한해 매우 작은 개체 집단만이 생존해 살고 있다.

58 이것은 아프리카 사바나 식물에도 똑같이 해당되는 것은 아니다. 식물들은 아프리카에서 발달했다.

5부
인간을 인간 되게 하는 것

1 Suhr, Dierk: *Mosaik der Menschwerdung*. Springer. Berlin 2018.

2 Braun, Rüdiger: *Unsere 7 Sinne–Die Schlussel zur Psyche*. Kösel, München 2019.

3 우리는 '우도'의 엄지손가락 전체 모양을 알지 못하지만 그의 엄지손가락의 손허리뼈는 검지와 약지 길이에 비해 비율상으로 크다.

4 Almécija, Sergio; Smaers, Jeroen B.; Jungers, William L.: *The evolution of human and ape hand proportions*. In: Nature Communications, 14 July 2015.

5 Leakey, Louis S. B.; Tobias, Phillip V.; Napier, John R.: *A New Species of Genus Homo from Olduvai Gorge*. In: Nature 202, 7–9, 1964.

6 Napier, John: *Hands*. Princeton University Press, Princeton 1993.

7 Schick, Kathy D.; Toth, Nicholas Patrick: *Making Silent Stones Speak: Human Evolution And The Dawn Of Technology*. New York 1993. Zitiert nach: Walter, Chip: Hand & Fuß–Wie die Evolution uns zu Menschen machte. Campus, Frankfurt/New York 2008.

8 Mc Pherron, Shannon P.; Alemseged, Zeresenay, et al.: *Evidence for stonetool-assisted consumption of animal tissues before 3.39 million years ago at Dikika, Ethiopia*. In: Nature, Vol. 466, 2010, p. 857–860.

9 Harmand, Sonia; Lewis, Jason E., et al.: *3.3-million-year-old stone tools from Lomekwi 3, West Turkana, Kenya*. In: Nature, Vol. 521, 2015, p. 310–315.

10 Skinner, Matthew M.: *Human-like hand use in Australopithecus africanus*. In: Science, Vol. 347, 2015, p. 395–399.

11 McNeill, David: *How Language Began: Gesture and Speech in Human Evolution*. New York 2012.

12 Graham, Kirsty E.: *Bonobo and chimpanzee gestures overlap extensively in meaning*. In: PLoS Biology, 16 (2), 2018.

13 Tomasello, Michael: *Die Ursprunge menschlicher Kommunikation*. Suhrkamp, Frankfurt am Main 2009.

14 Brammer, Robert: *Im Anfang war die Geste–Vom Ursprung der Sprache*. SWR2 Wissen, 19. April 2010에서 인용.

15 Braun, Rüdiger: *Der Menschenplanet*. Frankfurt/Main 2015.

16 페세는 네덜란드 드렌터주에 있는 작은 마을이다. 이 통나무배는 1955년에 발견되었는데 길이가 3미터로 소나무 줄기를 석기로 깎아 만들었다. 이 배는 한때 습지였던 이탄층(부패와 분해가 완전히 되지 않은 식물의 유해가 진흙과 함께 늪이나 못의 물 밑에 퇴적한 지층—옮긴이) 속에 들어 있었다.

17 Brown, P., et al.: *A new small-bodied hominin from the Late Pleistocene of Flores, Indonesia*. In: Nature, Vol. 431, 2004, p. 1055–1061.

18 Aziz, F.; Morwood, M. J.; Van Den Bergh, G. D. (Eds.): *Pleistocene Geology, Palaeontology and Archaeology of the Soa Basin, Central Flores, Indonesia*. Bandang: Geological Survey Institute, 2009.

19 Kubo, D., et al.: *Brain size of Homo loresiensis and its evolutionary implications*. Proceedings of the Royal Society, 7 June 2013.

20 Jungers, W. L., et al.: *Descriptions of the lower limb skeleton of Homo loresiensis*. In: Journal of Human Evolution, Vol. 57, 2009, p. 538–554.

21 Tocheri, M. W.: *The Primitive Wrist of Homo loresiensis and Its Implications for Hominin Evolution*. In: Science, Vol. 317, 2007, p. 1743–1745.

22 Larson, S. G., et al.: *Homo loresiensis and the evolution of the hominin shoulder*. In: Journal of Human Evolution, Vol. 53 (6), 2007, p. 718–731.

23 Sutikna, T., et al.: *Revised stratigraphy and chronology for Homo loresiensis at Liang Bua in Indonesia*. In: Nature, Vol. 532 (7599), 2016, p. 366–369.

24 Sutikna, T., et al.: *The spatio-temporal distribution of archaeological and faunal inds at Liang Bua (Flores, Indonesia) in light of the revised chronology for Homo loresiensis*. In: Journal of Human Evolution, Vol. 124, 2018, p. 52–74.

25 van den Bergh, G. D., et al.: *Homo loresiensis-like fossils from the early Middle Pleistocene of Flores*. In: Nature, Vol. 534, 2016, p. 245–248.

26 Brumm, A., et al.: *Hominins on Flores, Indonesia, by one million years ago*. In: Nature, Vol. 464, 2010, p. 748–752.

27 Meijer, H. J. M., et al.: *Late Pleistocene-Holocene Non-Passerine Avifauna of Liang*

Bua (Flores, Indonesia). In: Journal of Vertebrate Paleontology, Vol. 33, 2013, p. 877–894.

28 Locatelli, E., et al.: *Pleistocene survivors and Holocene extinctions: The giant rats from Liang Bua (Flores, Indonesia)*. In: Quaternary International, Vol. 281, 2012, p. 47–57.

29 처음에는 멧돼지, 호저(설치류의 일종—옮긴이), 사향고양이 그 후 집쥐, 개, 마카크(원숭이의 일종—옮긴이), 사슴, 소, 물소가 인도네시아에서 서식하게 된 것은 수천 년 전 현생인류에 의해서다.

30 한 가지 유명한 예가 갈라파고스 군도다. 남아메리카에서 1000킬로미터 떨어진 이곳에서는 육지에 서식하는 땅거북이 산다. 육지로부터 비슷한 거리에 떨어져 있는 세이셸 공화국도 이러한 예에 해당된다. 카나리아 제도에도 원래는 육지에서 살았던 커다란 도마뱀이 서식했다. 이 밖에 마다가스카르에 하마가 산 적도 있다.

31 파충류가 새로운 섬에 자리를 잡는 것은 그렇게 어렵지 않다. 이들은 교미 없이 번식하는 단성생식을 할 수 있기 때문이다. 단성생식에서는 새로운 인구 집단을 만들기 위해 암컷 한 마리면 거의 충분하다.

32 De Vos, J.; Reumer, J. W. F. (Eds.): *Elephants have a snorkel!* In: Deinsea, Vol. 7, Rotterdam 1999.

33 코끼리는 한때 시칠리아, 크레타, 키프로스 및 다수의 작은 지중해 섬에서 서식했었다. 이들은 플로레스섬의 스테고돈처럼 크기가 줄어든 형태였다.

34 Tobias, V. P.: *An afro-european and euro-african human pathway through Sardinia, with notes on humanity's world-wide water traversals and proboscidean comparisons*. In: Human Evolution 17 (3), 2002, p. 157–173.

35 McComb, K., et al.: *Long-distance communication of acoustic cues to social identity in African elephants*. In: Animal Behaviour, Vol. 65, 2003, p. 317–329.

36 빙기에 전 지구적으로 여러 번 해수면이 낮아졌을 때 자바, 수마트라, 보르네오, 말레이시아는 대륙과 연결되어 있었다. 이 커다란 동남아시아의 반도를 순다 대륙이라고 부른다.

37 Argue, D., et al.: *The ainities of Homo loresiensis based on phylogentic analyses of cranial, dental, and postcranial characters*. In: Journal of Human Evolution, Vol. 107, 2017, p. 107–133.

38 Will, M., et al.: *Long-term patterns of body mass and stature evolution within the hominin lineage*. Royal Society Open Science, 8 November 2017.

39 Mijares, A. S., et al.: *New evidence for a 67,000-year-old human presence at Callao Cave, Luzon, Philippines*. In: Journal of Human Evolution, Vol. 59, 2010, p. 123–132.

40 Detroit, F., et al.: *A new species of Homo from the Late Pleistocene of the Philippines*. In: Nature, Vol. 568, 2019, p. 181–186.

41 Ingicco, T., et al.: *Earliest known hominin activity in the Philippines by 709 thousand years ago*. In: Nature, Vol. 557, 2018, p. 233–237.

42 Wade, L.: *New species of ancient human unearthed in the Philippines*. In: Science, 10 April 2019.

43 Tocheri, M. W.: *Unknown human species found in Asia*. In: Nature, Vol. 568, 2019, p. 176–178.

44 이 시기에, 아니 어쩌면 훨씬 그보다 더 이른 시기에 바다를 건너 여행을 했었다는 또 다른 단서들이 존재한다. 크레타섬 그리고 소말리아와 예멘 사이 아덴만에 있는 작은 섬인 소코트라에서 구석기 시대의 것으로 추정되는 도구들이 발견됐다. 아프리카의 뿔과 아라비아반도 중간에 위치한 소코트라섬은 특히 여러 착안점을 제시해준다. 이곳에서의 발굴물들은 동아프리카의 올도완 문화 석기를 연상시키고 이 석기들은 호모속의 초기 대표 종과 연관지어지기 때문이다. 하지만 이것은 산발적 사례 수집으로 지금까지 학문적으로 충분히 연구된 것은 아니다. 즉 이것들은 자연적 과정에 의해 생겨난 것일 수도 있다. 참조: Runnels, C., et al.: Lower Palaeolithic artifacts from Plakias, Crete: implications of hominin dispersals. In: Eurasian Prehistory, Vol. 11, 2015, p. 129–152. Aleksandrovic, S. V.: Die Erforschung der Steinzeit-Epoche auf Sokotra. 2010.

45 뉴욕의 퀸스 자치구에서 열리는 '자기 초월 3100마일 경주'를 말한다. 선수들은 똑같은 가곽街廓을 계속 돌면서 달린다.

46 McDougall, C.: *Born to Run: Ein vergessenes Volk und das Geheimnis der besten und glucklichsten Laufer der Welt*. Heyne Verlag, München 2015.

47 Shipman, P.: *How do you kill 86 mammoths? Taphonomic investigations of mammoth megasites*. In: Quaternary International 359 / 360, 2015, p. 38–46.

48 Bramble, D.; Lieberman, D.: *Endurance running and the evolution of Homo*. In: Nature, Vol. 432, 2004, p. 345–352.

49 Rolian, C., et al.: *Walking, running and the evolution of short toes in humans*. In: The Journal of Experimental Biology, Vol. 212, 2008, p. 713–721.

50 Raichlen, D. A., et al.: *Calcaneus length determines running economy: Implications for endurance running performance in modern humans and Neandertals*. In: Journal of Human Evolution, Vol. 60, 2011, p. 299–308.

51 Braun, Rüdiger: *Unsere 7 Sinne–Die Schlussel zur Psyche*. Kösel, München 2019.

52 찰스 다윈은 이미 불의 사용을 '언어를 제외한 인간의 아마도 가장 큰 업적'이라고 명한 바 있다.

53 최초의 점화 도구에 대한 단서를 제공하는 것은 부싯돌과 더불어 불을 피우는 데 사용될 수 있었던 황을 함유한 황철석 유물이다. 이 유물을 현생인류가 사용했던 것은 최소한 3만2000년 전이었을 것으로 생각된다. 네덜란드와 프랑스 학자들이 최근 조사한 바에 따르면 네안데르탈인은 이미 약 5만 년 전에 불 피우는 기술을 잘 알고 있었을 것이라고 한다. 어쩌면 현생인류는 네안데르탈인에게서 불 피우는 것을 배웠을지도 모른다.

54 Sorensen, A. C.; Claud, E.; Soressi, M.: *Neandertal ire-making technology inferred from microwear analysis*. In: Scientiic Reports, Vol. 8, Nr. 10065. 2018.

55 Berna, Francesco, et al.: *Microstratigraphic evidence of in situ ire in the Acheulean strata of Wonderwerk Cave, Northern Cape province, South Africa*. In: Proceedings of the National Academy of Sciences of the United States of America, May 15, 2012.

56 Wrangham, Richard: F*euer fangen–Wie uns das Kochen zum Menschen machte*. DVA, München 2009.

57 Adler, Jerry: *Why Fire Makes Us Human*. In: Smithsonian Magazine, June 2013.

58 Wrangham, Richard: *Catching Fire–How Cooking Made Us Human*. London, 2010.

59 Wrangham, Richard: *Catching Fire–How Cooking Made Us Human*. London, 2010.

60 Fuss, J., et al.: *Earliest evidence of caries lesion in hominids reveal sugar-rich diet for a Middle Miocene dryopithecine from Europe*. In: PLoS ONE 13 (8), 2018.

61 Hardy, Karen, et al.: *The Importance of Dietary Carbohydrate in Human Evolution*. In: The Quaterly Review of Biology, Vol. 90, September 2015.

62 Fonseca-Azevedo, Karina; Herculano-Houzel, Suzana: *Metabolic constraint imposes tradeof between body size and number of brain neurons in human evolution*. In: PNAS November 6 2012, 18571–18576.

63 Zimmer, Dieter E.: *So kommt der Mensch zur Sprache*. Heyne, München 2008.

64 Cheney, Dorothy; Seyfarth, Robert: *How Monkeys See the World*. The University of Chicago Press, Chicago 1990.

65 Pinker, Steven: *Der Sprachinstinkt*. Kindler, München 1996.

66 Walter, Chip: Hand & Fuß –Wie die Evolution uns zu Menschen machte. Campus, Frankfurt/Main 2008.

67 Bolhuis, Johann J.; Tattersall, Ian; Chomsky, Noam; Berwick, Robert C.: *How could language have evolved?* In: PLOS Biology, August 26, 2014.

68 Green, Richard E.; Krause, Johannes, et al.: *A draft sequence and preliminary analysis of the Neandertal genome*. In: Science, Vol. 7, Mai 2010.

69 포크헤드-박스-P2-유전자, 줄여서 FOXP$_2$는 1990년대 중증의 언어 장애를 앓고 있는 런던 가족 구성원들에게 처음 발견되었다. 이 유전자는 다른 많은 유전자와의 협력을 조절하기 때문에 이 유전자에 작은 변화를 가하는 것만으로도 많은 결과가 파생된다. FOXP$_2$는 단백질의 집합인 전사인자를 코드화한다. 전사인자는 게놈의 특정 구역에 결합함으로써 다른 유전자의 발현 여부를 조절한다.

70 Shu, W.; Cho, J. Y., et al..: *Altered ultrasonic vocalization in mice with a disruption in the Foxp2 gene*. In: PNAS July 5, 2005, S. 9643–9648..

71 Fujita, E.; Tanabe Y., et al.: U*ltrasonic vocalization impairment of Foxp2 (R552H) knockin mice related to speech-language disorder and abnormality of Purkinje cells*. In: PNAS February 26, 2008, S. 3117–3122.

72 Dediu, Dan; Levinson, Stephen C.: *Neanderthal language revisited–not only us*. In: Science direct–Current Opinion in Behavioral Sciences 21, 2018.

73 Dediu, Dan, Levinson, Stephen C.: *On the antiquity of language–the reinterpretation of Neandertal linguistic capacities and its consequences*. In: Frontiers of Psychology, 5 July 2013.

74 Dunbar, Robin: *Grooming, Gossip and the Evolution of Language*. Harvard University Press, Cambridge 1996.

75 Tomasello, Michael: *Warum wir kooperieren*. Suhrkamp, Berlin 2010.

6부
살아남은 하나

1 Grabowski, et al.: *Body mass estimates of hominin fossils and the evolution of human body size*. In: Journal of Human Evolution, Vol. 85, 2015, p. 75-93.

2 Gibbons, A.: *A New Body of Evidence Fleshes Out Homo erectus*. In: Science, Vol. 317, 21 September 2007, p. 1664.

3 Dennell, R.; Roebroeks, W.: A*n Asian perspective on early human dispersal from Africa*. In: Nature, Vol. 438, 2005, p. 1099-1104.

4 Lordkipanidze, D., et al.: T*he earliest toothless hominin skull*. In: Nature, Vol. 434, 7 April 2005, p. 717-718.

5 260만 년부터 70만 년까지 주기는 약 4만 년이었다. 그 후 9만 년 빙기, 1만 년 간빙기의 주기가 형성되어 현재까지 이어지고 있다. 이에 대한 원인은 아직 학문적으로 완전히 밝혀지지 않았다.

6 Jakob, K. A.: Late Pliocene to early Pleistocene millennial-scale climate luctuations and sea-level variability: A view from the tropical Paciic and the North Atlantic. Thesis, University of Heidelberg. 2017, p. 212.

7 Wang, X., et al.: *Early Pleistocene climate in western arid central Asia inferred from loess-palaeosol sequences*. In: Scientiic Reports 6: 20560, 2016.

8 Kahlke, R.-D.: *The origin of Eurasian Mammoth Faunas*. In: Quaternary Science Reviews, Vol. 96, 2014, p. 32-49.

9 Martinez-Navarro, B.: *Early Pleistocene Faunas of Eurasia and Hominin Dispersals*. In: Fleagle, J. G., et al. (Eds.): *Out of Africa I: The First Hominin Colonization of Eurasia, Vertebrate Paleobiology and Paleoanthropology*, 207, 2010.

10 Dennell, R.; Roebroeks, W.: A*n Asian perspective on early human dispersal from Africa*. In: Nature, Vol. 438, 22 December 2005, p. 1099-1104.

11 새로운 조사 결과에 의하면 데니소바인은 최소한 20만 년 전에 이미 데니소바 동굴을 찾았고 5만 년 전까지 이 지역에서 생존했다. 네안데르탈인은 주로 20만 년에서 10만 년 사이에 이 동굴을 찾았다. Douka, Katerina et. al.: *Age estimates for hominin fossils and the Onset of the Upper Palaeolithic at Denisova Cave*. In: Nature, Vol. 565, 30 January 2019.

12 2014년 발표된 조사에 따르면 대륙에 사는 아시아인 일부와 심지어 몇몇 남아메

리카 인구 집단들은 약 0.2퍼센트의 데니소바 유전자를 갖고 있다. 하지만 이 수치는 파푸아주(뉴기니섬 서반부 지역—옮긴이), 동남아시아의 여러 섬, 오스트레일리아에서 발견된 훨씬 더 분명한 유전자 흔적에 비해볼 때 매우 미미한 수준이다. Prüfer, Kay, et al.: *The complete genome sequence of a Neanderthal from the Altai Mountains*. In: Nature, Vol. 505, January 2014.

13 고생인류 또는 심지어 선행인류가 '항해사'였을 것이라는 점은 '호빗'으로 알려진 인도네시아 플로레스섬의 호모 플로레시엔시스와 필리핀의 루손섬의 호모 루소넨시스를 통해 알 수 있다.

14 월리스 선은 영국의 생물학자 앨프리드 러셀 월리스를 따라 명명되었다. 그는 1854년부터 1862년까지 이 지역을 탐사했다.

15 Jacobs, Guy, et.al.: *Multiple Deeply Divergent Denisovan Ancestries in Papuans*. In: Cell, Vol. 177 (4), 2 May 2019, p. 1010–1021.

16 Slon, Viviane, et al.: *The genome of the ofspring of a Neanderthal mother and a Denisovan father*. In: Nature, Vol. 561, 22 August 2018, p. 113–116.

17 Huerta-Sánchez, Emilia, et al.: *Altitude adaptation in Tibetans caused by introgression of Denisovan-like DNA*. In: Nature, Vol. 512, 2 July 2014, p. 194–197.

18 Racimo, Fernando, et al.: *Archaic Adaptive Introgression in TBX15/WARS2*. In: Molecular Biology and Evolution, März 2017.

19 마다가스카르의 거대 동물들(이곳에는 특히 무게가 800킬로그램이 나가는 코끼리새와 200킬로그램이 나가는 거대여우원숭이가 살았다)이 사라진 것과 1500년보다 더 오래전 인간이 처음으로 그곳에 거주하게 된 것은 같은 시기에 일어났다.

20 Martin, Paul Schultz: *Prehistoric overkill*. In: Martin, P. S.; Wright, H. E. (Hrsg.): Pleistocene Extinctions: The Search for a Cause. Yale University Press, New Haven 1967.

21 바로 여기서 자연은 우리에게 커다란 도전을 던져주었다. 화석 자료의 분자 흔적은 건조하고 낮은 온도에서만 보존되기 때문이다. 아마도 이것이 우리가 열대지역에서 한 번도 화석 DNA를 조사하지 못하고 그래서 완전한 그림을 그리지 못하는 이유일 것이다.

22 이 유전적, 형태학적, 문화적 단위들은 인종으로 요약된다. 하지만 인종이라는 개념은 인간과 관련지어지면서 20세기 인종 이론에서 정치적으로 악용되었고 오명을 쓰게 되었다. Vgl.: Burda, H., et al.: *Humanbiologie*. UTB Basics, Verlag Eugen Ulmer, Stuttgart 2014.

23 빙하기 유럽인들에게 이 비율은 6퍼센트였다. . Fu, Q., et al.: *The genetic history of Ice Age Europe*. In: Nature, Vol. 534, 2016, p. 200–205.

24 Lachance, J., et al.: *Evolutionary history and adaptation from high-coverage whole-genome sequences of diverse African hunter-gatheres*. In: Cell, Vol. 150, 2012, p. 457–469. Hammer, M. F., et al.: *Genetic evidence for archaic admixture in Africa*. In: Proceedings of the National Academy of Sciences 108 (37), 2011.

25 Posth, C., et al.: *Deeply divergent archaic mitochondrial genome provides lower time boundary for African gene low into Neanderthal*. In: Nature Communications 8, 4 July 2017.

26 Gregory, M. D., et al.: *Neanderthal-Derived Genetic Variation Shapes Modern Human Cranium and Brain*. In: Nature Scientific Reports 7, 24 July 2017.

27 Gunz, Philipp: *Neandertal introgression sheds light on modern human endocranial globularity*. In: Current Biology, 13 December 2018.

28 Akkuratov, E. E., et al.: Neanderthal and Denisovan ancestry in Papuans: A functional study. In: Journal of Bioinformatics and Computational Biology 16 (2): 1840011. 2018.

29 Ackermann, et al.: T*he Hybrid Origin of "Modern" Humans*. In: Evolutionary Biology Vol. 43 (1), March 2015, p. 1–11.

30 Barras, C.: *Who are you? How the story of human origins is being rewritten*. New Scientist, 23 August 2017.

31 Prüfer, K., et al.: *A high-coverage Neanderthal genome from Vindija Cave in Croatia*. In: Science, Vol. 358, 2017, p. 655–658.

32 Green, R. E., et al.: *A complete Neandertal mitochondrial genome sequence determined by high-throughput sequencing*. In: Cell, Vol. 134, 2008, p. 416–426.

33 Hublin, J.-J.; Roebroeks, W.: *Ebb and low or regional extinctions? On the character of Neandertal occupation of northern environments*. In: C. R. Palevol, Vol. 8, 2009, p. 503–509.

34 Dennell, R. W., et al.: *Hominin variability, climatic instability and population demography in Middle Pleistocene Europe*. In: Quaternary Science Reviews, 2010.

찾아보기

| ㄱ |

거드리, 앨버트Gaudry, Albert 212
공디베, 파노네Gongdibé, Fanoné 152
괴테, 요한 볼프강 폰Goethe, Johann Wolfgang von 24
구겐모스, 지굴프Guggenmos, Sigulf 101~102, 116
그래코피테쿠스 7~8, 34~38, 41~46, 49, 74, 91, 97, 122, 125~126, 128, 144~145, 148, 156~157, 162, 164~165, 170, 192, 194, 198, 203, 205, 208~209, 212~214, 216~219, 222~224, 226, 316
그래코피테쿠스 프레이베르기 34, 36~37, 45, 49, 122, 145, 156, 212
기에르린스키, 게라르트Gierlinski, Gerard 136~137

| ㄴ |

나피어, 잔 러셀Napier, John Russell 248
네안데르탈인 62~65, 68, 285, 287, 309~311, 331~335, 338, 340~341, 343~347
니드츠비드츠키, 그르체고르츠 Niedzwiedzki, Grzegorz 137

| ㄷ |

다누비우스 구겐모시 107, 111, 115~117, 120, 169
다윈, 찰스Darwin, Charles 27, 59~60, 167, 304
다트, 레이먼드Dart, Raymond 66~67
던바, 로빈Dunbar, Robin 312~313
데넬, 로빈Dennell, Robin 330
데니소바인 311, 330, 334~341, 343~345, 347

데레비앙코, 아나톨리Derevianko, Anatoli 331
데이노테리움 프로아붐 201
도슨, 찰스Dawson, Charles 63~65
뒤부아, 외젠Dubois, Eugène 61~62
드리오피테쿠스 카린티아쿠스 299
드리오피테쿠스 폰타니 56, 89
디트리히, 빌헬름 오토Dietrich, Wilhelm Otto 32~34, 49

| ㄹ |

라르테, 에두아르Lartet, Édouard 56, 60, 89, 116
라마르크, 장바티스트Lamarck, Jean-Baptiste de 167, 304
랭검, 리처드Wrangham, Richard 295~298
로이브로익스, 윌Roebroeks, Wil 330
루다피테쿠스 홍가리쿠스 90
루트비히 1세 24
리노세로스 필리피넨시스 278
리버먼, 대니얼Liebermann, Daniel 282
리키, 루이스Leakey, Louis 68~70, 174, 248
리키, 리하르트Leakey, Richard 71
리키, 메리Leakey, Mary 69, 71, 140, 174
린데르마이어, 안톤Lindermayer, Anton 22, 26

| ㅁ |

마르코프, 게오르기Markov, Georgi 18
마무투스 330
마카이로두스 16, 26, 176, 204, 342
마키아렐리, 로베르토Macchiarelli, Roberto 158~160
마틴, 폴 슐츠Martin, Paul Schultz 342
맥닐, 데이비드McNeill, David 254
메소피테쿠스 22~23, 26, 28, 237
메소피테쿠스 펜텔리쿠스 22~23, 32
미크로스토닉스 201
밀티아데스Miltiades 281

| ㅂ |

바그너, 요한 안드레아스Wagner, Johann Andreas 21~23, 26
바이덴라이히, 프란츠Weidenreich, Franz 183
베르게르, 오드Bergeret, Aude 158, 160
베이징 원인 67~68
베커스호프, 빌헬름Beckershof, Wilhelm 57
보빌랭, 알랭Beauvilain, Alain 150, 152, 161
보흘리니아 아티카 204
브로이어, 귄터Bräuer, Günter 172
브뤼네, 미셸Brunet, Michel 149~150, 152~153, 155~156, 158~162
블릭센, 카렌Blixens, Karen 173
비건, 데이비드Begun, David 75, 80, 99~100, 125, 217

| ㅅ |

사헬란트로푸스 45, 91, 97, 149, 154~163, 165, 226
사헬란트로푸스 차덴시스 153~156, 162~163
샤프하우젠, 헤르만Schaafhausen, Hermann 58
세뉘, 브리기트Senut, Brigitte 154
『손』 248
손다르, 파울Sondaar, Paul 272
쇠텐자크, 오토Schoetensack, Otto 63
쉬플러, 지크베르트Schüler, Siegbert 36
슌코프, 미하엘Shunkov, Michael 331
스테고돈 176, 268, 270, 272, 274
스파소프, 니콜라이Spassov, Nikolai 15, 18, 41, 125
시크, 캐시Schick, Kathy 249
실러, 프리드리히Schiller, Friedrich 24

| ㅇ |

아난쿠스 18, 223
아노이아피테쿠스 92
아르디 163, 168~169
아르디피테쿠스 46, 97, 134, 163~165, 169, 226
아르디피테쿠스 라미두스 163~164, 169
아르디피테쿠스 카다바 134
아프로피테쿠스 81~82, 97, 165
알베르크, 페르Ahlberg, Per 137, 142~143, 148
야만, 코르넬리스Jaman, Kornelis 260~261, 267~269
『언어본능』 306
에오안트로푸스 다우소니 64
에켐보 80~81, 97, 165
에쿠스 329
엘 그래코 8, 42, 49~50, 125~126, 128~129, 144, 156~157, 162, 173, 179, 199, 203, 208~209, 211~214, 216~217, 222~223, 237
오로린 투게넨시스 134, 154, 163
오스트랄로피테쿠스 46, 67~98, 70~71, 73, 97, 132, 134, 141, 145, 151, 164~166, 173, 218, 248, 251, 262, 278, 287, 324, 327
오스트랄로피테쿠스 아나멘시스 134
오스트랄로피테쿠스 아파렌시스 71, 132, 141, 145, 164, 166, 287
오스트랄로피테쿠스 아프리카누스 66~68
오즈본, 헨리 페어필드Osborn, Henry Fairield 65~66
올덴부르크, 아말리에 마리 프리데리케 폰Oldenburg, Amalie Marie Friederike Herzogin von 30
우드워드, 아서 스미스Woodward, Arthur Smith 63~65
『원숭이의 진짜 행성』 100
월리스, 앨프리드 러셀Wallace, Alfred Russel 304
월포프, 밀퍼드Wolpof, Milford 154~156
『인간의 유래와 성선택』 59
『일리아스』 206

| ㅈ |

『자연 속의 인간의 위치에 관한 증거』 59
『자연의 창조 역사』 60
조핸슨, 도널드Johanson, Donald 71
『종의 기원』 59
진잔트로푸스 보이세이 69
짐도우말바예, 아호운타Djimdoumalbaye, Ahounta 152

| ㅊ |

촘스키, 놈Chomsky, Noam 309

| ㅋ |

쾨니히스발트, 구스타프 하인리히 랄프 폰Koenigswald, Gustav Heinrich Ralph von 33~35, 43, 49, 214
쿡, 해럴드Cook, Harold 66
크라우제, 요하네스Krause, Johannes 334
킬로테리움 203

| ㅌ |

태터솔, 이언Tattersall, Ian 309
토마셀로, 미하엘Tomasello, Michael 253~254, 314
토비아스, 필립Tobias, Phillip 248, 273
토스, 니컬러스Toth, Nicholas 249
토우마이 153, 155~156, 158~161

| ㅍ |

파란트로푸스 보이세이 69
파보, 스반트Pääbo, Svante 333~334
팔레오트라구스 204
페르메이, 게이라트Vermeij, Geerat 244
폰 오토von Otto 24~26, 30
퐁탕Fontan 56
푸스, 요헨Fuß, Jochen 104, 125
풀로트, 요한 카를Fuhlrott, Johann Carl 57, 62
프라이베르크, 브루노 폰Freyberg, Bruno von 19, 29~36, 38~40, 43, 49, 205, 213
피에롤라피테쿠스 91~92, 97, 165
피테칸트로푸스 에렉투스 62
피테칸트로푸스 프리미게니우스 60
픽퍼드, 마틴Pickford, Martin 154, 158~159
핀레이, 조지Finlay, George 22, 26
핑커, 스티븐Pinker, Steven 306

| ㅎ |

하디, 카렌Hardy, Karen 299~300
하르트만, 다니엘Hartmann, Daniel 63
헉슬리, 토머스 헨리Huxley, Thomas Henry 59~60

헤르더, 요한 고트프리트Herder, Johann Gottfried 304
헤스페로피테쿠스 하롤드코오키이 66
헤켈, 에른스트Haeckel, Ernst 60~61
호모 게오르기쿠스 291, 322, 324~326
호모 날레디 322, 341
호모 네안데르탈렌시스 58~59, 323
호모 로덴시엔시스 323
호모 루소넨시스 179, 275, 277~279, 323~324, 341
호모 사피엔스 73, 173, 248, 255~256, 266, 282, 287, 310, 317, 322~323, 325, 335, 340~341, 343, 345~347
호모 아르카이쿠스 323
호모 안테세소르 322
호모 알타이엔시스 334
호모 에렉투스 34, 62, 64, 67~68, 71, 73, 132, 175, 180~181, 262, 274~276, 279, 285, 295~296, 298, 308, 322, 326~327, 341
호모 에르가스테르 181, 294, 322
호모 우산넨시스 177, 179, 276, 323
호모 플로레시엔시스 180, 256, 261~263, 266~267, 273~277, 279, 311, 323~324, 336, 341
호모 하빌리스 70, 248, 275, 296, 322~323
호모 하이델베르겐시스 63, 311, 322~323, 341
호문쿨루스 245
호미노이드 76~77, 80, 97
호미니니 43, 77, 125, 130, 137
호미니드 16~19, 35, 77, 165, 169, 171~172, 187
화이트, 팀White, Tim 169
후블린, 장자크Hublin, Jean-Jacques 251
훔볼트, 알렉산더 폰Humboldt, Alexander von 24

역사에 질문하는 뼈 한 조각

인류의 시초가 남긴 흔적을 뒤쫓는 고인류학

초판 인쇄 2021년 8월 20일
초판 발행 2021년 8월 27일

지은이 마들렌 뵈메 뤼디거 브라운 플로리안 브라이어
옮긴이 나유신
펴낸이 강성민
편집장 이은혜
마케팅 정민호 김도윤
홍 보 김희숙 함유지 김현지 이소정 이미희 박지원

펴낸곳 (주)글항아리 | 출판등록 2009년 1월 19일 제406-2009-000002호
주소 10881 경기도 파주시 회동길 210
전자우편 bookpot@hanmail.net
전화번호 031-955-2696(마케팅) 031-955-1936(편집부)
팩스 031-955-2557

ISBN 978-89-6735-926-3 03400

글항아리사이언스는 (주)글항아리의 과학 브랜드입니다.

잘못된 책은 구입하신 서점에서 교환해드립니다.
기타 교환 문의 031-955-2661, 3580

www.geulhangari.com